Algebra, Funktionalanalysis und Codierung

Eine Einführung für Ingenieure

Von Dr. rer. nat. Harro Heuser
o. Professor an der Universität Karlsruhe

und Dr.-Ing. Hellmuth Wolf
o. Professor an der Universität Karlsruhe

Mit 48 Figuren und 205 Beispielen

B. G. Teubner Stuttgart 1986

Prof. Dr. rer. nat. Harro Heuser

Geboren 1927 in Nastätten/Taunus. Studium der Mathematik und Physik an der Universität Tübingen von 1948 bis 1954. Staatsexamen 1954, Promotion 1957 in Tübingen. Habilitation 1962 in Karlsruhe. Von 1955 bis 1968 Tätigkeit an verschiedenen Hochschulen und in der Praxis. 1968 Berufung auf den ordentlichen Lehrstuhl für Mathematik V der Universität Karlsruhe (TH). Gastprofessuren in USA, Kanada, Kolumbien und Italien.

Prof. Dr.-Ing. Hellmuth Wolf

Geboren 1926 in Siebenbürgen/Rumänien. Studium der Elektrotechnik an der Technischen Hochschule Stuttgart von 1946 bis 1952. Wissenschaftlicher Assistent an der Technischen Hochschule Aachen von 1952 bis 1959, Promotion 1955. Industrietätigkeit von 1959 bis 1967, Habilitation 1966 in Stuttgart. Seit 1968 ordentlicher Professor und Leiter des Institutes für Nachrichtensysteme der Universität Karlsruhe (TH).

CIP-Kurztitelaufnahme der Deutschen Bibliothek

Heuser, Harro:
Algebra, Funktionalanalysis und Codierung :
e. Einf. für Ingenieure / von Harro Heuser
u. Hellmuth Wolf. – Stuttgart : Teubner,
1986.

ISBN-13: 978-3-519-02954-0 e-ISBN-13: 978-3-322-82979-5
DOI: 10.1007/978-3-322-82979-5

NE: Wolf, Hellmuth:

Satz: Schwetzinger Verlagsdruckerei GmbH, Schwetzingen
Druck und buchbinderische Verarbeitung: Zechnersche Buchdruckerei, Speyer
Umschlaggestaltung: M. Koch, Reutlingen

Vorwort

Dieses Buch verdankt seine Entstehung der wohlbekannten Tatsache, daß der Student der Ingenieurwissenschaften in zunehmendem Maße mathematisch überfordert wird. Die Mathematik ergreift Besitz von den Ingenieurwissenschaften auch auf Gebieten, die in der klassischen Ingenieurmathematik kaum behandelt werden: Mengen und Ordnungsstrukturen, topologische und algebraische Strukturen und deren Weiterentwicklung zu normierten Vektorräumen, insbesondere zu den Hilberträumen und deren Transformationen. Auf diese mathematischen Grundlagen stützen sich die Systemtheorie, die Nachrichtentechnik und zahlreiche andere Gebiete. Die „Mathematisierung" der Ingenieurwissenschaften schreitet unaufhörlich voran.

Der Student der Ingenieurwissenschaften sieht sich dabei dem Dilemma ausgesetzt, daß der Mathematiker eben Mathematik und der Techniker Technik lehrt, wobei ihm die Zusammenhänge verlorengehen oder gar nicht erst erkennbar werden. Aus diesem Grunde greifen die Techniker oft zur Selbsthilfe, indem sie für die wichtigsten mathematischen Ergänzungsgebiete selbst Vorlesungen anbieten. Dies kann zwar im pragmatischen Sinne hilfreich sein, jedoch auch zu mathematischen Unkorrektheiten oder gar Irrtümern führen. Hier kann nur durch enge Zusammenarbeit Abhilfe geschaffen werden.

Die Autoren dieses Buches sind ein Mathematiker (Heuser) und ein Techniker (Wolf), die sich zusammengefunden haben, um dieses Problem zwar nicht zu lösen, aber auf einigen wichtigen Teilgebieten zu mildern. Der Mathematiker sollte dabei für Korrektheit, der Techniker für Anwendbarkeit sorgen. Beide haben bei diesem Versuch viel gelernt.

Behandelt werden, wie schon angedeutet, die wichtigsten Grundlagen der Mengenlehre mit Äquivalenz- und Ordnungsstrukturen, die metrischen und algebraischen Strukturen, einschließlich der linearen Räume (Vektorräume), der Homomorphismen und linearen Operatoren. Im Begriff des normierten Raumes werden linearalgebraische und metrische Strukturen miteinander verschmolzen. Nach Einführung des Innenproduktes erhält man dann die für die Technik besonders wichtigen Hilberträume. Ein Kapitel über Polynome, besonders auch Polynome über endlichen Körpern, führt auf die Grundlagen der Codierungstheorie.

Der Text wurde nach Möglichkeit mit technischen Beispielen angereichert. Diese Beispiele stammen – autorenbedingt – aus dem Bereich der Systemtheorie und Nachrichtentechnik. Es gibt sicherlich ebenso gute Beispiele aus anderen ingenieurwissenschaftlichen Gebieten. Die Beispiele sind dabei als „exemplarisch" anzusehen. Sie taugen damit weniger als „Anleitung zu praktischem Handeln", sondern vielmehr als „Brücke" für das Verständnis des Zusammenhanges zwischen

Mathematik und Technik. Weiteres Eindringen in die technischen Probleme ist anhand der umfangreichen Spezialliteratur möglich. Auch die Codierungstheorie im letzten Kapitel ist in diesem Sinne zu verstehen. Dabei wird auf die Frage, ob die Codierungstheorie Teil der linearen Algebra ist, nicht eingegangen: Die Codierungstheorie wird hier, mit Einschränkungen, als Beispiel für die Anwendbarkeit der Mathematik dargestellt. Auf Literaturangaben im Text haben wir verzichtet. Am Ende des Buches befindet sich jedoch ein Literaturverzeichnis, auf das der Leser ausdrücklich hingewiesen sei.

Die Autoren danken, zunächst im mathematischen Bereich, Herrn Dipl.-Math. Christoph Schmoeger, der das Manuskript durchgesehen und uns vor manchem Fehler bewahrt hat. Im technischen Bereich ist vorerst Herrn Priv.-Dozent Dr.-Ing. Günter Dieterich zu danken, der seinerzeit als wissenschaftlicher Assistent am Institut für Nachrichtensysteme immer wieder auf die Wichtigkeit dieser Gebiete hingewiesen hat. Weiterhin danken wir Herrn Dipl.-Ing. Hans-Eckard Müller, wissenschaftlicher Mitarbeiter am Institut für Nachrichtensysteme, für die sorgfältige Durchsicht und Korrektur des Manuskriptes. Herzlich danken wir schließlich Frau Käthe Zeder für die Herstellung des Maschinenskriptes und dem Teubner-Verlag für die stets erfreuliche Zusammenarbeit.

Karlsruhe, im April 1985

Harro Heuser
Hellmuth Wolf

Inhalt

1 Mengen

1.1 Mengen und ihre Teilmengen

Es ist eine grundlegende Fähigkeit unseres Geistes, gegebene Objekte gedanklich zu einem Ganzen zusammenfassen zu können. So fassen wir z.B. die Einwohner Hamburgs zu der „Einwohnerschaft Hamburgs" und die unter deutscher Flagge fahrenden Handelsschiffe zu der „deutschen Handelsflotte" zusammen. Ein solches Ganzes nennen wir eine Menge und die zu einer Menge zusammengefaßten Objekte die Elemente dieser Menge. Um auszudrücken, daß a ein Element der Menge M ist, benutzen wir die Bezeichnung $a \in M$. Dagegen bedeutet $a \notin M$, daß a kein Element von M ist. Eine Menge sehen wir als gegeben an, wenn wir wissen, aus welchen Elementen sie besteht. Dementsprechend nennen wir zwei Mengen M und N gleich, in Zeichen $M = N$, wenn sie genau dieselben Elemente enthalten. Gibt es jedoch in einer dieser Mengen ein Element, das nicht zu der anderen gehört, so werden die beiden Mengen ungleich oder verschieden genannt, und wir schreiben $M \neq N$. Schließlich verabreden wir noch, daß nur solche Objekte zu einer Menge M zusammengefaßt werden, die unter sich verschieden sind. Mit anderen Worten: kein Element von M tritt mehrfach in M auf.

Eine Menge können wir auf zwei Arten festlegen: wir schreiben ihre Elemente explizit auf (aufzählende Schreibweise) oder geben, wenn dies unbequem oder unmöglich ist, eine ihre Elemente definierende Eigenschaft an (definierende Schreibweise). Die „Zusammenfassung" der Elemente zu einem Ganzen deuten wir dadurch an, daß wir sie zwischen geschweifte Klammern setzen. Einige Beispiele werden diese Schreibweisen am raschesten klarmachen.

Beispiel 1 $\{1, 2, 3, 4\}$ ist die Menge, die aus den Zahlen 1, 2, 3 und 4 besteht. Sie stimmt mit der Menge $\{4, 3, 2, 1\}$ überein; denn beide Mengen enthalten genau dieselben Elemente (die Anordnung der Elemente bei der Aufzählung ist zwar verschieden, darauf kommt es aber bei der Frage der Gleichheit nicht an). Es ist $2 \in \{1, 2, 3, 4\}$, aber $5 \notin \{1, 2, 3, 4\}$.

Beispiel 2 $\{a | a \text{ ist Primzahl} < 12\}$ ist die Menge aller Primzahlen, die kleiner als 12 sind, in der aufzählenden Schreibweise also die Menge $\{2, 3, 5, 7, 11\}$.

Beispiel 3 $\{a | a \text{ ist gerade Zahl} \geq 10\}$ ist die Menge aller geraden Zahlen, die mindestens so groß wie 10 sind. In einer erweiterten Form der aufzählenden Schreibweise ist dies die Menge $\{10, 12, 14, 16, \ldots\}$; die drei Punkte stehen für „und so weiter" und dürfen selbstverständlich nur gebraucht werden, wenn unmißverständlich klar ist, wie es weitergehen soll. Die Schreibweise $\{10, 12, 14, 16, \ldots\}$ ist gewissermaßen eine Kreuzung zwischen der aufzählenden und der definierenden Schreibweise: wir geben die ersten vier Elemente explizit an und erwarten dann, daß der Leser die definierende Eigenschaft erkennt und durch sie die Menge bestimmen kann.

Beispiel 4 $\{a|a \text{ ist Primzahl}\}$ ist die Menge aller Primzahlen. Man wird sie nicht in der Form $\{2, 3, 5, 7, \ldots\}$ angeben, weil diese Schreibweise mißverständlich ist: sie könnte auch die Menge bedeuten, die aus der Zahl 2 und allen ihr folgenden ungeraden Zahlen besteht. Die eingangs verwendete definierende Schreibweise ist dagegen völlig eindeutig. ■

Für einige häufig auftretende Mengen hat man feststehende Bezeichnungen eingeführt, die wir nun angeben wollen. Dabei benutzen wir das Zeichen := (lies: „soll sein", „bedeutet" oder „ist definitionsgemäß gleich"), um anzudeuten, daß ein Symbol oder ein Ausdruck erklärt werden soll (Beispiel: $M := \{1, 2, 3\}$ bedeutet: M soll die Menge sein, die aus den Elementen 1, 2 und 3 besteht). Es folgen nun die angekündigten Standardbezeichnungen:

$\mathbf{N} := \{1, 2, 3, 4, \ldots\}$ (Menge der natürlichen Zahlen),
$\mathbf{N}_0 := \{0, 1, 2, 3, \ldots\}$ (Menge der nichtnegativen ganzen Zahlen),
$\mathbf{Z} := \{0, 1, -1, 2, -2, 3, -3, \ldots\}$ (Menge der ganzen Zahlen),
$\mathbf{Q}$:= Menge der rationalen Zahlen, also der Brüche mit ganzzahligen Zählern und Nennern, d.h. der endlichen oder periodischen Dezimalbrüche,
$\mathbf{R}$:= Menge der reellen Zahlen, also der (endlichen oder unendlichen) Dezimalbrüche,
$\mathbf{C}$:= Menge der komplexen Zahlen $a + jb$ ($a, b \in \mathbf{R}$, $j := \sqrt{-1}$).

Bei Bedarf lassen sich Einschränkungen durch Indizes kennzeichnen: z.B. ist $\mathbf{R}_0^+$ die Menge der nichtnegativen, $\mathbf{R}^-$ die der negativen reellen Zahlen.

Die Schreibweise $\{a|2 \leqslant a \leqslant 7\}$ ist mißverständlich. Man weiß nämlich nicht, ob zu dieser Menge alle reellen Zahlen zwischen 2 und 7 gehören sollen oder nur die rationalen oder gar nur die natürlichen Zahlen. Um hier eindeutig zu sein, muß man die Grundmenge G angeben, aus der die Zahlen a mit der Eigenschaft $2 \leqslant a \leqslant 7$ stammen sollen. Man tut dies mittels der Schreibweise $\{a \in G|2 \leqslant a \leqslant 7\}$. So ist z.B. $\{a \in \mathbf{R}|2 \leqslant a \leqslant 7\}$ die Menge aller reellen Zahlen zwischen 2 und 7, dagegen $\{a \in \mathbf{Q}|2 \leqslant a \leqslant 7\}$ nur die Menge der rationalen Zahlen zwischen 2 und 7. In den obigen Beispielen 2, 3 und 4 verstand sich die Grundmenge von selbst und brauchte deshalb nicht ausdrücklich aufgeführt zu werden.

Mit Hilfe dieser Schreibweise lassen sich z.B. die Standardbezeichnungen für die abgeschlossenen, offenen und halboffenen Intervalle in den reellen Zahlen erklären:

$$[a, b] := \{x \in \mathbf{R}|a \leqslant x \leqslant b\}, \qquad (a, b) := \{x \in \mathbf{R}|a < x < b\},$$

$$[a, b) := \{x \in \mathbf{R}|a \leqslant x < b\}, \qquad (a, b] := \{x \in \mathbf{R}|a < x \leqslant b\}.$$

Eine Menge braucht nicht aus „vielen“ Elementen zu bestehen (wie es in dem umgangssprachlichen Gebrauch dieses Wortes mitschwingt). Auch eine Menge $\{a\}$, die nur ein Element a enthält (eine einelementige Menge) ist eine einwandfreie Menge, ja es ist sogar nützlich, eine Menge einzuführen die kein einziges Element besitzt. Sie heißt die leere Menge und wird mit dem Symbol $\emptyset$ bezeichnet. Stellt man sich eine Menge als einen Kasten vor, der die Mengenelemente enthält, so entspricht der leeren Menge ein leerer Kasten. Mit Hilfe der leeren Menge können wir z.B. die Aussage „es gibt keine reelle Zahl, deren Quadrat gleich −1 ist“, kurz so schreiben: $\{x \in \mathbf{R} | x^2 = -1\} = \emptyset$.

Offenbar ist $\mathbf{N}$ ein „Teil“ von $\mathbf{Z}$ in dem Sinne, daß jedes Element von $\mathbf{N}$ auch ein Element von $\mathbf{Z}$ ist. Allgemein nennen wir M eine Teil- oder Untermenge von N, in Zeichen $M \subseteq N$, wenn jedes Element von M auch zu N gehört. N heißt dann Obermenge von M; dafür schreiben wir $N \supseteq M$. Offenbar ist stets $M \subseteq M$: *jede Menge ist eine Teilmenge von sich selbst.* Die leere Menge betrachten wir als Teilmenge jeder Menge.

Das Zeichen $M \subset N$ bedeutet, daß M eine echte Teilmenge von N ist, d.h., daß $M \subseteq N$, aber $M \neq N$ gilt. In diesem Falle heißt N eine echte Obermenge von M. $N \supset M$ ist nur eine andere Schreibweise für $M \subset N$. Aussagen der Form $M \subseteq N$ oder $M \subset N$ nennt man Inklusionen. Wir bringen nun einige Beispiele.

Beispiel 5 $\{1, 2\} \subseteq \{1, 2, 3\}$. Schärfer ist die Aussage $\{1, 2\} \subset \{1, 2, 3\}$.

Beispiel 6 $\mathbf{N} \subset \mathbf{N}_0$, $\mathbf{N}_0 \subset \mathbf{Z}$, $\mathbf{Z} \subset \mathbf{Q}$, $\mathbf{Q} \subset \mathbf{R}$, $\mathbf{R} \subset \mathbf{C}$.
Diese fünf Inklusionen fassen wir zusammen zu der „Inklusionskette“

$$\mathbf{N} \subset \mathbf{N}_0 \subset \mathbf{Z} \subset \mathbf{Q} \subset \mathbf{R} \subset \mathbf{C}.$$

Beispiel 7 $\{a \in \mathbf{R} | 2 \leqslant a \leqslant 7\} \supseteq \{a \in \mathbf{Q} | 2 \leqslant a \leqslant 7\}$; hier kann $\supseteq$ durch $\supset$ ersetzt werden. ∎

Wir schreiben $M \not\subseteq N$, wenn M keine Teilmenge von N ist, wenn es also in M mindestens ein Element gibt, das nicht zu N gehört. So ist z.B. $\{1, 4\} \not\subseteq \{1, 2, 3\}$. Mengen stellt man gerne symbolisch durch Kreise, Rechtecke oder andere ebene Figuren dar und nennt diese Darstellungen die Venn-Diagramme der betreffenden Mengen. Mittels der Venn-Diagramme veranschaulicht die Figur 1.1.1 die Beziehungen $M \subset N$ und $M \not\subseteq N$.

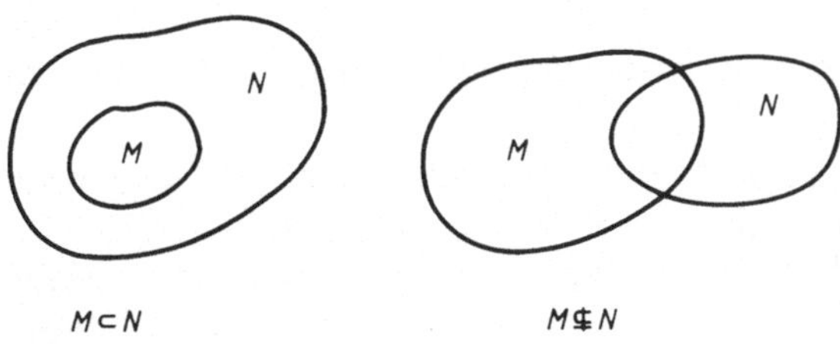

Fig. 1.1.1

Wir stellen nun die wichtigsten Eigenschaften der Inklusion zusammen. Dabei benutzen wir die Schreibweise „$A \Rightarrow B$“, um auszudrücken, daß aus der Aussage A die Aussage B folgt. „$A \Leftrightarrow B$“ besagt, daß sowohl „$A \Rightarrow B$“ als auch „$B \Rightarrow A$“ gilt; in diesem Falle sagt man, die beiden Aussagen seien äquivalent. Die angekündigten Grundeigenschaften der Inklusion sind nun die folgenden:

$$M \subseteq M \qquad \text{(Reflexivität)},$$
$$M \subseteq N \text{ und } N \subseteq M \Rightarrow M = N \qquad \text{(Antisymmetrie)},$$
$$L \subseteq M \text{ und } M \subseteq N \Rightarrow L \subseteq N \qquad \text{(Transitivität)}.$$

Die Antisymmetrie benützt man oft zum Beweis der Gleichheit zweier Mengen. – Die Begriffe Reflexivität, Antisymmetrie und Transitivität werden uns in Nr. 1.3 noch einmal in einem allgemeineren Zusammenhang begegnen.

Unter der Potzenzmenge $\mathfrak{P}(G)$ einer festen Grundmenge G versteht man die Menge aller Teilmengen von G; es ist also

$$\mathfrak{P}(G) := \{M \mid M \subseteq G\} .$$

Zu $\mathfrak{P}(G)$ gehören insbesondere immer $\emptyset$ und G. Für $G := \{a, b, c\}$ ist z.B.

$$\mathfrak{P}(G) = \{\emptyset, \{a\}, \{b\}, \{c\}, \{a, b\}, \{a, c\}, \{b, c\}, G\} .$$

Besteht G aus endlich vielen, etwa n Elementen, so besitzt $\mathfrak{P}(G)$ genau 2^n Elemente.

Beispiel 8 Zur Konstruktion der Potenzmenge einer n-elementigen Grundmenge $G := \{a_1, a_2, \ldots, a_n\}$ kann man die Menge aller Binärwörter oder „Bitmuster“ der Länge n betrachten: Es gibt 2^n Variationen (mit Wiederholung) von zwei Elementen (z.B. „0“ und „1“) zu je n Stück. Bedeutet „0“ etwa das Fehlen und „1“ das Vorhandensein des entsprechenden Elementes $a_i \in G$, so entspricht jedes Bitmuster einer Teilmenge von G, d.h. einem Element von $\mathfrak{P}(G)$. Im obigen Fall mit $n = 3$ ergibt sich die Potenzmenge aus den $2^3 = 8$ Bitmustern 000, 100, 010, 001, 110, 101, 011, 111, wenn man jede „1“ durch das jeweilige Element aus $G := \{a, b, c\}$ ersetzt und jede „0“ ignoriert. Die Bitmuster lassen sich, auch für große n, als Dualzahlen leicht lückenlos angeben. ∎

1.2 Verknüpfungen von Mengen

Hier behandeln wir Verfahren, aus zwei gegebenen Mengen M, N neue Mengen zu konstruieren.

Die Vereinigung $M \cup N$ von M und N besteht aus all denjenigen Elementen, die zu M *oder* zu N gehören. Beispiel: $\{1, 2, 3\} \cup \{2, 3, 4, 5\} = \{1, 2, 3, 4, 5\}$; die Zahlen 2 und 3, die sowohl in der ersten als auch in der zweiten Menge liegen, treten in der Vereinigung jeweils nur einmal auf, weil verabredungsgemäß die Elemente einer Menge unter sich verschieden sein sollen.

Der **Durchschnitt** $M \cap N$ besteht aus all denjenigen Elementen, die in M *und* N, d.h. sowohl in M als auch in N liegen; er ist also der den beiden Mengen M, N gemeinsame Teil. Beispiel: $\{1, 2, 3\} \cap \{2, 3, 4, 5\} = \{2, 3\}$.

Die **Differenz** $M \setminus N$ besteht aus all denjenigen Elementen von M, die *nicht* zu N gehören. Ist N eine Teilmenge von M, so nennt man $M \setminus N$ gerne das **Komplement** von N in M oder auch einfach das Komplement von N, wenn die Menge M von vornherein festliegt.

In dem Venn-Diagramm der Fig. 1.2.1 sind Vereinigung, Durchschnitt und Differenz durch die schattierten Bereiche dargestellt.

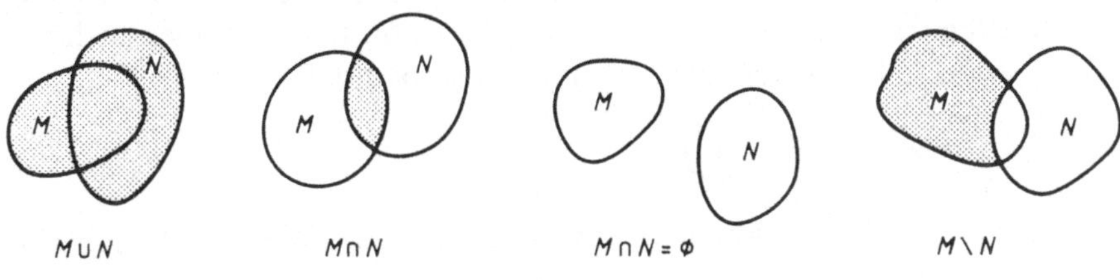

Fig. 1.2.1

Die Mengen M und N heißen (zueinander) **disjunkt** oder fremd, wenn sie keine gemeinsamen Elemente besitzen, wenn also $M \cap N = \emptyset$ ist. Man sagt dann auch, daß sie sich nicht schneiden. Z.B. sind die Mengen $\{1, 2, 3\}$ und $\{4, 5, 6\}$ disjunkt.

Wir stellen nun einige Grundregeln für den Umgang mit Vereinigungen, Durchschnitten und Differenzen zusammen. Alle auftretenden Mengen sollen Teilmengen einer festen Grundmenge G sein, und es sei

$$\overline{M} := G \setminus M$$

das Komplement von M in G. Die korrespondierenden Regeln für Vereinigung und Durchschnitt stellen wir gegenüber, um ihre Analogie hervorzuheben.

$$M \cup M = M \qquad M \cap M = M \tag{1.2.1}$$

$$M \supseteq N \;\Rightarrow\; M \cup N = M \qquad M \subseteq N \;\Rightarrow\; M \cap N = M \tag{1.2.2}$$

$$M \cup N = N \cup M \qquad M \cap N = N \cap M \tag{1.2.3}$$

$$L \cup (M \cup N) = (L \cup M) \cup N \qquad L \cap (M \cap N) = (L \cap M) \cap N \tag{1.2.4}$$

$$L \cup (M \cap N) = (L \cup M) \cap (L \cup N) \qquad L \cap (M \cup N) = (L \cap M) \cup (L \cap N) \tag{1.2.5}$$

$$M \cup \overline{M} = G;\ \overline{G} = \emptyset \qquad M \cap \overline{M} = \emptyset\,;\ \overline{\emptyset} = G \tag{1.2.6}$$

$$\overline{M \cup N} = \overline{M} \cap \overline{N} \qquad \overline{M \cap N} = \overline{M} \cup \overline{N} \tag{1.2.7}$$

$$M \setminus N = M \cap \overline{N} \tag{1.2.8}$$

$$M \subseteq N \;\Leftrightarrow\; \overline{M} \supseteq \overline{N} \tag{1.2.9}$$

Die Regeln (1.2.3) bis (1.2.5) heißen der Reihe nach **Kommutativ-**, **Assoziativ-** und **Distributivgesetze**; die Gleichungen (1.2.7) sind die **Mor-**

ganschen Regeln. Aus (1.2.2) ergeben sich noch die Absorptionsgesetze

$$M \cup (M \cap N) = M\,, \qquad M \cap (M \cup N) = M\,. \tag{1.2.10}$$

Vereinigung und Durchschnitt können wir nicht nur für zwei, sondern sogar für *beliebig viele Mengen* bilden. Ist $\mathfrak{S}$ irgendein (endliches oder unendliches) System von Mengen, so besteht ihre Vereinigung $\bigcup_{M \in \mathfrak{S}} M$ aus all denjenigen Elementen, die in mindestens einem $M \in \mathfrak{S}$ liegen, während ihr Durchschnitt $\bigcap_{M \in \mathfrak{S}} M$ sich aus denjenigen Elementen zusammensetzt, die zu jedem $M \in \mathfrak{S}$ gehören. Die Vereinigung der endlich vielen Mengen $M_1, \ldots, M_n$ bzw. der unendlich vielen Mengen $M_1, M_2, \ldots$ bezeichnen wir auch mit dem Symbol

$$\bigcup_{k=1}^{n} M_k \quad \text{bzw.} \quad \bigcup_{k=1}^{\infty} M_k\,.$$

Entsprechende Bezeichnungen verwenden wir im Falle des Durchschnitts. Mit $M_k := \{1, 2, \ldots, k\}$ ist z.B. $\bigcup_{k=1}^{\infty} M_k = \mathbf{N}$ und $\bigcap_{k=1}^{\infty} M_k = \{1\}$.

Die oben aufgeführten Gesetze gelten sinngemäß auch im Falle beliebig vieler Mengen. Wir heben nur die Morganschen Regeln hervor:

$$\overline{\bigcup_{M \in \mathfrak{S}} M} = \bigcap_{M \in \mathfrak{S}} \overline{M} \quad \text{und} \quad \overline{\bigcap_{M \in \mathfrak{S}} M} = \bigcup_{M \in \mathfrak{S}} \overline{M}\,; \tag{1.2.11}$$

dabei ist $\mathfrak{S}$ irgendein System von Teilmengen einer festen Grundmenge, und die Komplemente werden bezüglich dieser Grundmenge gebildet.

Beispiel 1 Das mathematische Modell eines Zufallsexperimentes besteht aus einer Grundmenge M („Merkmalsmenge" oder „Ereignisraum"), in der man Ereignisse als Teilmengen $A, B, \ldots$ von M definiert. Ereignisse sind also Elemente der Potenzmenge $\mathfrak{P}(M)$, und $\mathfrak{P}(M)$ selbst ist die Menge aller denkbaren Ereignisse. Diesen Ereignissen kann man nach bestimmten Regeln Wahrscheinlichkeiten $P_A, P_B, \ldots \in [0, 1]$ zuordnen, mit denen sie bei einem Zufallsexperiment auftreten. Die Merkmalsmenge M hat die Wahrscheinlichkeit $P_M = 1$ („sicheres Ereignis"), die leere Menge $\emptyset$ dagegen die Wahrscheinlichkeit $P_\emptyset = 0$ („unmögliches Ereignis"). Mit Hilfe von Vereinigung, Durchschnitt, Differenz und Komplement kann man kombinierte Ereignisse $A \cup B$, $A \cap B$, $A \setminus B$ und $\overline{A}$ bilden und dann deren Wahrscheinlichkeiten berechnen, wodurch das Zufallsexperiment in allen seinen Varianten beschreibbar ist. ∎

Ein System $\mathfrak{S}$ von Teilmengen der Menge M heißt eine Partition von M, wenn jedes Element von M in genau einer Menge aus $\mathfrak{S}$ liegt, wenn also gilt

$$M = \bigcup_{T \in \mathfrak{S}} T \quad \text{und} \quad S \cap T = \emptyset \text{ für je zwei verschiedene } S, T \in \mathfrak{S}\,.$$

Fig. 1.2.2 ist das Venn-Diagramm einer Partition von M in sechs Teilmengen.

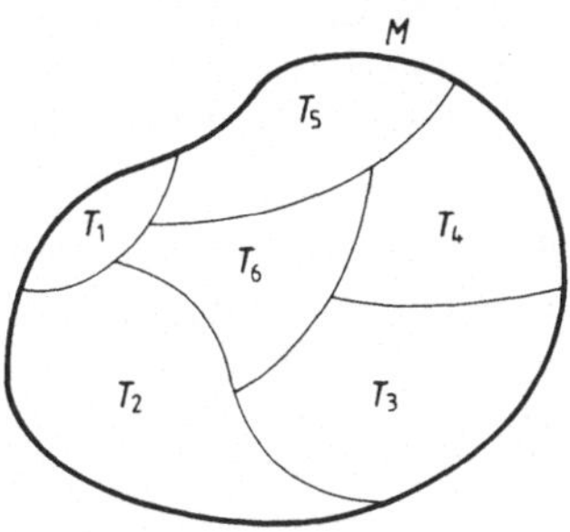

Fig. 1.2.2

Wir bringen nun drei konkrete Beispiele für Partitionen.

Beispiel 2 Die Menge M aller gegenwärtig lebenden Menschen kann man partitionieren in die Menge T_1 der Menschen männlichen und die Menge T_2 der Menschen weiblichen Geschlechts.

Beispiel 3 M sei die Menge aller an einem bestimmten Tag produzierten Automobile einer gewissen Marke. Für die Lackierung dieser Automobile mögen die Farben $F_1, F_2, \ldots F_n$ (und keine anderen) verwendet werden. T_k sei die Menge aller Automobile aus M, welche die Farbe F_k haben $(k = 1, \ldots, n)$. Dann bilden die $T_1, \ldots, T_n$ eine Partition von M.

Beispiel 4 In der Nachrichtentechnik benützt man Partitionen, um aus einer unendlichen Menge von Signalen endlich viele Teilmengen zu erzeugen, die sich besser übertragen und verarbeiten lassen. Sowohl analoge als auch (z.B. durch Rauschen) gestörte digitale Signale haben zu einem bestimmten Zeitpunkt unendlich viele voneinander verschiedene Amplitudenwerte. Man partitioniert sie nach geeigneten Kriterien in endlich viele Teilmengen, die durch festgelegte Amplitudenwerte „repräsentiert" werden und arbeitet nur noch mit diesen Repräsentanten weiter. Bei analogen Signalen nennt man diesen Vorgang „Quantisierung", wodurch nur endlich viele voneinander verschiedene Werte übertragen werden müssen. Bei gestörten digitalen Signalen spricht man von „Regenerierung" oder „Signalerkennung", wodurch der ursprüngliche digitale Amplitudenwert möglichst gut wiederhergestellt wird. Auch die Verfahren der sogenannten Mustererkennung bedienen sich der Partition zum Zwecke der Merkmalsextraktion und der Klassifikation. ■

Als letzte Verknüpfung von Mengen behandeln wir das cartesische Produkt. Dazu benötigen wir eine Vorbemerkung. Sind uns n nichtleere Mengen $A_1, \ldots, A_n$ gegeben, so nennen wir jede Zusammenstellung $(a_1, a_2, \ldots, a_n)$ von Elementen $a_1 \in A_1, \ldots, a_n \in A_n$ ein *n*-Tupel aus $A_1, \ldots, A_n$; dabei werden zwei n-Tupel $(a_1, \ldots, a_n)$, $(b_1, \ldots, b_n)$ als gleich angesehen, wenn $a_1 = b_1, \ldots, a_n = b_n$ ist. Die Reihenfolge der Komponenten a_k ist also wesentlich; die 2-Tupel oder Paare (1, 2) und (2, 1) sind z.B. verschieden. *Durch die Forderung, die Reihenfolge der Kom-*

ponenten zu beachten, unterscheidet sich ein n-Tupel wesentlich von einer n-elementigen Menge. Ein weiterer Unterschied besteht darin, daß in einem n-Tupel die Komponenten nicht notwendig untereinander verschieden sein müssen. Ist etwa $A_1 = A_2 = A_3 = \mathbf{N}$, so sind die 3-Tupel oder „Tripel" (1, 2, 3), (1, 1, 3) und (1, 1, 1) alle gleichermaßen legitim.

Unter dem cartesischen Produkt $A_1 \times A_2 \times \cdots \times A_n$ der nichtleeren Mengen $A_1, A_2, \ldots, A_n$ versteht man die Menge aller n-Tupel aus $A_1, A_2, \ldots, A_n$; es ist also

$$A_1 \times A_2 \times \cdots \times A_n := \{(a_1, a_2, \ldots, a_n) | a_k \in A_k \text{ für } k = 1, 2, \ldots, n\}^{1)} .$$

Im Falle $A_1 = A_2 = \cdots = A_n = A$ schreibt man A^n statt $A \times A \times \cdots \times A$.

Wir erläutern diese Begriffsbildung durch einige Beispiele.

Beispiel 5 Mit $A := \{1, 2, 3\}$ und $B := \{a, b\}$ ist

$$A \times B = \{(1, a), (1, b), (2, a), (2, b), (3, a), (3, b)\} ,$$
$$B \times A = \{(a, 1), (b, 1), (a, 2), (b, 2), (a, 3), (b, 3)\} .$$

Beispiel 6 Mit $A := \{a, b\}$ ist

$$A^2 = \{(a, a), (a, b), (b, a), (b, b)\}.$$

Beispiel 7 Für $A_1 := \{a, b\}$, $A_2 := \{1, 2, 3\}$, $A_3 := \{u, v\}$ wird

$$A_1 \times A_2 \times A_3 = \{(a, 1, u), (a, 1, v), (a, 2, u), (a, 2, v), (a, 3, u), (a, 3, v) ,$$
$$(b, 1, u), (b, 1, v), (b, 2, u), (b, 2, v), (b, 3, u), (b, 3, v)\} .$$

Die Elemente komplizierter cartesischer Produkte $A_1 \times A_2 \times \cdots \times A_n$ lassen sich bequem mit Hilfe einer Konstruktion finden, die praktisch einen Codebaum darstellt. Man schreibt die Elemente der Mengen $A_1, A_2, \ldots, A_n$ jeweils so untereinander, daß von jedem Element der Menge A_1 ein Zweig zu jedem Element der Menge A_2, von jedem Element der Menge A_2 ein Zweig zu jedem Element der Menge A_3 usw. gezogen werden kann. Jeder „Weg" durch den Codebaum ergibt dann ein Element (n-Tupel) von $A_1 \times A_2 \times \cdots \times A_n$, und die Menge aller möglichen Wege liefert genau alle Elemente von $A_1 \times A_2 \times \cdots \times A_n$. Im vorliegenden Beispiel hat der Codebaum folgende Gestalt:

---

1) Ist eine der Mengen A_k leer, so setzt man häufig $A_1 \times \cdots \times A_n := \emptyset$. Wir werden von dieser Vereinbarung keinen Gebrauch machen.

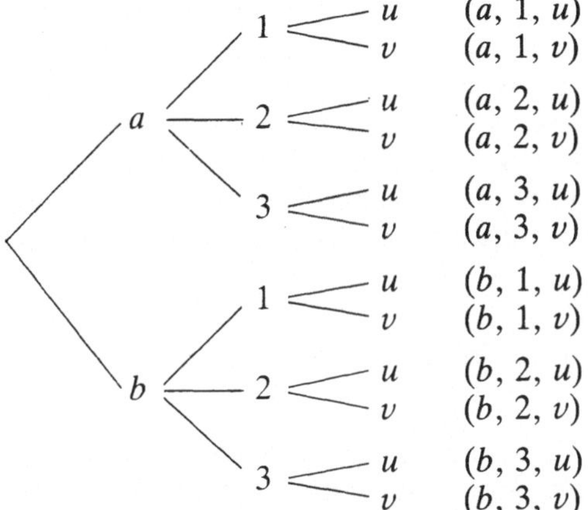

Beispiel 8 Mit Hilfe eines cartesischen Koordinatensystems kann man jeden Punkt der Ebene E durch ein Paar (x, y) reeller Zahlen x, y beschreiben, und umgekehrt liefert jedes derartige Paar einen Punkt von E. Infolgedessen ist $\mathbf{R}^2$ ein arithmetisches Modell der Ebene. Man spricht deshalb kurz von der „Ebene $\mathbf{R}^2$" oder dem „zweidimensionalen Raum $\mathbf{R}^2$". Entsprechend ist $\mathbf{R}^3$ ein arithmetisches Modell des dreidimensionalen Raumes und wird deshalb einfach als dreidimensionaler Raum bezeichnet. Konsequenterweise nennt man $\mathbf{R}^n$ dann auch einen n-dimensionalen Raum. ■

Die Gleichung $A \times B = B \times A$ braucht nicht zu gelten (s. Beispiel 5). *Das cartesische Produkt ist also nicht kommutativ. Es ist auch nicht assoziativ*, d.h., es gilt nicht die Gleichung $A \times (B \times C) = (A \times B) \times C$. Denn die Elemente des ersten Produkts sind die Paare $(a, (b, c))$, die des zweiten die Paare $((a, b), c)$ mit $a \in A$, $b \in B$, $c \in C$, und jedes der ersten Paare ist von jedem der zweiten verschieden. *Dagegen ist es distributiv bezüglich Vereinigung, Durchschnitt und Differenz*, d.h., es gelten die Gleichungen

$$A \times (B \cup C) = (A \times B) \cup (A \times C) ,$$
$$A \times (B \cap C) = (A \times B) \cap (A \times C) ,$$
$$A \times (B \setminus C) = (A \times B) \setminus (A \times C) .$$

1.3 Relationen

Zwischen gewissen Elementen einer Menge X und gewissen Elementen einer Menge Y kann eine „Beziehung" oder „Relation" bestehen. Wir wollen uns zunächst an einfachen Beispielen klarmachen, was damit gemeint ist.

Beispiel 1 X sei die Menge aller Einwohner Hamburgs, Y die Menge aller in der Bundesrepublik Deutschland ausgeübten Berufe. Dann kann zwischen einem

$x \in X$ und einem $y \in Y$ die Beziehung (Relation) bestehen „x übt den Beruf y aus". Wir schreiben dafür kurz „xRy". Ist x ein Hamburger Baby, so wird xRy für kein $y \in Y$ gelten; bedeutet y den Beruf des Bergführers, so gilt xRy für kein $x \in X$. Steht jedoch y für den Beruf des Hafenarbeiters, so wird xRy für einige, aber nicht für alle $x \in X$ zutreffen. Die Menge der Paare (x, y), für deren Komponenten xRy gilt, ist eine Teilmenge des cartesischen Produktes $X \times Y$. Bezeichnen wir sie der Einfachheit wegen ebenfalls mit dem Buchstaben R, so haben wir

$$(x, y) \in R \quad \Leftrightarrow \quad xRy\ .$$

Die Relation R kann also formal beschrieben werden als eine Teilmenge R von $X \times Y$.

Beispiel 2 X sei die Menge aller Einwohner Kölns. Zwischen zwei Elementen x, y von X kann die Relation bestehen „x ist Vater von y", kurz: xRy. Definieren wir eine Teilmenge R von $X \times X$ durch die Festsetzung

$$(x, y) \in R \quad \Leftrightarrow \quad xRy\ ,$$

so ist diese Teilmenge R ein getreues Spiegelbild der Relation R. ■

Damit wir unabhängig werden von inhaltlichen Bestimmungen einer „Relation" zwischen Elementen aus X und solchen aus Y, kehren wir nun die obigen Betrachtungen um, nennen kurzerhand jede Teilmenge R von $X \times Y$ eine Relation aus X in Y und schreiben xRy statt $(x, y) \in R$. Im Falle $X = Y$ spricht man von einer Relation „in X" (oder auch „auf X", falls bei den Paaren $(x, y) \in R$ ausnahmslos jedes $x \in X$ als erste Komponente auftaucht).

Ein ebenso einfaches wie wichtiges Beispiel einer Relation ist die Gleichheitsrelation I auf X, definiert durch

$$I := \{(x, x) | x \in X\} \text{ oder also durch } xIy \quad \Leftrightarrow \quad x = y\ .$$

Wir stellen nun einige Eigenschaften zusammen, die eine Relation R in X haben kann (aber nicht haben muß).

a) R heißt reflexiv, wenn durchweg xRx gilt.

Z.B. ist die Gleichheitsrelation reflexiv, ebenso die Größenbeziehung $x \leqslant y$ zwischen reellen Zahlen, die Inklusionsrelation $M \subseteq N$ zwischen Teilmengen einer Grundmenge G und die Relation „x hat die gleiche Farbe wie y" (falls die Elemente von X gefärbt sind). Dagegen sind die strenge Größenbeziehung $x < y$ auf $\mathbf{R}$ und die strenge Inklusionsrelation $M \subset N$ auf $\mathfrak{P}(G)$ nicht reflexiv.

b) R heißt symmetrisch, wenn gilt: $xRy \Rightarrow yRx$.

Die Gleichheitsrelation ist symmetrisch, ebenso die Beziehung „x hat dieselbe Farbe wie y" und die Beziehung „x ist verwandt mit y" (wobei X natürlich aus Menschen bestehen soll). Dagegen sind die Größenbeziehung $x \leqslant y$ auf $\mathbf{R}$ und die Inklusionsrelation $M \subseteq N$ auf $\mathfrak{P}(G)$ nicht symmetrisch.

c) R heißt antisymmetrisch, wenn gilt: xRy und $yRx \Rightarrow x = y$.

Die Gleichheitsrelation und die Relation $x \leqslant y$ auf **R** sind antisymmetrisch, ebenso die Inklusionsrelation $M \subseteq N$ auf $\mathfrak{P}(G)$.

d) R heißt transitiv, wenn gilt: xRy und $yRz \Rightarrow xRz$.
Die Gleichheitsrelation und die Größenrelationen $x \leqslant y$ und $x < y$ auf **R** sind transitiv, ebenso die Inklusionsrelationen $M \subseteq N$ und $M \subset N$ auf $\mathfrak{P}(G)$. Die Beziehung „x ist Vater von y" ist hingegen nicht transitiv.

In den drei nächsten Abschnitten untersuchen wir einige besonders wichtige Relationstypen.

1.4 Äquivalenzrelationen

Für einen Käufer, der ohne sonstige Einschränkungen einen gelben Golf L erstehen will, ist jeder gelbe Golf L so gut wie jeder andere, er unterscheidet nicht weiter zwischen ihnen, sie sind ihm gleichwertig, äquivalent (Zusatzausrüstungen oder Polsterfarben interessieren ihn nicht). Fassen wir dies etwas abstrakter! Wir nehmen an, die Elemente einer Menge X seien gefärbt, wobei etwa die Farben $F_1, \ldots, F_n$ verwendet werden. Wir betrachten nun auf X die Relation „x hat die gleiche Farbe wie y" und bezeichnen sie symbolisch mit $x \sim y$. Diese Relation ist reflexiv, symmetrisch und transitiv, d.h. wir haben

(Ä1) $x \sim x$,
(Ä2) $x \sim y \Rightarrow y \sim x$,
(Ä3) $x \sim y$ und $y \sim z \Rightarrow x \sim z$.

Allgemein nennen wir nun eine irgendwie auf der beliebigen Menge $X \neq \emptyset$ definierte Relation $\sim$ eine Äquivalenzrelation, wenn sie die Eigenschaften (Ä1) bis (Ä3) besitzt.
Das einfachste Beispiel einer Äquivalenzrelation ist die Gleichheitsrelation. Aber immer dann schon, wenn wir Elemente einer Menge als gleichwertig ansehen, falls sie bloß in einer gewissen Eigenschaft übereinstimmen, ohne völlig identisch zu sein, erhalten wir eine Äquivalenzrelation.
Auf X sei eine Äquivalenzrelation $\sim$ definiert. Für ein festes $a \in X$ betrachten wir nun alle zu a äquivalenten $x \in X$, d.h. wir bilden die Menge

$$[a] := \{x \in X | x \sim a\} .$$

$[a]$ heißt die Äquivalenz- oder Restklasse von a (bezüglich $\sim$). In dem eingangs erwähnten Beispiel würde also, wenn a ein gelber (roter, weißer, ...) Golf L ist, die Äquivalenzklasse $[a]$ aus allen gelben (roten, weißen, ...) Golf L bestehen. Liegt b in $[a]$, so ist $[b] = [a]$, liegt b jedoch nicht in $[a]$, so ist $[b] \cap [a] = \emptyset$.
Die Gesamtheit der Äquivalenzklassen bildet also eine Partition von X: eine Äquivalenzrelation zerlegt X in paarweise disjunkte Klassen unter sich äquivalenter Elemente (vgl. Fig. 1.2.2 und die Beispiele 2 bis 4 in Nr. 1.2). Ist umgekehrt eine

Partition $\mathfrak{S}$ von X gegeben und definiert man auf X eine Relation $\sim$ durch

$$x \sim y \quad \Leftrightarrow \quad x \text{ liegt in derselben Menge } S \in \mathfrak{S} \text{ wie } y \,,$$

so erweist sich $\sim$ als eine Äquivalenzrelation auf X und die durch sie erzeugte Partition von X als identisch mit $\mathfrak{S}$. Wir können also zusammenfassend sagen: *Jede Äquivalenzrelation erzeugt eine Partition, und jede Partition erzeugt eine Äquivalenzrelation.* Äquivalenzrelationen und Partitionen sind gewissermaßen ein und dieselbe Sache, nur unter verschiedenen Blickwinkeln betrachtet.

Jedes $b \in [a]$ nennt man einen Repräsentanten der Restklasse $[a]$. Die Menge aller Restklassen wird Quotientenmenge genannt und mit $X/\sim$ bezeichnet. Es ist also

$$X/\sim \; := \{[a] \,|\, a \in X\} \,.$$

Beispiel 1 Auf der Menge aller Dreiecke ist „x ist ähnlich zu y" eine Äquivalenzrelation. Eine Restklasse enthält alle zu einem festen Dreieck ähnlichen Dreiecke. So gehören z.B. alle gleichseitigen Dreiecke ohne Rücksicht auf ihre Lage und Größe zur selben Restklasse.

Für spätere Zwecke ist besonders wichtig das folgende

Beispiel 2 Sei m eine feste natürliche Zahl. Dann gibt es bekanntlich für jede ganze Zahl x eindeutig bestimmte ganze Zahlen q und r mit

$$x = qm + r \,, \qquad 0 \leqslant r < m$$

(„Division von x durch m mit Rest r"). Wir definieren nun auf $\mathbf{Z}$ eine Relation $\sim$ durch die Festsetzung

$$\begin{aligned} x \sim y \quad &\Leftrightarrow \quad x \text{ läßt bei der Division durch } m \text{ denselben Rest wie } y \\ &\Leftrightarrow \quad x - y \text{ ist durch } m \text{ teilbar.} \end{aligned}$$

$\sim$ ist eine Äquivalenzrelation auf $\mathbf{Z}$. Es gibt die m möglichen Reste $r = 0, 1, \ldots, m-1$. Jedes derartige r läßt bei der Division durch m selbst den Rest r, weil $r = 0 \cdot m + r$ ist. Die Restklasse $[r]$ enthält also genau diejenigen $x \in \mathbf{Z}$, die bei der Division durch m den Rest r lassen. Es folgt, *daß die Quotientenmenge* $\mathbf{Z}_m := \mathbf{Z}/\sim$ *gerade aus den* m *Restklassen* $[0], [1], \ldots, [m-1]$ *besteht. Die* m *Zahlen* $0, 1, \ldots, m-1$ *sind also die Repräsentanten der* m *Restklassen.*

Im Falle $m = 3$ haben wir die drei Repräsentanten 0, 1, 2 mit den Restklassen

$$\begin{aligned} [0] &= \{\ldots, -9, -6, -3, 0, 3, 6, 9, \ldots\} \,, \\ [1] &= \{\ldots, -8, -5, -2, 1, 4, 7, 10, \ldots\} \,, \\ [2] &= \{\ldots, -7, -4, -1, 2, 5, 8, 11, \ldots\} \,. \end{aligned}$$

Statt $x \sim y$ schreiben wir auch, um den „Modul" m hervorzuheben, $x \equiv y$ modulo m oder kürzer: $x \equiv y \bmod m$. ■

1.5 Ordnungsrelationen

Die Größenrelation $x \leqslant y$ auf **R** und die Inklusionsrelation $M \subseteq N$ auf $\mathfrak{P}(G)$ sind reflexiv, antisymmetrisch und transitiv. Durch diese Relation werden die Elemente von **R** bzw. $\mathfrak{P}(G)$ in eine gewissen Anordnung gebracht. Diese Beobachtungen motivieren die folgende Definition:

Eine Relation $\leqslant$ (lies: „kleiner gleich", „vor" oder „unter") auf einer nichtleeren Menge X heißt Ordnungsrelation, wenn sie reflexiv, antisymmetrisch und transitiv ist, d.h., wenn folgendes gilt:

$$\begin{aligned}
&(\mathrm{O1}) \quad x \leqslant x\,, \\
&(\mathrm{O2}) \quad x \leqslant y \ \text{ und } \ y \leqslant x \ \Rightarrow \ x = y\,, \\
&(\mathrm{O3}) \quad x \leqslant y \ \text{ und } \ y \leqslant z \ \Rightarrow \ x \leqslant z\,.
\end{aligned}$$

Die Menge X, versehen mit der Ordnung $\leqslant$, wird eine geordnete Menge genannt und der größeren Genauigkeit wegen gelegentlich mit $(X, \leqslant)$ bezeichnet. Im folgenden sei X stets mit der Ordnung $\leqslant$ ausgestattet.

Zwei Elemente x, y in X heißen vergleichbar, wenn $x \leqslant y$ oder $y \leqslant x$ gilt. Sind je zwei Elemente stets vergleichbar, so heißt $\leqslant$ eine vollständige oder lineare Ordnung und X eine vollgeordnete Menge.

Das Zeichen $x \geqslant y$ (lies: „x größer gleich y", „x hinter y" oder „x über y" soll nichts anderes bedeuten als $y \leqslant x$.

Das Element a von X heißt minimal, wenn $x \leqslant a$ nur für $x = a$ zutrifft, wenn es also kein Element echt vor a gibt. a heißt maximal, wenn kein Element echt hinter a liegt, wenn also $x \geqslant a$ nur für $x = a$ möglich ist[1]. Gibt es ein $b \in X$ mit $b \leqslant x$ bzw. mit $x \leqslant b$ für alle $x \in X$, so heißt b erstes bzw. letztes Element von X oder auch Minimum bzw. Maximum von X. In X gibt es höchstens ein erstes bzw. letztes Element. Ist X vollgeordnet, so ist ein Element von X genau dann minimal (maximal), wenn es das erste (letzte) Element von X ist. Die Teilmenge Y von X heißt nach unten beschränkt, wenn es ein $b \in X$ gibt, so daß $b \leqslant y$ für alle $y \in Y$ gilt; b wird dann eine untere Schranke von Y genannt. Eine untere Schranke b von Y heißt größte untere Schranke, untere Grenze oder Infimum von Y, in Zeichen: $b = \inf Y$, wenn jede untere Schranke c von Y der Beziehung $c \leqslant b$ genügt. Ein nach unten beschränktes Y braucht keineswegs ein Infimum zu besitzen.

Ganz entsprechend wird der Begriff einer nach oben beschränkten Teilmenge Y von X, ihrer oberen Schranken und ihrer kleinsten oberen Schranke (obere Grenze oder Supremum von Y, $\sup Y$) erklärt. Eine nach unten und oben beschränkte Teilmenge von X heißt beschränkt.

Infimum und Supremum sind, falls vorhanden, eindeutig bestimmt.

---

[1] Minimalität von a bedeutet also *nicht*, daß $a \leqslant x$ für alle $x \in X$ ist. Letzteres ist eine stärkere Eigenschaft als Minimalität und erfordert z.B., daß a mit allen Elementen von X vergleichbar ist. Entsprechendes gilt für Maximalität.

Besitzt Y ein Infimum (Supremum) und liegt dieses überdies in Y, so ist es das erste (letzte) Element von Y. Besitzt umgekehrt Y ein erstes (letztes) Element a, so ist $a = \inf Y \in Y$ $(a = \sup Y \in Y)$.

Beispiel 1 $\mathbf{R}$ ist mit der üblichen $\leqslant$-Relation, der sogenannten natürlichen Ordnung, eine vollgeordnete Menge. Jede nichtleere, nach oben beschränkte Teilmenge besitzt ein Supremum (das ist der für die Analysis grundlegende Satz vom Supremum), und entsprechend besitzt jede nichtleere, nach unten beschränkte Teilmenge ein Infimum. Für das offene Intervall (a, b) ist $\inf(a, b) = a$ und $\sup(a, b) = b$. Wegen $a, b \notin (a, b)$ ist aber a kein minimales, b kein maximales Element von (a, b). Bei einem abgeschlossenen Intervall $[a, b]$ ist jedoch $a = \inf[a, b]$ minimal, $b = \sup[a, b]$ maximal.

Beispiel 2 $\mathbf{Q}$ ist mit der von $\mathbf{R}$ herrührenden $\leqslant$-Relation ebenfalls vollgeordnet. Eine nach oben beschränkte Teilmenge braucht kein Supremum zu haben. Ein Beispiel hierfür ist $\{x \in \mathbf{Q} | x < \sqrt{2}\}$: Das Supremum in $\mathbf{R}$ ist $\sqrt{2}$, aber $\sqrt{2}$ liegt nicht in $\mathbf{Q}$. Entsprechendes gilt für nach unten beschränkte Teilmengen.

Beispiel 3 Die Potenzmenge $\mathfrak{P}(G)$ einer Grundmenge G wird durch die Inklusion $\subseteq$ geordnet. Diese Ordnung ist unvollständig, wenn G mehr als ein Element besitzt (die Teilmengen $\{x\}$, $\{y\}$ sind im Falle $x \neq y$ nämlich nicht vergleichbar). Jede Teilmenge $\mathfrak{S}$ von $\mathfrak{P}(G)$ (d.h. jedes System $\mathfrak{S}$ von Teilmengen von G) besitzt ein Infimum und ein Supremum, nämlich $\bigcap_{S \in \mathfrak{S}} S$ bzw. $\bigcup_{S \in \mathfrak{S}} S$. Insbesondere ist

$$\inf \mathfrak{P}(G) = \emptyset \quad \text{und} \quad \sup \mathfrak{P}(G) = G.$$

Beispiel 4 Die Gleichheitsrelation ist auf jeder nichtleeren Menge X auch eine Ordnungsrelation. Verschiedene Elemente sind stets unvergleichbar (man nennt diese Ordnung deshalb auch etwas paradox die totale Unordnung). Jedes Element ist sowohl minimal als auch maximal. Eine Teilmenge von X ist weder nach unten noch nach oben beschränkt, wenn sie mehr als ein Element enthält.

Beispiel 5 Auf $\mathbf{N}$ bedeute $x \leqslant y$, daß x ein Teiler von y ist. $\leqslant$ ist eine unvollständige Ordnung. Auf der Teilmenge $\{2^k | k \in \mathbf{N}\}$ ist sie jedoch vollständig.

Beispiel 6 Auf $X := \{a, b, c, d, e\}$ erklären wir eine Ordnung $\leqslant$ vermittels des Hasse-Diagramms in Fig. 1.5.1: Es sei $x \leqslant y$, wenn man von x in aufsteigender Richtung nach y gelangen kann. Z.B. ist $b \leqslant a$ und $d \leqslant a$. Die Elemente b, c sind dagegen ebensowenig vergleichbar wie die Elemente b, e und d, e. d und e sind minimal, a ist maximal und gleichzeitig Supremum und Maximum.

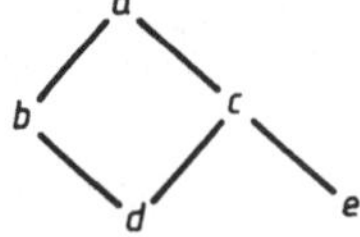

Fig. 1.5.1

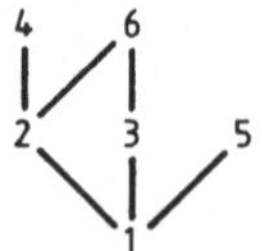

Fig. 1.5.2

Die Ordnungsrelation „x ist Teiler von y" auf der Menge $X := \{1, 2, \ldots, 6\}$ läßt sich durch das Hasse-Diagramm in Fig. 1.5.2 darstellen. Es ist z.B. $1 \leqslant 4$ und $3 \leqslant 6$, jedoch $2 \not\leqslant 5$ und $3 \not\leqslant 4$.

Beispiel 7 Auf der Menge $X := \{a, b, \ldots, h, i\}$ sei eine Ordnung durch das Hasse-Diagramm in Fig. 1.5.3 gegeben. Für die Teilmenge $Y := \{c, d, e\}$ sind genau f, g und h untere Schranken, und da überdies $f \geqslant g, h$ ist, muß f das Infimum von Y sein. i ist keine untere Schranke von Y, da keine aufsteigende Verbindung von i nach d geht. Obere Schranken sind a, b und c; wegen $c \leqslant a, b$ ist $c = \sup Y$. Es ist $f = \inf Y \notin Y$, dagegen $c = \sup Y \in Y$.

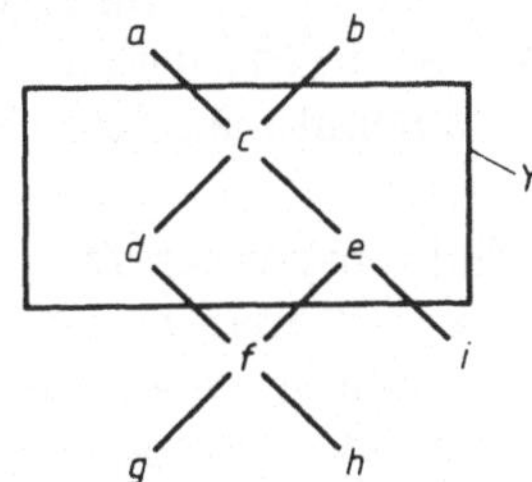

Fig. 1.5.3

Beispiel 8 X und Y seien geordnete Mengen. Dann können wir auf $X \times Y$ die sogenannte lexikographische Ordnung wie folgt definieren:

$$(x, y) \leqslant (x', y') \text{ gilt } \begin{cases} \text{im Falle } x \neq x', \text{ wenn } x \leqslant x' \text{ ist}, \\ \text{im Falle } x = x', \text{ wenn } y \leqslant y' \text{ ist}. \end{cases}$$ ■

Ist Y eine nichtleere Teilmenge der (geordneten) Menge X, so wird sie selbst in einfachster Weise geordnet, indem man die in X vorhandene Ordnungsrelation auf Y einschränkt. Dabei kann es vorkommen, daß sich Y sogar als vollgeordnet erweist (s. Beispiel 5). Nach dieser Vorbemerkung formulieren wir nun die wichtigste Aussage über geordnete Mengen:

Zornsches Lemma *Besitzt jede vollgeordnete Teilmenge einer geordneten Menge X eine obere Schranke, so gibt es in X mindestens ein maximales Element.*

1.6 Funktionen

X und Y seien im folgenden beliebige nichtleere Mengen.
Eine Relation $R \subseteq X \times Y$ heißt eindeutig, wenn gilt:

$$(x, y_1) \in R \quad \textit{und} \quad (x, y_2) \in R \quad \Rightarrow \quad y_1 = y_2 .$$

In diesem Falle bestimmt also die erste Komponente x in $(x, y) \in R$ völlig eindeutig die zweite Komponente y. Diesen Sachverhalt können wir auch so ausdrücken:

Eine eindeutige Relation aus X in Y ordnet jedem Element einer gewissen Teilmenge von X ein und nur ein Element aus Y zu. Eine derartige Relation nennt man eine Funktion aus X in Y, verwendet zu ihrer Bezeichnung statt des Buchstabens R gewöhnlich einen der Buchstaben $f, g, h, \ldots, F, G, H, \ldots, \varphi, \psi, \chi, \ldots$ und schreibt, wenn man etwa f benutzt, statt $(x, y) \in f$ gewöhnlich $f(x) = y$. X heißt Ausgangsmenge, und die Menge der $x \in X$ mit $(x, y) \in f$, d.h. die Menge der $x \in X$, für die $f(x)$ definiert ist, heißt der Definitionsbereich oder Originalbereich der Funktion f und wird gewöhnlich mit D oder D_f bezeichnet. Y wird die Zielmenge und $f(D) := \{f(x) | x \in D\} \subseteq Y$ der Wertebereich oder Bildbereich von f genannt. $y := f(x)$ heißt der Wert der Funktion f an der Stelle x oder auch das Bild von x unter f, hingegen x ein Urbild von y. Statt von Funktionen redet man auch von Zuordnungen, Abbildungen, Transformationen oder Operatoren. Ist $f(D) \subseteq D$, so nennt man f eine Selbstabbildung von D.

Um kurz auszudrücken, daß die Funktion f ihren Definitionsbereich $D \subseteq X$ in die Zielmenge Y abbildet, schreibt man $f: D \subseteq X \to Y$; will man angeben, daß f das Element x in das Element $f(x)$ transformiert, so benutzt man das Symbol $x \mapsto f(x)$. Die ausführlichste Beschreibung einer Funktion wird demnach gegeben durch das Symbol

$$f: \begin{cases} D \subseteq X & \to & Y \\ x & \mapsto & f(x) . \end{cases} \tag{1.6.1}$$

Meistens wird f auf ganz X definiert sein (oder anders gesagt: Man wird gewöhnlich $X = D$ setzen, weil die Elemente aus $X \setminus D$ bei der Diskussion von f in der Regel unbeachtet bleiben dürfen). Dies nehmen wir im folgenden durchweg an.

In der Schreibweise (1.6.1) stellt sich die Funktion f, die jedem $x \in \mathbf{R}$ den Wert x^2 zuordnet, folgendermaßen dar:

$$f: \begin{cases} \mathbf{R} & \to & \mathbf{R} \\ x & \mapsto & x^2 \end{cases} ;$$

kürzer wird man meistens schreiben

$$f(x) := x^2 \quad (\text{oder } x \mapsto x^2 \text{ oder auch } y = x^2) \quad \text{für alle } x \in \mathbf{R} .$$

Zur symbolischen Darstellung einer Funktion $f: X \to Y$ benutzt man gerne ein Diagramm wie in Fig. 1.6.1.

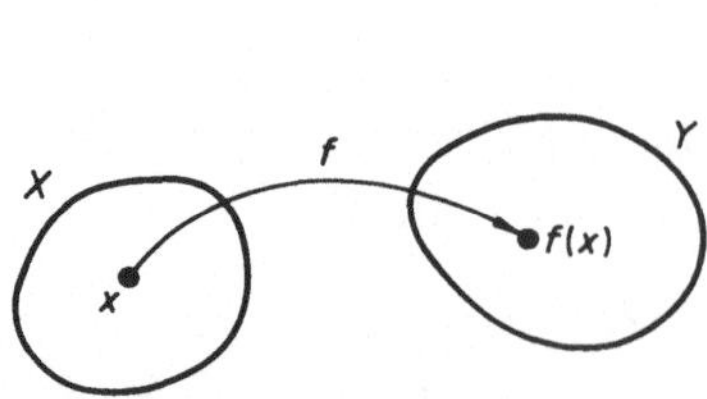

Fig. 1.6.1

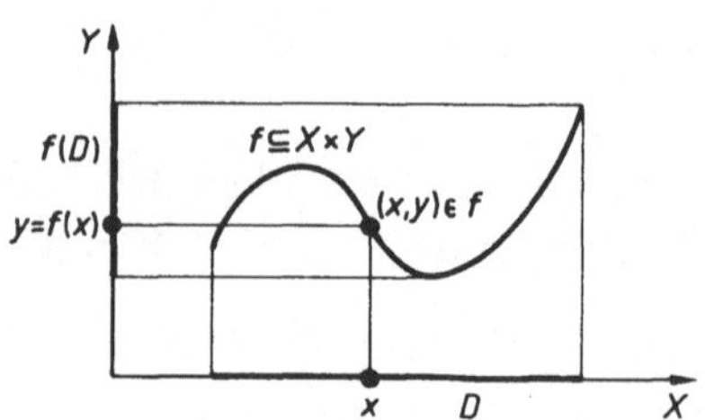

Fig. 1.6.2

Die von $f: X \to Y$ erzeugte Teilmenge $\{(x, f(x)) | x \in X\}$ von $X \times Y$ heißt der **Graph** von f. Der Graph von f ist natürlich nichts anderes als die Relation $f \subseteq X \times Y$ selbst. Fig. 1.6.2 zeigt ein Beispiel.

Die Funktionen $f_1: X_1 \to Y_1$ und $f_2: X_2 \to Y_2$ nennt man **gleich** ($f_1 = f_2$), wenn gilt:

$$X_1 = X_2,\ Y_1 = Y_2 \quad \textit{und} \quad f_1(x) = f_2(x) \quad \textit{für alle} \quad x \in X_1 \,.$$

Gleichheit bedeutet also, daß die Funktionen nicht nur dieselben Zuordnungsvorschriften, sondern auch übereinstimmende Definitionsbereiche und Zielmengen haben.

Eine Funktion $f: X \to Y$ ordnet nicht nur jedem Element von X ein Element von Y, sondern auch jeder Teilmenge A von X eine Teilmenge $f(A)$ von Y und jeder Teilmenge B von Y eine Teilmenge $f^{-1}(B)$ von X zu, und zwar vermöge der Definitionen

$$f(A) := \{f(x) | x \in A\}, \qquad f^{-1}(B) := \{x \in X | f(x) \in B\} \,. \tag{1.6.2}$$

$f(A)$ heißt das **Bild** von A (unter f), $f^{-1}(B)$ das **Urbild** von B. Man beachte, daß $f(\emptyset) = f^{-1}(\emptyset) = \emptyset$ ist und daß $f^{-1}(B)$ auch für Mengen $B \subseteq Y$ definiert ist, die nicht vollständig im Bildbereich von f liegen. Im Falle $B \cap f(X) = \emptyset$ ist z.B. $f^{-1}(B) = \emptyset$.

Die Funktion $f: X \to Y$ heißt **surjektiv** (oder eine Abbildung von X **auf** Y), wenn $f(X) = Y$ ist, wenn also jedes Element von Y Bild (mindestens) eines Elementes von X ist. Sie heißt **injektiv** oder **umkehrbar**, wenn verschiedene Urbilder immer verschiedene Bilder haben, d.h., wenn gilt:

$$x_1 \neq x_2 \quad \Rightarrow \quad f(x_1) \neq f(x_2)$$

oder gleichbedeutend:

$$f(x_1) = f(x_2) \quad \Rightarrow \quad x_1 = x_2 \,.$$

In diesem – und nur in diesem – Falle gibt es zu jedem $y \in f(X)$ genau ein $x \in X$ mit $f(x) = y$. Man kann dann eine Funktion von $f(X)$ auf X durch die Zuordnung $f(x) \mapsto x$ definieren. Man nennt sie die **Umkehrfunktion**, **Umkehrabbildung** oder kurz **Umkehrung** von f oder auch die zu f **inverse Funktion** und bezeichnet sie mit f^{-1} oder ausführlicher mit

$$f^{-1}\colon \begin{cases} f(X) \subseteq Y \to X \\ f(x) \mapsto x \,. \end{cases}$$

Eine symbolische Darstellung des Verhältnisses zwischen f und f^{-1} gibt Fig. 1.6.3.

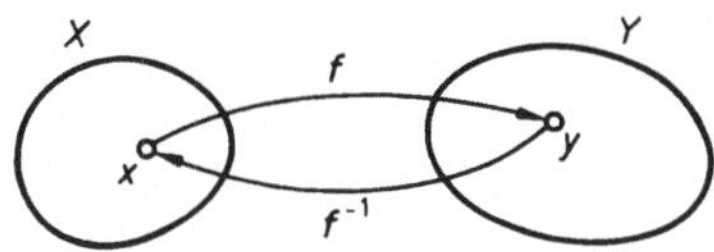

Fig. 1.6.3

Offenbar ist

$$f^{-1}(f(x)) = x \quad \textit{für alle} \quad x \in X$$

und (1.6.3)

$$f(f^{-1}(y)) = y \quad \textit{für alle} \quad y \in f(X)\,.$$

Die Umkehrfunktion f^{-1}, die nur für injektives f definiert ist, darf nicht mit der „Mengenabbildung" f^{-1} in (1.6.2) verwechselt werden, die für jedes f vorhanden ist.

Eine Funktion $f: X \to Y$ heißt b i j e k t i v, wenn sie sowohl injektiv als auch surjektiv ist. Man sagt dann auch, f sei eine B i j e k t i o n von X auf Y. In diesem Falle ist f^{-1} eine Bijektion von Y auf X.

Für beliebiges $f: X \to Y$ gilt

$$f^{-1}(f(A)) \supseteq A \quad \text{für jedes} \quad A \subseteq X\,, \tag{1.6.4}$$

$$f(f^{-1}(B)) \subseteq B \quad \text{für jedes} \quad B \subseteq Y\,. \tag{1.6.5}$$

Gleichheit gilt in der ersten Inklusion genau dann, wenn f injektiv, in der zweiten genau dann, wenn f surjektiv ist.

Beispiel 1 Die folgenden Diagramme veranschaulichen die Eigenschaften „injektiv", „surjektiv" und „bijektiv" (Fig. 1.6.4).

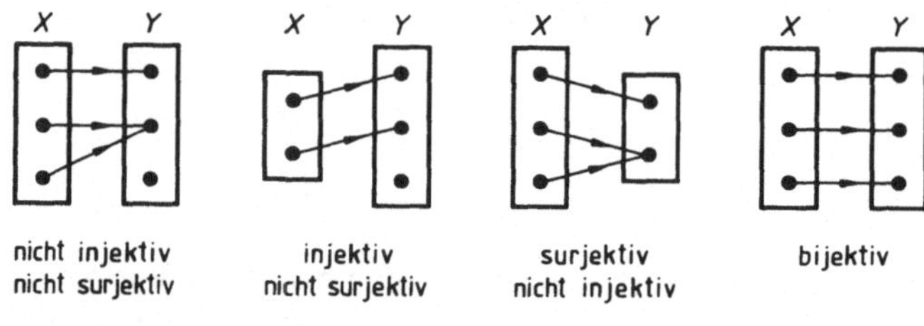

Fig. 1.6.4

Die Funktion in Fig. 1.6.2 ist nicht injektiv, da gewisse $y \in f(D)$ mehrere Urbilder $x \in D$ haben. Wegen $f(D) \subset Y$ ist sie auch nicht surjektiv.

Die Funktion $y = x^2$ ist auf $\mathbf{R}$ ebenfalls weder injektiv noch surjektiv, die Funktion $y = x^3$ ist dagegen beides, also bijektiv.

Beispiel 2 Zur Veranschaulichung der Gln. (1.6.2), (1.6.4) und (1.6.5) diene die in Fig. 1.6.5 dargestellte Funktion, die weder injektiv noch surjektiv ist (s. Beispiel 1). Es sei $A := \{1, 2\}$. Dann ist

$$f(A) = \{a, b\} \text{ das Bild von } A,$$

$$f^{-1}(f(A)) = \{1, 2, 3\} \supset A \text{ das Urbild von } f(A)\,.$$

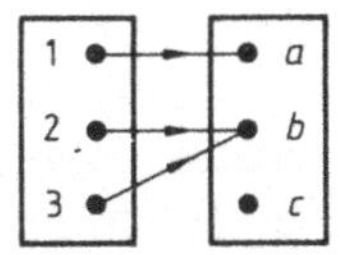

Fig. 1.6.5

Für $B := \{a, b, c\}$ ist

$$f^{-1}(B) = \{1,2,3\} \quad \text{und} \quad f(f^{-1}(B)) = \{a,b\} \subset B\ . \qquad ■$$

Sind zwei Funktionen $g: X \to Y_1$ und $f: Y_2 \to Z$ gegeben und ist $g(X) \subseteq Y_2$, so kann man ihr Kompositum $f \circ g: X \to Z$ (lies „f nach g") definieren durch

$$(f \circ g)(x) := f(g(x)) \qquad \text{für alle } x \in X$$

(s. Fig. 1.6.6). Komposita werden auch mittelbare Funktionen genannt. Mit Hilfe der identischen Abbildung I_X von X, erklärt durch

$$I_X(x) := x \qquad \text{für alle } x \in X\ ,$$

und des Kompositums kann man (1.6.3) auch wie folgt schreiben: *Für injektives* $f: X \to Y$ *ist*

$$f^{-1} \circ f = I_X \quad \textit{und} \quad f \circ f^{-1} = I_{f(X)}\ .$$

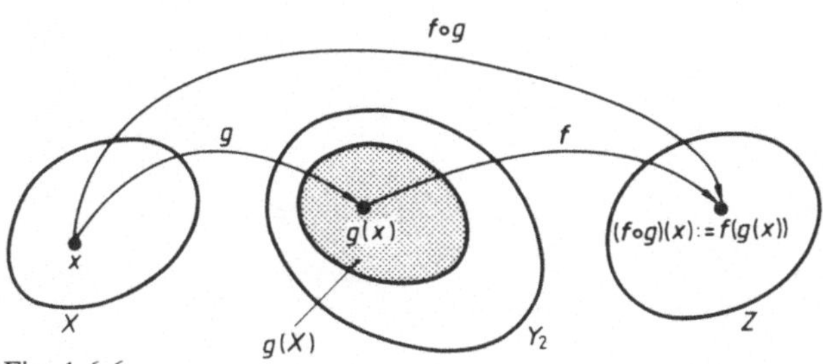

Fig. 1.6.6

Beispiel 3 Ein technisches System formt eine Eingangsgröße $x \in X$ aus der Menge X aller betrachteten Eingangsgrößen (z.B. bestimmter Zeitfunktionen für den Verlauf einer physikalischen Größe) nach vorgegebenen Kriterien eindeutig in eine Ausgangsgröße y um. Die Wirkung des Systems läßt sich dann durch eine Funktion f beschreiben, so daß $y = f(x)$ ist. Betrachtet man nun zwei Systeme f_1 und f_2 in Kettenschaltung, bei der die Ausgangsgröße y des Systems f_1 zur Eingangsgröße des Systems f_2 wird, und bezeichnet man die Ausgangsgröße von f_2 mit z, so kann man die Gesamtwirkung durch das Kompositum $f_2 \circ f_1$ beschreiben, d.h., es gilt $z = f_2(f_1(x)) = (f_2 \circ f_1)(x)$. ■

Besonders häufig treten Funktionen $f: \mathbf{N} \to Y$ auf. Solche Funktionen nennt man Folgen (in Y). Setzen wir $y_n := f(n)$ für alle $n \in \mathbf{N}$, so können wir f auch durch das Symbol $(y_1, y_2, \ldots)$ oder noch kürzer durch (y_n) darstellen.

Eine Menge Y wird abzählbar genannt, wenn es eine Bijektion $f: \mathbf{N} \to Y$ gibt, mit anderen Worten: wenn man sie als Folge $(y_1, y_2, y_3, \ldots)$ schreiben kann. *Jede unendliche Menge enthält abzählbare Teilmengen; die abzählbaren Mengen sind also gewissermaßen die kleinsten unendlichen Mengen.* $\mathbf{Q}$ ist abzählbar, die Menge $\mathbf{R}$ ist jedoch zu groß, als daß man sie abzählen könnte: sie ist überabzählbar.

2 Metrische Räume

2.1 Begriff des metrischen Raumes

In diesem Kapitel untersuchen wir eine der wichtigsten Beziehungen, die zwischen den Elementen einer Menge bestehen können: den Abstand.

Wohlvertraut ist uns der (euklidische) Abstand zwischen Punkten des dreidimensionalen Raumes. Aber man kann auch Abstände zwischen Punkten des $\mathbf{R}^n$ bei beliebigem $n \in \mathbf{N}$ einführen, ebenso Abstände zwischen binären Codewörtern, zwischen Zahlenfolgen und zahlenwertigen Funktionen (letzteres z.B., um zu präzisieren, was es heißen soll, daß eine Funktion „in der Nähe" einer anderen liegt, also um Approximationsfragen zu klären). Um eine Abstandstheorie aufzubauen, die auf alle diese Fälle (und weitere) paßt, wird man sich nicht auf konkrete Abstandsdefinitionen stützen dürfen, die nur für konkrete Objekte wie Folgen, Funktionen usw. sinnvoll sind, man wird vielmehr lediglich mit einigen Eigenschaften arbeiten, die intuitiverweise jeder „vernünftige" Abstandsbegriff haben wird. Solche Eigenschaften sind z.B. die folgenden, wobei wir Objekte, zwischen denen Abstände definiert sind, gerne „Punkte" nennen: Der Abstand eines Punktes von sich selbst – und nur von sich selbst – ist 0, der Abstand eines Punktes x von einem Punkt y ist ebenso groß wie umgekehrt der Abstand des Punktes y von dem Punkt x (Symmetrie des Abstandes) und schließlich noch eine „Umwegeigenschaft": Geht man von einem Punkt x nicht direkt zum Punkt y, sondern zuerst zum Punkt z und von dort zu y, so hat man jedenfalls nicht abgekürzt, ungünstigenfalls vielmehr einen Umweg gemacht (s. Fig. 2.1.1). Wir brauchen nun diese Eigenschaften nur noch in mathematischer Formelsprache auszudrücken, um den grundlegenden Begriff der Metrik und des metrischen Raumes zu gewinnen:

Eine Funktion $\mathrm{d}: X \times X \to \mathbf{R}$, also eine Funktion, die je zwei Elementen x, y einer (nichtleeren) Menge X eine reelle Zahl $\mathrm{d}(x, y)$ zuordnet, heißt Metrik auf X, wenn sie den folgenden „metrischen Axiomen" genügt:

(M1) $\mathrm{d}(x, y) \geq 0, \quad \mathrm{d}(x, y) = 0 \Leftrightarrow x = y$ (Definitheit),
(M2) $\mathrm{d}(x, y) = \mathrm{d}(y, x)$ (Symmetrie),
(M3) $\mathrm{d}(x, y) \leq \mathrm{d}(x, z) + \mathrm{d}(z, y)$ (Dreiecksungleichung).

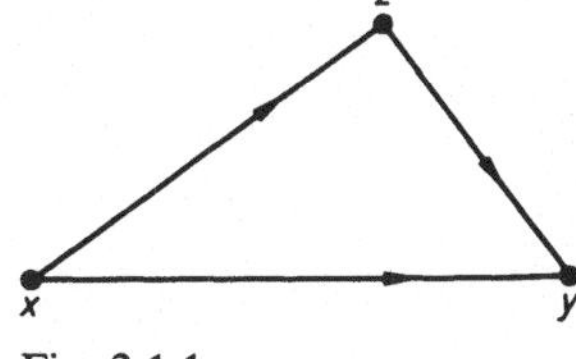

Fig. 2.1.1

Ein metrischer Raum (X, d) ist eine (nichtleere) Menge X, auf der eine Metrik d erklärt ist. Die Elemente eines metrischen Raumes nennen wir gewöhnlich Punkte, die nichtnegative Zahl $\mathrm{d}(x, y)$ heißt die Distanz oder der Abstand zwischen den Punkten x, y.

Auf einer Menge X können, wie wir bald sehen werden, durchaus *verschiedene Metriken* definiert werden. Die Schreibweise (X, d) für einen metrischen Raum trägt dieser Tatsache Rechnung: sie läßt nicht nur die zugrundeliegende Menge X, sondern auch die dort vorhandene Metrik d erkennen. Da diese sorgfältige Schreibweise nicht immer nötig ist, werden wir uns gelegentlich die Freiheit nehmen, einfach von dem metrischen Raum X statt (X, d) zu sprechen. Die Metrik von X soll dann immer mit d bezeichnet werden.

Wir konkretisieren diese Begriffsbildungen nun durch einige Beispiele.

Beispiel 1 Der euklidische Abstand zwischen den Punkten $\boldsymbol{x} := (x_1, \ldots, x_n)$, $\boldsymbol{y} := (y_1, \ldots, y_n)$ des $\mathbf{R}^n$ wird definiert durch

$$\mathrm{d}(\boldsymbol{x}, \boldsymbol{y}) := \left(\sum_{k=1}^{n} |x_k - y_k|^2 \right)^{1/2}. \tag{2.1.1}$$

d heißt die euklidische Metrik auf $\mathbf{R}^n$.

Beispiel 2 Sei $p \geqslant 1$ eine feste reelle Zahl. Dann wird durch

$$\mathrm{d}(\boldsymbol{x}, \boldsymbol{y}) := \left(\sum_{k=1}^{n} |x_k - y_k|^p \right)^{1/p} \tag{2.1.2}$$

wieder eine Metrik auf $\mathbf{R}^n$ erklärt, die für $p = 2$ mit der euklidischen übereinstimmt. Man kann also auf $\mathbf{R}^n$ unendlich viele Metriken einführen. Im Falle $n = 1$ (Zahlengerade) liefern alle diese Metriken den natürlichen Abstand $|x - y|$. Das Zeichen $l^p(n)$ soll den Raum $\mathbf{R}^n$ bedeuten, versehen mit der Metrik (2.1.2).

Beispiel 3 Wir erhalten den metrischen Raum $l^\infty(n)$, indem wir auf $\mathbf{R}^n$ die sogenannte Maximumsmetrik einführen vermöge

$$\mathrm{d}(\boldsymbol{x}, \boldsymbol{y}) := \max_{k=1}^{n} |x_k - y_k| = \lim_{p \to \infty} \left(\sum_{k=1}^{n} |x_k - y_k|^p \right)^{1/p}. \tag{2.1.3}$$

Damit sind die metrischen Räume $l^p(n)$ für $1 \leqslant p \leqslant \infty$ definiert.

Beispiel 4 Sei $p \geqslant 1$ wieder eine feste reelle Zahl und l^p die Menge aller reellen Zahlenfolgen $\boldsymbol{x} := (x_1, x_2, \ldots)$, für welche die unendliche Reihe $\sum_{k=1}^{\infty} |x_k|^p$ konvergiert. Auf l^p wird durch

$$\mathrm{d}(\boldsymbol{x}, \boldsymbol{y}) := \left(\sum_{k=1}^{\infty} |x_k - y_k|^p \right)^{1/p} \tag{2.1.4}$$

eine Metrik eingeführt (vgl. Beispiel 2). l^2 ist der sogenannte Hilbertsche Folgenraum.

Beispiel 5 Die Menge l^∞ aller beschränkten reellen Zahlenfolgen $\boldsymbol{x} := (x_1, x_2, \ldots)$ läßt sich mittels der Supremumsmetrik, definiert durch

$$d(\boldsymbol{x}, \boldsymbol{y}) := \sup_{k=1}^{\infty} |x_k - y_k| = \lim_{n\to\infty} \left[\lim_{p\to\infty} \left(\sum_{k=1}^{n} |x_k - y_k|^p \right)^{1/p} \right] \tag{2.1.5}$$

zu einem metrischen Raum machen (vgl. Beispiel 3).

Damit sind die metrischen Räume l^p für $1 \leqslant p \leqslant \infty$ erklärt.

Beispiel 6 Sei T eine nichtleere Menge und $B(T)$ die Menge aller beschränkten Funktionen $x: T \to \mathbf{R}$. $B(T)$ wird zu einem metrischen Raum, indem wir durch

$$d(x, y) := \sup_{t \in T} |x(t) - y(t)| \tag{2.1.6}$$

die Supremumsmetrik einführen. Für $T = \{1, 2, \ldots, n\}$ ist $B(T) = l^\infty(n)$, für $T = \mathbf{N}$ haben wir $B(T) = l^\infty$.

Beispiel 7 $C[a, b]$ sei die Menge aller Funktionen $x: [a, b] \to \mathbf{R}$, die auf dem (endlichen und abgeschlossenen) Intervall $[a, b] \subset \mathbf{R}$ stetig sind. $C[a, b]$ wird mit der Maximumsmetrik ausgestattet, die wir durch

$$d(x, y) := \max_{a \leqslant t \leqslant b} |x(t) - y(t)| \tag{2.1.7}$$

definieren, und wird so zu einem metrischen Raum[1]. $d(x, y)$ ist anschaulich der größte Abstand übereinanderliegender Punkte der Schaubilder von x und y (s. Fig. 2.1.2).

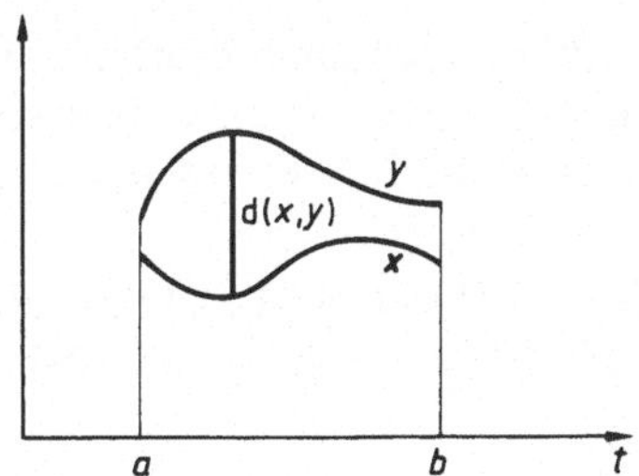

Fig. 2.1.2

[1] Man könnte in (2.1.7) statt max auch sup schreiben, so daß man die Definition (2.1.6) bekäme. Da aber (im Gegensatz zu bloß beschränkten Funktionen) die stetigen Funktionen auf endlichen und abgeschlossenen Intervallen ihr Supremum tatsächlich annehmen und dieses dann Maximum genannt wird, schreibt man in (2.1.7) von vornherein gewöhnlich max statt sup.

Die Abstandsdefinitionen in den Beispielen 1 bis 3 können wörtlich auf die Punkte des $\mathbf{C}^n$, die in den Beispielen 4 bis 7 ebenfalls wörtlich auf komplexe Zahlenfolgen bzw. komplexwertige Funktionen übertragen werden.

Beispiel 8 Jeder nichtleeren Menge X läßt sich (etwas gewaltsam) durch

$$\mathrm{d}(x, y) := \begin{cases} 0, & \text{falls } x = y \\ 1, & \text{falls } x \neq y \end{cases} \tag{2.1.8}$$

die sogenannte diskrete Metrik aufprägen. X heißt dann ein diskreter Raum.

Beispiel 9 Ein n-stelliges Binärwort ist ein Element des n-gliedrigen cartesischen Produktes $\{0, 1\} \times \{0, 1\} \times \cdots \times \{0, 1\}$, also eines der 2^n verschiedenen n-Tupel aus Nullen und Einsen. Ein Binärwort $(x_1, x_2, \ldots, x_n)$ schreibt man gewöhnlich kurz in der Form $x_1 x_2 \ldots x_n$. Den Abstand zwischen je zwei n-stelligen Binärwörtern $\boldsymbol{x} := x_1 x_2 \ldots x_n$, $\boldsymbol{y} := y_1 y_2 \ldots y_n$ definieren wir durch

$$\mathrm{d}(\boldsymbol{x}, \boldsymbol{y}) := \sum_{k=1}^{n} [(x_k + y_k) \bmod 2]\,. \tag{2.1.9}$$

$\mathrm{d}(\boldsymbol{x}, \boldsymbol{y})$ ist also gleich der Anzahl der Stellen, in denen sich die Wörter $\boldsymbol{x}$ und $\boldsymbol{y}$ unterscheiden. So ist z.B. für $\boldsymbol{x} := 100101$ und $\boldsymbol{y} := 010111$ die Distanz $\mathrm{d}(\boldsymbol{x}, \boldsymbol{y}) = 3$. Dies ist nichts anderes als die Hamming-Distanz, die in der Codierungstheorie eine wichtige Rolle spielt. Mit der Abstandsdefinition (2.1.9) wird die Menge der n-stelligen Binärwörter ein metrischer Raum.

Die Hamming-Distanz zwischen einem Binärwort und dem sogenannten Nullwort $00\ldots0$ nennt man das Gewicht des Binärwortes. Für die oben angegebenen Binärwörter $\boldsymbol{x}$ und $\boldsymbol{y}$ sind die Gewichte beziehentlich $\mathrm{d}(\boldsymbol{x}, \mathbf{0}) = 3$ und $\mathrm{d}(\boldsymbol{y}, \mathbf{0}) = 4$. ■

Den wichtigen metrischen Raum $L^p(a, b)$ werden wir in Nr. 4.2 kennenlernen.

Die Metriken, die wir in den Beispielen 1 bis 7 auf den Räumen $l^p(n)$, l^p, $B(T)$ und $C[a, b]$ eingeführt haben, sind *kanonisch*, d.h. wir versehen diese Räume immer mit den angegebenen Metriken, wenn nicht ausdrücklich etwas anderes gesagt wird.

Auf einer nichtleeren Teilmenge X_0 des metrischen Raumes (X, d) läßt sich jederzeit eine Metrik d_0 erklären, indem man einfach die in (X, d) schon vorhandenen Abstände übernimmt:

$$\mathrm{d}_0(x, y) := \mathrm{d}(x, y) \quad \text{für alle} \quad x, y \in X_0\,.$$

(X_0, d_0) nennt man einen Unterraum von (X, d) und (X, d) dementsprechend einen Oberraum von (X_0, d_0). Z.B. ist $C[a, b]$ ein Unterraum von $B[a, b]$. Versieht man jedoch etwa $B[a, b]$ abweichend von unserer Vereinbarung mit der diskreten Metrik, während man dem Raum $C[a, b]$ die kanonische Maximumsmetrik beläßt, so ist zwar $C[a, b]$ immer noch eine Teilmenge, jedoch nicht mehr ein Unterraum von $B[a, b]$. *Wenn nicht ausdrücklich etwas anderes gesagt ist, prägen* *wir einer Teilmenge X_0 von (X, d) immer die oben erklärte „induzierte Metrik" d_0 auf.*

Sind $(X_1, \mathrm{d}_1), \ldots, (X_n, \mathrm{d}_n)$ metrische Räume, so wird ihr cartesisches Produkt $X := X_1 \times \cdots \times X_n$ durch die Abstandsdefinition

$$\mathrm{d}(\boldsymbol{x}, \boldsymbol{y}) := \sum_{k=1}^{n} \mathrm{d}_k(x_k, y_k) \quad \text{mit} \quad \boldsymbol{x} := (x_1, \ldots, x_n), \boldsymbol{y} := (y_1, \ldots, y_n)$$

ein metrischer Raum.

2.2 Topologische Grundbegriffe

Sei x_0 ein fester Punkt des metrischen Raumes X (mit Metrik d) und ε eine positive Zahl. Dann heißt die Menge

$$U_\varepsilon(x_0) := \{x \in X | \mathrm{d}(x, x_0) < \varepsilon\}$$

ε-Umgebung von x_0 oder offene Kugel um x_0 mit Radius ε, während

$$U_\varepsilon[x_0] := \{x \in X | \mathrm{d}(x, x_0) \leqslant \varepsilon\}$$

abgeschlossene Kugel um x_0 mit Radius ε genannt wird. In $l^p(1)$, d.h. in **R**, versehen mit dem Abstand $|x - y|$, sind diese Kugeln offene bzw. abgeschlossene

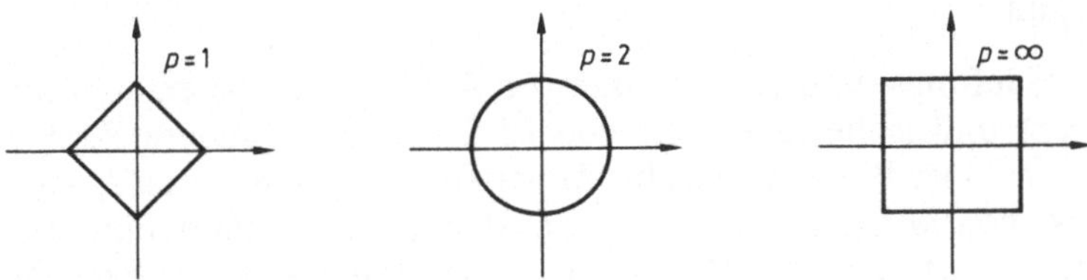

Fig. 2.2.1

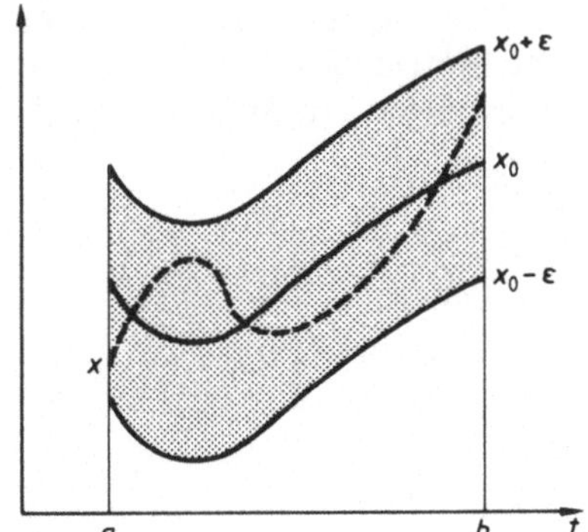

Fig. 2.2.2

Intervalle. Die „Einheitskugeln" in $l^p(2)$ (Kugeln mit Mittelpunkt $\mathbf{0}$ und Radius 1) sind für $p = 1, 2, \infty$ in Fig. 2.2.1 dargestellt. In $C[a, b]$ besteht die ε-Umgebung um x_0 aus allen $x \in C[a, b]$, die in dem „ε-Streifen" um x_0 verlaufen, also in dem Streifen zwischen den Funktionen $x_0 - \varepsilon$ und $x_0 + \varepsilon$ (s. Fig. 2.2.2). In einem diskreten Raum X ist $U_1(x_0) = \{x_0\}$ und $U_1[x_0] = X$.

Topologische Begriffe sind solche, die sich mittels Umgebungen beschreiben lassen. Wir betrachten zunächst die Lage eines Punktes x_0 relativ zu einer Teilmenge M von X und geben die folgenden Definitionen, die wörtlich denen der klassischen Analysis nachgebildet sind:

x_0 heißt Berührungspunkt von M, wenn in jeder ε-Umgebung von x_0 mindestens ein Punkt aus M liegt (wir sagen dann auch, x_0 berühre M);

x_0 heißt Häufungspunkt von M, wenn in jeder ε-Umgebung von x_0 mindestens ein Punkt $\neq x_0$ aus M liegt;

x_0 heißt Randpunkt von M, wenn x_0 sowohl M als auch $X \setminus M$ berührt, wenn also in jeder ε-Umgebung von x_0 sowohl Punkte aus M als auch solche aus $X \setminus M$ liegen;

x_0 heißt innerer Punkt von M, wenn es eine ε-Umgebung U von x_0 mit $U \subseteq M$ gibt;

x_0 heißt isolierter Punkt von M, wenn es eine ε-Umgebung U von x_0 mit $U \cap M = \{x_0\}$ gibt;

x_0 heißt äußerer Punkt von M, wenn es eine ε-Umgebung U von x_0 mit $U \cap M = \emptyset$ gibt.

Berührungs-, Häufungs- und Randpunkte von M können, müssen aber nicht zu M gehören. Innere und isolierte Punkte von M liegen stets, äußere Punkte von M dagegen nie in M. Der Punkt x_0 berührt M genau dann, wenn er zu M gehört oder Häufungspunkt von M ist. Randpunkte von M sind auch Randpunkte von $X \setminus M$. Innere Punkte von M bzw. $X \setminus M$ sind äußere Punkte von $X \setminus M$ bzw. M.

Beispiel 1 Q sei das Quadrat $ABCD$ in Fig. 2.2.3, wobei die vertikalen Seiten AD und BC nicht zu Q gehören sollen, dagegen die horizontalen Seiten AB und CD mit Ausnahme der Eckpunkte A, B, C, D zu Q gerechnet werden. Es sei $M := Q \cup \{d\}$, und wir legen die euklidische Metrik (2.1.1) zugrunde. Dann ist a ein innerer Punkt, Berührungs- und Häufungspunkt von M, b ist ein Randpunkt

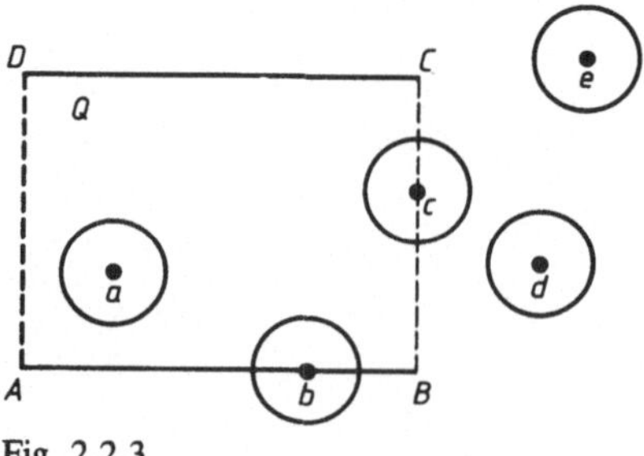

Fig. 2.2.3

von M, der zu M gehört, c ein Randpunkt von M, der nicht in M liegt. d ist ein isolierter Punkt und Berührungspunkt von M. e ist ein äußerer Punkt von M. Die Kreise sollen ε-Umgebungen andeuten. ■

Wir legen in diesem Zusammenhang noch einige Bezeichnungen fest. Es bedeute

$\hat{M}$ die Abschließung (abgeschlossene Hülle) von M, d.h. die Menge aller Berührungspunkte von M (hierfür findet man auch häufig die Bezeichnung $\overline{M}$, die wir aber bereits für das Komplement von M verwendet haben);

$\mathring{M}$ das Innere von M, d.h. die Menge aller inneren Punkte von M;

∂M der Rand von M, d.h. die Menge aller Randpunkte von M. Es ist $\partial M = \hat{M} \cap \widehat{(X \setminus M)}$: Der Rand von M ist gleichzeitig auch der Rand von $X \setminus M$.

M wird offen genannt, wenn $M = \mathring{M}$ ist, wenn es also zu jedem $x \in M$ eine ε-Umgebung gibt, die ganz in M liegt (dabei darf ε von x abhängen). *Offene Kugeln und das Innere jeder Menge sind stets offene Mengen.*

M heißt abgeschlossen, wenn $M = \hat{M}$ ist, wenn also jeder Berührungspunkt von M zu M gehört. Gleichbedeutend damit ist, daß das Komplement $X \setminus M$ von M offen ist. *Abgeschlossene Mengen sind z.B.: abgeschlossene Kugeln, die abgeschlossene Hülle und der Rand jeder Menge, ferner alle endlichen Mengen.* Die leere Menge und der ganze Raum X sind gleichzeitig offen und abgeschlossen. In einem diskreten Raum sind alle Teilmengen offen und abgeschlossen. *Die Vereinigung beliebig vieler und der Durchschnitt endlich vieler offener Mengen ist wieder offen.* Dual dazu gilt: *Die Vereinigung endlich vieler und der Durchschnitt beliebig vieler abgeschlossener Mengen ist wieder abgeschlossen.*

Ist $M \subseteq N \subseteq X$, so sagen wir, M liege dicht in N, wenn jede ε-Umgebung eines jeden Punktes von N mindestens einen Punkt von M enthält, wenn also $\hat{M} \supseteq N$ ist. Z.B. liegt $\mathbf{Q}$ dicht in $\mathbf{R}$, (a, b) dicht in $[a, b]$.

Sind x, y zwei verschiedene Punkte von X, so gibt es stets ε-Umgebungen U, V von x bzw. y mit $U \cap V = \emptyset$. Man drückt diese Tatsache auch durch die Redewendung aus, X sei separiert oder ein Hausdorffraum.

Zwei besonders wichtigen topologischen Begriffsbildungen wenden wir uns in den beiden folgenden Nummern zu.

2.3 Konvergenz

Durchweg sei X wieder ein metrischer Raum mit der Metrik d.

Wir sagen, die Folge (x_n) in X konvergiere oder strebe gegen $x \in X$, wenn die x_n mit wachsendem n beliebig nahe an x herankommen, genauer: wenn die Folge der Abstände $\mathrm{d}(x_n, x) \rightarrow 0$ strebt, d.h., wenn es zu jedem $\varepsilon > 0$ einen Index $n_0(\varepsilon)$ gibt, so daß für alle $n > n_0(\varepsilon)$ stets $\mathrm{d}(x_n, x) < \varepsilon$ ist. x heißt Grenzwert oder Limes der Folge (x_n). Daß (x_n) gegen x konvergiert (den Grenzwert x besitzt), drückt man durch die folgenden Symbole aus:

$$x_n \to x \quad \text{für} \quad n \to \infty \quad \text{oder kürzer} \quad x_n \to x\,,$$

$$\lim_{n\to\infty} x_n = x \qquad \text{oder kürzer} \quad \lim x_n = x\,.$$

Von einer Folge, die einen Grenzwert besitzt, sagt man kurz, sie konvergiere oder sei konvergent. Eine nicht-konvergente Folge wird divergent genannt. Man beachte, daß *das Konvergenzverhalten einer Folge entscheidend von der zugrundeliegenden Metrik abhängt* (s. Beispiel 6).

Weil ein metrischer Raum separiert ist, *besitzt eine konvergente Folge nur einen Grenzwert* („der Grenzwert ist eindeutig bestimmt").

Jede Teilfolge einer gegen x konvergierenden Folge strebt selbst gegen x. Besitzt also eine Folge eine divergente Teilfolge oder zwei Teilfolgen, die gegen verschiedene Grenzwerte konvergieren, so ist sie notwendigerweise divergent.

Im $\mathbf{R}^m$ gibt es, unabhängig von einer dort vorhandenen Metrik, einen natürlichen Konvergenzbegriff, den der komponentenweisen Konvergenz: Wir sagen, die Folge der $\boldsymbol{x}_n := (x_1^{(n)}, \ldots, x_m^{(n)})$ konvergiere komponentenweise gegen $\boldsymbol{x} := (x_1, \ldots, x_m)$, wenn

$$x_\mu^{(n)} \to x_\mu \quad \text{strebt für } n \to \infty \text{ und jedes } \mu = 1, \ldots, m\,.$$

Entsprechend ist die komponentenweise Konvergenz in einer beliebigen Menge von Zahlenfolgen, z.B. in l^p, zu verstehen. Auch in einer Menge X reell- oder komplexwertiger Funktionen mit gemeinsamem Definitionsbereich T haben wir einen natürlichen Konvergenzbegriff, den der punktweisen Konvergenz: Die Folge (x_n) aus X konvergiert punktweise gegen $x \in X$, wenn

$$x_n(t) \to x(t) \quad \text{strebt für } n \to \infty \text{ und jedes } t \in T\,.$$

Als weiteren natürlichen Konvergenzbegriff gibt es in diesem Fall noch den der gleichmäßigen Konvergenz auf T: Die Folge (x_n) aus X konvergiert gleichmäßig auf T gegen $x \in X$, wenn es zu jedem $\varepsilon > 0$ einen Index $n_0(\varepsilon)$ gibt, so daß

$$\text{für alle } n > n_0(\varepsilon) \text{ und für alle } t \in T \text{ stets } |x_n(t) - x(t)| < \varepsilon$$

ist. Es zeigt sich nun:

In jedem $l^p(m)$ $(1 \leqslant p \leqslant \infty)$ ist Konvergenz im Sinne der Metrik gleichbedeutend mit komponentenweiser Konvergenz, in $B(T)$ und $C[a, b]$ läuft die metrische Konvergenz auf die gleichmäßige hinaus. In den Räumen l^p $(1 \leqslant p < \infty)$ folgt aus der metrischen Konvergenz die komponentenweise, die Umkehrung braucht aber nicht zu gelten[1].

In einem diskreten Raum gilt $x_n \to x$ genau dann, wenn ab einem gewissen Index ständig $x_n = x$ ist. Dort sind also nur die „fast konstanten" Folgen konvergent.

---
[1] $l^\infty = B(\mathbf{N})$ ist mit $B(T)$ schon erledigt.

Beispiel 1 Die Zahlenfolge $(1, 1/2, 1/3, \ldots, 1/n, \ldots)$ konvergiert bezüglich der natürlichen Metrik von $\mathbf{R}$ (s. Beispiel 2 in Nr. 2.1) gegen 0 (sie ist eine Nullfolge), die Zahlenfolge $(1/2, 2/3, 3/4, \ldots, n/(n+1), \ldots)$ konvergiert gegen 1. Die Zahlenfolge $(1, -1, 1, -1, \ldots)$ ist divergent, besitzt aber zwei konvergente Teilfolgen $(1, 1, 1, \ldots)$ und $(-1, -1, -1, \ldots)$.

Beispiel 2 Die Folge der Vektoren $\boldsymbol{x}_n := (1, 1/n, n/(n+1)) \in l^p(3)$ $(1 \leqslant p \leqslant \infty)$ konvergiert komponentenweise und damit auch im Sinne der Metrik von $l^p(3)$ gegen $(1, 0, 1)$.

Beispiel 3 Die Folge der Elemente $\boldsymbol{x}_n := (1, 1/2, \ldots, 1/n, 0, 0, \ldots)$ aus l^2 konvergiert in der Metrik von l^2 gegen $\boldsymbol{x} := (1, 1/2, 1/3, \ldots) \in l^2$. Denn es strebt

$$\mathrm{d}(\boldsymbol{x}_n, \boldsymbol{x}) = \left(\sum_{\nu=n+1}^{\infty} \frac{1}{\nu^2}\right)^{1/2} \to 0 \quad \text{für} \quad n \to \infty .$$

Die Folge der $\boldsymbol{y}_n := (0, 0, \ldots, 0, 1, 0, 0, \ldots) \in l^2$ (1 an der n-ten Stelle, sonst 0) strebt zwar komponentenweise gegen $\mathbf{0} = (0, 0, 0, \ldots)$, nicht jedoch im Sinne der Metrik von l^2, weil $\mathrm{d}(\boldsymbol{y}_n, \mathbf{0})$ ständig gleich 1 ist, also nicht beliebig klein wird.

Beispiel 4 Die Folge der Funktionen $x_n(t) := (nt^2 + 1)/n$ aus $C[a, b]$ strebt im Sinne der Metrik von $C[a, b]$ (und damit auch gleichmäßig auf $[a, b]$) gegen die Funktion $x(t) := t^2$ aus $C[a, b]$. Denn wir haben

$$\mathrm{d}(x_n, x) = \max_{a \leqslant t \leqslant b} |x_n(t) - x(t)| = \frac{1}{n} \to 0 \quad \text{für} \quad n \to \infty .$$

Beispiel 5 Auf dem Intervall $[0, 1]$ betrachten wir die Funktionen

$$x_n(t) := t^n \quad \text{und} \quad x(t) := \begin{cases} 0 & \text{für } 0 \leqslant t < 1 , \\ 1 & \text{für } t = 1 . \end{cases}$$

x_n und x liegen in $B[0, 1]$ (die x_n sogar in $C[0, 1]$, nicht mehr jedoch x). Offenbar strebt $x_n(t) \to x(t)$ für alle $t \in [0, 1]$, d.h. die Folge (x_n) konvergiert punktweise auf $[0, 1]$ gegen x. Sie konvergiert aber nicht im Sinne der Supremumsmetrik gegen x, denn es ist

$$\mathrm{d}(x_n, x) = \sup_{0 \leqslant t \leqslant 1} |x_n(t) - x(t)| = 1 \quad \text{für alle } n ,$$

$\mathrm{d}(x_n, x)$ wird also mit wachsendem n nicht beliebig klein.

Beispiel 6 Führt man auf den in den Beispielen 1 bis 5 betrachteten Räumen die diskrete Metrik ein, so sind alle dort betrachteten Folgen divergent, da sie nicht „fast konstant" sind. Das Konvergenzverhalten hängt also entscheidend von der zugrundeliegenden Metrik ab. ■

In einem metrischen Raum X lassen sich *wichtige topologische Begriffe übersichtlich mit Hilfe konvergenter Folgen beschreiben*. Sei $M \subseteq X$ und $x \in X$. Dann gelten die folgenden Aussagen:

a) x ist Berührungspunkt von M $\Leftrightarrow$ es gibt eine Folge (x_n) aus M, die gegen x konvergiert. Bei einem isolierten Punkt $x \in M$ ist dies z.B. die konstante Folge $(x, x, x, \ldots)$.

b) x ist Häufungspunkt von M $\Leftrightarrow$ es gibt eine Folge (x_n) aus M, deren Glieder alle $\neq x$ sind und die gegen x konvergiert.

c) Die Abschließung $\hat{M}$ von M ist die Menge aller Grenzwerte konvergenter Folgen aus M.

d) M ist abgeschlossen $\Leftrightarrow$ der Grenzwert jeder konvergenten Folge aus M gehört zu M.

e) M liegt dicht in $N \supseteq M$ (N eine Teilmenge von X) $\Leftrightarrow$ jeder Punkt aus N ist Grenzwert einer Folge aus M.

Ein weiterer fundamentaler Begriff läßt sich in metrischen Räumen ebenfalls mittels Folgen definieren: $M \subseteq X$ heißt kompakt, wenn jede Folge aus M eine Teilfolge besitzt, die gegen einen Punkt aus M konvergiert[1]. *Eine kompakte Menge M ist stets abgeschlossen und beschränkt* (Beschränktheit bedeutet, daß M ganz in einer Kugel liegt), *die Umkehrung braucht aber nicht zu gelten.* Sie trifft allerdings in $l^p(n)$ zu, so daß der Satz gilt: *Eine Teilmenge von $l^p(n)$ $(1 \leqslant p \leqslant \infty)$ ist genau dann kompakt, wenn sie abgeschlossen und beschränkt ist.* Insbesondere ist jede abgeschlossene Kugel in $l^p(n)$ kompakt. Endliche, abgeschlossene Intervalle $[a, b]$ in $\mathbf{R}$ sind also kompakt; man nennt sie deshalb auch kompakte Intervalle. *Jede endliche Teilmenge eines metrischen Raumes ist kompakt;* in einem diskreten Raum sind dies die einzigen kompakten Mengen.

Eine Folge (x_n) aus X heißt Cauchyfolge, wenn es zu jedem $\varepsilon > 0$ einen Index $n_0(\varepsilon)$ gibt, so daß

$$\text{für alle} \quad m, n > n_0(\varepsilon) \quad \text{stets} \quad d(x_m, x_n) < \varepsilon$$

ausfällt, kurz: wenn hinreichend späte Folgenglieder beliebig dicht beisammenliegen[2]. *Eine konvergente Folge ist stets eine Cauchyfolge* – in markantem Unterschied zu den Verhältnissen in $\mathbf{R}$ braucht aber in einem beliebigen metrischen Raum X *die Umkehrung nicht zu gelten*: eine Cauchyfolge in X braucht keinen Grenzwert in X zu haben. Ein einfaches Beispiel dafür liefert das offene Intervall $X := (0, 1)$, das mit dem natürlichen Abstand $|x - y|$ ein metrischer Raum ist. Die Folge $(\frac{1}{2}, \frac{1}{3}, \frac{1}{4}, \ldots)$ ist eine Cauchyfolge in X, besitzt dort aber keinen Grenzwert (ihr Grenzwert 0 gehört nicht zu X). Da die wichtigsten Sätze der reellen Analysis daran hängen, daß jede Cauchyfolge in $\mathbf{R}$ auch konvergiert, werden wir zu der folgenden grundlegenden Definition gedrängt:

Ein metrischer Raum X heißt vollständig, wenn jede Cauchyfolge in X einen Grenzwert in X besitzt.

---

[1] Es gibt eine „folgenfreie" Charakterisierung kompakter Mengen mittels der Heine-Borelschen Überdeckungseigenschaft, auf die wir aber hier nicht eingehen.

[2] Beachte, daß in dieser Definition von Grenzwerten nicht die Rede ist.

In vollständigen Räumen X – und nur in ihnen – gilt also das Cauchysche Konvergenzkriterium: *Eine Folge in X konvergiert genau dann, wenn sie eine Cauchyfolge ist.*

Vollständig sind z.B. die Räume $l^p(n)$ und l^p für $1 \leqslant p \leqslant \infty$, $B(T)$ und $C[a, b]$, ferner alle diskreten und alle kompakten Räume.

Aus unserer obigen Betrachtung über das offene Intervall (0, 1) folgt: (0, 1) ist mit dem natürlichen Abstand $|x - y|$ ein unvollständiger metrischer Raum. Dasselbe gilt für jedes offene und halboffene Intervall. Abgeschlossene Intervalle sind dagegen vollständig.

Zahlreiche „metrische Sätze" brechen in unvollständigen Räumen zusammen. Einer der wichtigsten dieser Art ist folgender

Banachscher Fixpunktsatz *Sei X ein vollständiger metrischer Raum und $f: X \rightarrow X$ eine „kontrahierende" Abbildung, d.h., es gebe eine feste Zahl q mit $0 \leqslant q < 1$, so daß für alle $x, y \in X$ die Abschätzung*

$$\mathrm{d}(f(x), f(y)) \leqslant q\,\mathrm{d}(x, y)$$

gilt. Dann besitzt f einen und nur einen Fixpunkt in X, d.h., es gibt einen und nur einen Punkt $\bar{x} \in X$ mit $f(\bar{x}) = \bar{x}$. Ist x_0 ein beliebiger Punkt aus X und definiert man die Folge (x_n) rekursiv durch $x_{n+1} := f(x_n)$ $(n = 0, 1, 2, \ldots)$, so strebt $x_n \rightarrow \bar{x}$.

Der Raum $\mathbf{Q}$ (mit der üblichen Betragsmetrik) ist unvollständig, denn es gibt Folgen in ihm, die z.B. gegen $\sqrt{2} \notin \mathbf{Q}$ konvergieren. Über diesen Mangel tröstet ein wenig der Umstand, daß es zu $\mathbf{Q}$ einen vollständigen Oberraum gibt, in dem $\mathbf{Q}$ sogar dicht liegt, nämlich $\mathbf{R}$. Eine solche „sparsame Vervollständigung" ist bei jedem unvollständigen Raum möglich. Um die hier obwaltenden Verhältnisse angemessen beschreiben zu können, benötigen wir den Begriff der Isometrie:

(X_1, d_1) und (X_2, d_2) seien zwei metrische Räume. Eine bijektive Abbildung $f: X_1 \rightarrow X_2$ heißt eine Isometrie der beiden Räume, wenn sie Abstände unverändert läßt, wenn also

$$\mathrm{d}_1(x, y) = \mathrm{d}_2(f(x), f(y)) \quad \text{für alle} \quad x, y \in X_1 \tag{2.3.1}$$

gilt. Man sagt dann auch, die beiden Räume seien (zueinander) isometrisch[1]. *Die Isometrie ist eine Äquivalenzrelation in der Menge aller metrischen Räume.* Grob gesagt: Unter ausschließlich metrischen Gesichtspunkten unterscheiden sich isometrische Räume nur durch die Bezeichnung ihrer Elemente und können daher identifiziert werden.

---

[1] Diese symmetrische Ausdrucksweise ist deshalb berechtigt, weil die inverse Abbildung f^{-1} ebenfalls eine Isometrie ist. Übrigens braucht man statt der Bijektivität von f nur die Surjektivität zu fordern, die Injektivität ergibt sich aus der Isometrieeigenschaft (2.3.1) ganz von selbst.

Der angekündigte Vervollständigungssatz lautet nun so:

Zu jedem unvollständigen metrischen Raum X gibt es einen vollständigen Oberraum $\tilde{X}$, in dem X dicht liegt. $\tilde{X}$ ist „bis auf Isometrie" eindeutig bestimmt, d.h., ist $\hat{X}$ ein zweiter Oberraum dieser Art, so sind $\tilde{X}$ und $\hat{X}$ isometrisch.

Es gibt zahlreiche Methoden, $\mathbf{Q}$ „sparsam" zu vervollständigen, z.B. die Methode der Dedekindschen Schnitte, der Cantorschen Fundamentalfolgen oder der Intervallschachtelungen. Alle diese Methoden liefern dank des angegebenen Satzes im wesentlichen das gleiche Ergebnis: die Vervollständigungen sind untereinander isometrisch.

2.4 Stetigkeit

X und Y seien zwei metrische Räume. Ihre Metriken bezeichnen wir mit ein und demselben Buchstaben d, ohne Verwechslungen befürchten zu müssen.

Die Funktion $f: X \to Y$ heißt stetig im Punkte $\xi \in X$, wenn es zu jedem $\varepsilon > 0$ ein $\delta > 0$ gibt, so daß

$$\text{für alle} \quad x \in X \quad \text{mit} \quad \mathrm{d}(x, \xi) < \delta \quad \text{stets} \quad \mathrm{d}(f(x), f(\xi)) < \varepsilon$$

ausfällt[1]. Sie heißt stetig (auf X), wenn sie in jedem Punkt von X stetig ist.

Stetigkeit in ξ kann mittels Umgebungen auch so formuliert werden: *f ist stetig in ξ, wenn es zu jeder ε-Umgebung V von $f(\xi)$ eine δ-Umgebung U von ξ gibt, so daß*

$$f(U) \subseteq V$$

ist (s. Fig. 2.4.1). Mittels Folgen drückt sie sich so aus: *f ist stetig in ξ, wenn aus $x_n \to \xi$ stets $f(x_n) \to f(\xi)$ folgt.*

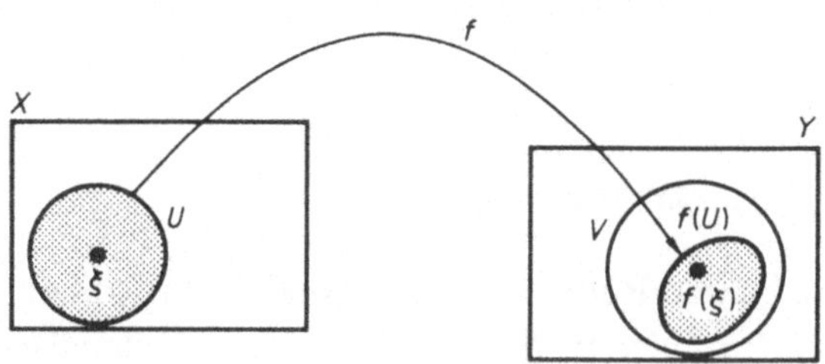

Fig. 2.4.1

Die Stetigkeit auf X läßt sich sehr einfach durch offene Mengen beschreiben: *$f: X \to Y$ ist stetig, wenn das Urbild $f^{-1}(G)$ jeder offenen Menge $G \subseteq Y$ offen in X ist.* Kontrahierende Abbildungen und Isometrien sind stetig. Ist X ein diskreter, Y ein beliebiger metrischer Raum, so ist jede Funktion $f: X \to Y$ stetig. Die stetigen Funktionen, die der Leser in den einführenden Vorlesungen zur Höheren

[1] Man beachte, daß δ von ε und ξ abhängt.

Mathematik kennengelernt hat, sind natürlich auch im obigen Sinne stetig. Fig. 2.4.2 veranschaulicht dies mit Hilfe des Umgebungsbegriffes. Fig. 2.4.3 stellt eine in ξ unstetige Funktion dar: hier kann keine Umgebung U von ξ vollständig in eine vorgegebene, hinreichend kleine Umgebung V von $f(\xi)$ abgebildet werden.

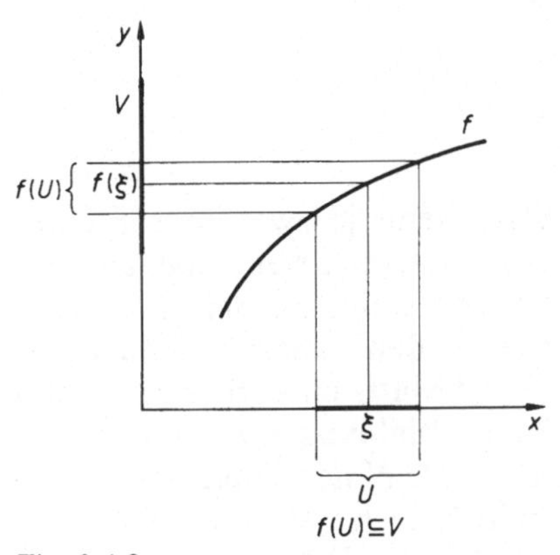

Fig. 2.4.2

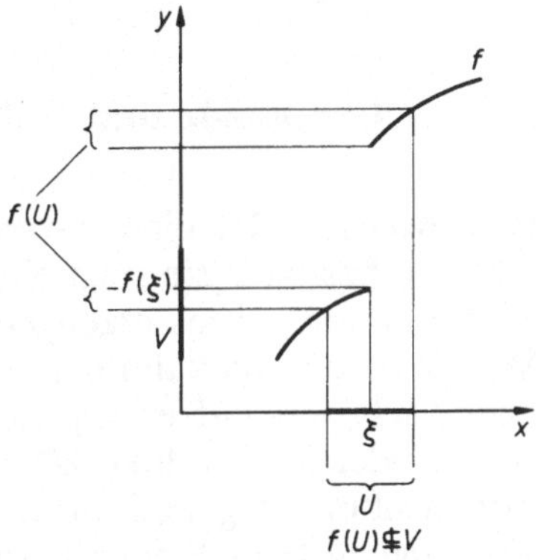

Fig. 2.4.3

Ist $f: X \to Y$ *stetig und* $M \subseteq X$ *kompakt, so ist auch* $f(M)$ *kompakt* („das stetige Bild einer kompakten Menge ist kompakt"). Dies ist eine der wichtigsten Tatsachen der Stetigkeitstheorie. Da eine kompakte Menge beschränkt und abgeschlossen ist, ergibt sich aus ihr insbesondere der folgende

Extremalsatz *Eine stetige reellwertige Funktion f auf dem kompakten metrischen Raum X besitzt ein Minimum und ein Maximum, d.h., es gibt Punkte* $x_1, x_2 \in X$ *mit*

$$f(x_1) \leqslant f(x) \leqslant f(x_2) \quad \textit{für alle} \quad x \in X .$$

Diese Tatsache erlaubt es, auf der Menge $C(T)$ der stetigen Funktionen $x: T \to \mathbf{R}$ (T ein kompakter metrischer Raum) durch

$$\mathrm{d}(x, y) := \max_{t \in T} |x(t) - y(t)|$$

die M a x i m u m s m e t r i k einzuführen, genauso wie wir es im Falle $C[a, b]$ getan haben. $C(T)$ ist vollständig.

3 Algebraische Strukturen

3.1 Gruppoide und Halbgruppen

Eine Menge trägt eine *metrische Struktur*, wenn je zwei ihrer Elemente einen Abstand besitzen; sie trägt eine *algebraische Struktur*, wenn man aus je zwei ihrer Elemente ein drittes erzeugen, „produzieren" kann, das selbst wieder zu dieser Menge gehört. So kann man etwa aus zwei reellen Zahlen a, b die Summe $a + b$ oder das Produkt ab erzeugen, aus zwei (n, n)-Matrizen $\boldsymbol{A}, \boldsymbol{B}$ ebenfalls ihre Summe $\boldsymbol{A} + \boldsymbol{B}$ oder ihr Produkt $\boldsymbol{AB}$, aus zwei Selbstabbildungen f, g einer Menge X ihr Kompositum $f \circ g$ und aus zwei Elementen M, N der Potenzmenge von X ihre Vereinigung $M \cup N$ oder ihren Durchschnitt $M \cap N$. Alle diese Situationen lassen sich formal einheitlich beschreiben: jedesmal ist nämlich eine gewisse *Grundmenge* $G \neq \emptyset$ gegeben ($\mathbf{R}$, die Menge der (n, n)-Matrizen, die Menge der Selbstabbildungen von X, die Potenzmenge von X) und dazu noch eine *Abbildung* $P: G \times G \rightarrow G$. In einem solchen Falle heißt G ein Gruppoid. Den Funktionswert $P(a, b)$, also dasjenige Element, das von a und b erzeugt oder produziert wird, nennen wir das Produkt von a und b und schreiben dafür $a \cdot b$ oder kurz ab:

$$ab := P(a, b) .$$

In diesem Sinne ist also auch die Summe zweier Zahlen oder Matrizen ein „Produkt". Natürlich wird man, wenn es sich tatsächlich um solche Summen handelt, das Wort Produkt und die Bezeichnung ab lieber nicht verwenden, sondern den gewohnten Ausdruck Summe und das vertraute Symbol $a + b$ beibehalten. Statt von dem „Produkt ab" könnte man neutraler von dem „Erzeugnis $a \odot b$" reden. Aber die Sprechweise „Produkt" und die Bezeichnung ab haben sich allgemein eingebürgert, und auch der Leser wird sich rasch an sie gewöhnen; er braucht nur an die umgangssprachliche Bedeutung des Wortes Produkt (= Erzeugnis) zu denken.

Die Produktfunktion $P: G \times G \rightarrow G$ nennt man auch eine Verknüpfung in G. Will man besonders betonen, daß die verknüpften Elemente a, b und das Verknüpfungsergebnis ab alle derselben Menge G angehören, so nennt man P wohl auch eine „innere Verknüpfung" in G und sagt, G sei „abgeschlossen" bezüglich P („äußere Verknüpfungen" werden wir später kennenlernen). Man beachte, *daß es in dem Produkt ab auf die Reihenfolge der Faktoren ankommen kann:* i.allg. ist $ab \neq ba$ (man denke etwa an die Multiplikation von Matrizen). Gilt in einem Gruppoid durchweg $ab = ba$, so wird es kommutativ genannt.

Um anzudeuten, daß wir die Menge G mit der Verknüpfung $\odot$ ausgestattet haben, schreiben wir $(G, \odot)$. So ist z.B. $(\mathbf{R}, +)$ die Menge $\mathbf{R}$, versehen mit der üblichen

Addition, $(\mathfrak{M}(n, n), \cdot)$ die Menge der (n, n)-Matrizen, versehen mit der Matrizenmultiplikation und $(\mathfrak{P}(X), \cup)$ die Potenzmenge von X, ausgestattet mit der Vereinigungsbildung.

Ein Gruppoid ist eine sehr schwache Struktur, mit der wenig anzufangen ist. Interessanter wird es erst, wenn die Verknüpfung dem Assoziativgesetz genügt, d. h., wenn stets

$$(ab)c = a(bc) \tag{3.1.1}$$

ist. In diesem Falle nennt man das Gruppoid eine Halbgruppe. Da es wegen (3.1.1) auf die Beklammerung nicht ankommt, darf man statt $(ab)c$ oder $a(bc)$ einfacher abc schreiben, und daher sind auch n-fache Produkte $a_1 a_2 \cdots a_n$ eindeutig definiert.

In einer Halbgruppe G gibt es höchstens ein Element e mit

$$ea = ae = a \quad \textit{für alle} \quad a \in G\,.$$

Dieses Element wird, falls vorhanden, das neutrale Element oder Einselement von G genannt; im Falle einer additiven Verknüpfung nennt man es jedoch lieber Nullelement.

In einer Halbgruppe G mit Einselement e gibt es zu einem $a \in G$ höchstens ein Element $a^{-1} \in G$ mit

$$aa^{-1} = a^{-1}a = e\,.$$

Dieses Element nennt man, falls vorhanden, das zu a inverse Element oder die Inverse von a. a selbst heißt dann auch invertierbar.

Beispiel 1 Gruppoide sind $(\mathbf{Z}, -)$, $(\mathbf{N}, \odot)$ mit $a \odot b := a^b$ und $(\mathfrak{P}(X), \setminus)$. Diese Gruppoide sind jedoch keine Halbgruppen, da die Verknüpfungen nicht assoziativ sind.

Beispiel 2 $(\mathbf{N}, +)$ ist eine kommutative Halbgruppe ohne neutrales Element. Infolgedessen kann von (additiven) Inversen überhaupt nicht gesprochen werden.

Beispiel 3 $(\mathbf{N}, \cdot)$ und $(\mathbf{Z}, \cdot)$ sind kommutative Halbgruppen mit dem neutralen Element 1. Außer 1 besitzt kein Element eine (multiplikative) Inverse.

Beispiel 4 $(\mathbf{Q}, \cdot)$ und $(\mathbf{R}, \cdot)$ sind kommutative Halbgruppen mit dem neutralen Element 1. Außer 0 besitzt jedes Element a eine (multiplikative) Inverse, nämlich $1/a$.

Beispiel 5 In der nichtkommutativen Halbgruppe $(\mathfrak{M}(n, n), \cdot)$ ist die Einheitsmatrix (also die Matrix, in der die Hauptdiagonale mit Einsen und alle anderen Plätze mit Nullen besetzt sind) das neutrale Element. Genau die nichtsingulären Matrizen A (also diejenigen, deren Determinante $\neq 0$ ist) besitzen eine Inverse, nämlich die inverse Matrix A^{-1}.

Beispiel 6 $(\mathfrak{S}(X), \circ)$, also die Menge aller Selbstabbildungen von X, versehen mit der Komposition $\circ$ als Verknüpfung, ist eine nichtkommutative Halbgruppe. Die identische Abbildung I_X ist ihr neutrales Element. Die Funktion $f \in \mathfrak{S}(X)$ besitzt genau dann eine Inverse, wenn sie bijektiv ist; die Inverse ist die Umkehrfunktion (inverse Funktion) f^{-1}.

Beispiel 7 In der kommutativen Halbgruppe $(\mathfrak{P}(X), \cup)$ ist $\emptyset$ das neutrale Element. Nur $\emptyset$ besitzt eine Inverse, nämlich $\emptyset$.

Beispiel 8 $(\mathfrak{P}(X), \cap)$ ist eine kommutative Halbgruppe mit dem neutralen Element X. Nur X besitzt eine Inverse, nämlich X. ■

In den Halbgruppen der Beispiele 2 bis 8 war entweder kein neutrales Element vorhanden oder es besaß nicht jedes Element eine Inverse. Es kann jedoch durchaus vorkommen, daß in einer Halbgruppe mit neutralem Element ausnahmslos jedes Element eine Inverse besitzt. *Dieser Fall ist sogar besonders wichtig,* und wir werden ihn in der nächsten Nummer näher untersuchen. Als Ergänzung unserer obigen Betrachtungen wollen wir aber schon jetzt einige Beispiele hierzu geben.

Beispiel 9 In den kommutativen Halbgruppen $(\mathbf{Z}, +)$, $(\mathbf{Q}, +)$ und $(\mathbf{R}, +)$ ist 0 das neutrale Element, und jedes Element a besitzt eine (additive) Inverse, nämlich $-a$.

Beispiel 10 $(\mathbf{Q} \setminus \{0\}, \cdot)$ und $(\mathbf{R} \setminus \{0\}, \cdot)$ sind kommutative Halbgruppen mit dem neutralen Element 1. Im Unterschied zu Beispiel 4 besitzt nun ausnahmslos jedes Element a die (multiplikative) Inverse $1/a$.

Beispiel 11 Die kommutative Halbgruppe $(\mathfrak{M}(n, n), +)$ hat die Nullmatrix (also die Matrix, deren Elemente alle verschwinden) als neutrales Element, und jedes $A \in \mathfrak{M}(n, n)$ besitzt eine (additive) Inverse, nämlich $-A$. ■

3.2 Gruppen

Eine Halbgruppe, die ein Einselement besitzt und deren Elemente alle invertierbar sind, nennt man eine Gruppe. Eine Gruppe heißt abelsch, wenn sie kommutativ ist. In diesem Falle verwendet man als Verknüpfungszeichen gerne $+$ statt $\cdot$, schreibt die Gruppe also „additiv“ und nennt sie dann auch einen Modul.

Beispiel 1 Aus den Überlegungen der letzten Nummer erhalten wir sofort: $(\mathbf{R}, +)$ $(\mathbf{R} \setminus \{0\}, \cdot)$, $(\mathfrak{M}(n, n), +)$, die Menge der nichtsingulären $A \in \mathfrak{M}(n, n)$ mit der Matrizenmultiplikation und die Menge der bijektiven $f \in \mathfrak{S}(X)$ mit der Komposition sind Gruppen. Die ersten drei sind abelsch.

Beispiel 2 Wir führen in der Restklassenmenge $\mathbf{Z}_m = \{[0], [1], \ldots, [m-1]\}$ (s. Beispiel 2 in Nr. 1.4) eine Addition durch die folgende Vorschrift ein:

$$[a] + [b] := [a + b]\,. \tag{3.2.1}$$

Um zwei Restklassen zu addieren, hat man also aus jeder einen Repräsentanten auszuwählen, hat diese beiden Zahlen zu addieren und von der Summe die Restklasse zu bilden. Das Ergebnis ist unabhängig von der Wahl der Repräsentanten, und daher ist die Summendefinition (3.2.1) eindeutig. Im Falle $m = 4$ ist z. B.

$$[1] + [2] = [3] \quad \text{und} \quad [2] + [3] = [5] = [1] .$$

Stattdessen schreibt man auch

$$1 + 2 = 3 \bmod 4 \quad \text{und} \quad 2 + 3 = 1 \bmod 4 \tag{3.2.2}$$

und sagt, man habe die angegebenen Zahlen „modulo 4 addiert“. Die vollständige „Additionstafel“ für $m = 4$, in der Repräsentantenschreibweise (3.2.2), ist nachstehend angegeben:

+ mod 4	0	1	2	3
0	0	1	2	3
1	1	2	3	0
2	2	3	0	1
3	3	0	1	2

Aus dieser Tafel kann man ablesen, *daß* $(\mathbf{Z}_4, +)$ *eine abelsche Gruppe ist. Ganz entsprechend sieht man, daß dies allgemein für* $(\mathbf{Z}_m, +)$ *zutrifft.*

Beispiel 3 Wir definieren nun in $\mathbf{Z}_m$ eine Multiplikation, indem wir

$$[a] \cdot [b] := [a \cdot b] \tag{3.2.3}$$

setzen. Im Falle $m = 4$ ist z. B.

$$[2] \cdot [2] = [4] = [0] \quad \text{und} \quad [2] \cdot [3] = [6] = [2]$$

oder in der Repräsentantenschreibweise:

$$2 \cdot 2 = 0 \bmod 4 \quad \text{und} \quad 2 \cdot 3 = 2 \bmod 4 .$$

Nachstehend sind die „Multiplikationstafeln“ für $m = 3$ und $m = 4$ in der Repräsentantenschreibweise angegeben:

· mod 3	0	1	2
0	0	0	0
1	0	1	2
2	0	2	1

· mod 4	0	1	2	3
0	0	0	0	0
1	0	1	2	3
2	0	2	0	2
3	0	3	2	1

In beiden Fällen liegen kommutative Halbgruppen mit dem neutralen Element [1] vor. Diese Halbgruppen sind keine Gruppen, da [0] nicht invertierbar ist. Nimmt man jedoch aus $\mathbf{Z}_3$ die Nullklasse heraus, so erhält man eine Gruppe. Entsprechendes gilt für $\mathbf{Z}_4$ nicht, weil $[2] \cdot [2] = [0]$ nicht mehr in $\mathbf{Z}_4 \setminus \{[0]\}$ liegt. Der Grund für das unterschiedliche Verhalten von $\mathbf{Z}_3$ und $\mathbf{Z}_4$ liegt darin, daß 3 eine Primzahl ist und 4 nicht. Allgemein gilt nämlich, *daß* $\mathbf{Z}_m \setminus \{[0]\}$ *bezüglich der Multiplikation genau im Falle* $m =$ *Primzahl eine Gruppe ist, und dann auch eine abelsche.*

Beispiel 4 Die Menge der n-stelligen Binärwörter (s. Beispiel 9 in Nr. 2.1) ist eine abelsche Gruppe G bezüglich der gliedweisen Addition modulo 2, also ein Modul. Da modulo 2 die Gleichungen

$$0 + 0 = 0\,, \qquad 0 + 1 = 1 + 0 = 1\,, \qquad 1 + 1 = 0$$

gelten, ergibt sich z. B. für die Wörter $\boldsymbol{x} := 100101$ und $\boldsymbol{y} := 010111$ die Summe

$$\boldsymbol{x} + \boldsymbol{y} = \begin{array}{r} 100101 \\ +010111 \\ \hline 110010 \end{array}\,.$$

Aus $1 + 1 = 0 \bmod 2$ ergibt sich ferner, daß $\boldsymbol{y} + \boldsymbol{y} = 000000$ (also gleich dem Nullelement von G) und somit $-\boldsymbol{y} = \boldsymbol{y}$ ist. Daher ist $\boldsymbol{x} - \boldsymbol{y} = \boldsymbol{x} + \boldsymbol{y}$. ■

Nach diesen Beispielen werfen wir nun einen kurzen Blick auf die allgemeine Theorie der Gruppen. G sei durchweg eine Gruppe.

In G ist

$$(ab)^{-1} = b^{-1}a^{-1}$$

(man beachte die Vertauschung der Reihenfolge!); *die Gleichungen*

$$xa = b \qquad \textit{und} \qquad ay = b$$

sind eindeutig lösbar durch

$$x := ba^{-1} \quad \textit{und} \quad y := a^{-1}b\,,$$

und es gilt die Kürzungsregel

aus $ab = ac$ folgt ebenso wie aus $ba = ca$ stets $b = c$.

Wir setzen

$$|G| := \begin{cases} \infty, & \text{falls } G \text{ unendlich viele Elemente enthält,} \\ \text{Anzahl der Elemente von } G, & \text{falls } G \text{ endlich ist.} \end{cases}$$

$|G|$ heißt die Ordnung der Gruppe G.

Unter a^n ($n \in \mathbf{N}$) verstehen wir das n-fache Produkt $a \cdot a \cdots a$. Ferner setzen wir

$$a^{-n} := (a^{-1})^n \quad \text{und} \quad a^0 := e\,.$$

Für die Potenzen gelten die üblichen Potenzregeln mit Ausnahme der Regel $(ab)^n = a^n b^n$; diese darf man nur im Falle $ab = ba$ verwenden.

Es kann vorkommen, daß $a^n = e$ ist für ein gewisses $n \in \mathbf{N}$ (dies tritt mit Sicherheit ein, wenn G endlich ist). Das kleinste n dieser Art heißt die Ordnung des Elementes a. Ist $a^n \neq e$ für alle $n \in \mathbf{N}$, so gibt man a die Ordnung ∞. Das Einselement hat immer die Ordnung 1. Ist n die Ordnung von a, so sind die Potenzen $a^0, a^1, \ldots, a^{n-1}$ unter sich verschieden, und jede Potenz a^k ($k \in \mathbf{Z}$) tritt bereits in dieser Reihe auf.

Beispiel 5 ($\mathbf{Z}$, +) hat die Ordnung ∞, ebenso jedes $a \neq 0$; denn es ist immer $a + a + \cdots + a \neq 0$.
($\mathbf{Z}_4$, +) hat die Ordnung 4. Die Elemente [0], [1], [2], [3] haben beziehentlich die Ordnung 1, 4, 2, 4, wie man der Additionstafel leicht entnehmen kann.

Beispiel 6 Die n-ten Einheitswurzeln $z_k := \mathrm{e}^{\mathrm{j}(2\pi/n)k}$ $(k = 0, 1, \ldots, n-1)$, also die n Lösungen der Gleichung $z^n = 1$ in $\mathbf{C}$, bilden bezüglich der Multiplikation eine abelsche Gruppe der Ordnung n. $z_0 = 1$ hat die Ordnung 1, jedes andere z_k die Ordnung pn/k, wobei p die kleinste natürliche Zahl bedeutet, für die pn/k ganz ist.

Beispiel 7 Eine bijektive Selbstabbildung der Menge $X := \{1, 2, \ldots, n\}$ nennt man auch eine Permutation von X, weil sie als eine Umordnung der Elemente von X aufgefaßt werden kann. Die Menge aller Permutationen von X ist bezüglich der Komposition eine Gruppe (s. Beispiel 1). Man nennt sie die symmetrische Gruppe $\mathfrak{S}_n$. Ihre Ordnung ist $n! := 1 \cdot 2 \cdots n$. Auf die Ordnung ihrer Elemente gehen wir nicht ein. ■

Besteht G aus den Potenzen eines Elementes a, ist also

$$G = \{\ldots, a^{-2}, a^{-1}, a^0, a^1, a^2, \ldots\}\ ,$$

so heißt G eine zyklische Gruppe und a ein erzeugendes Element von G. Die Gruppen ($\mathbf{Z}$, +), ($\mathbf{Z}_m$, +) sind zyklisch mit erzeugenden Elementen 1 bzw. [1]. Die multiplikative Gruppe der n-ten Einheitswurzeln z_k (s. Beispiel 6) ist ebenfalls zyklisch; ein erzeugendes Element ist z. B. z_1.[1] Eine zyklische Gruppe kann durchaus *mehrere erzeugende Elemente* haben (in den angegebenen Beispielen ist dies auch der Fall). ($\mathbf{R}$, +) ist nicht zyklisch.

Eine nichtleere Teilmenge U von G heißt Untergruppe (von G), wenn sie mit der in G definierten Produktbildung selbst schon eine Gruppe ist. Dies ist genau dann der Fall, wenn gilt:

$$a, b \in U \;\Rightarrow\; ab \in U \quad \textit{und} \quad a \in U \;\Rightarrow\; a^{-1} \in U\ .$$

Das Einselement von G ist dann auch das Einselement von U.

Für endliches G ist die Ordnung jeder Untergruppe ein Teiler der Ordnung von G.

Bei festem $a \in G$ wird durch

$$f_a(x) := axa^{-1} \qquad (x \in G)$$

eine Bijektion von G erklärt. Ist U eine Untergruppe von G, so ist auch $f_a(U)$ eine solche. Haben wir $f_a(U) = U$ für jedes $a \in G$, so heißt U eine invariante Untergruppe oder ein Normalteiler von G. *U ist genau dann ein Normalteiler, wenn gilt:*

$$a^{-1}ua \in U \quad \textit{für jedes } a \in G \textit{ und jedes } u \in U\ .$$

[1] Wenn man sich die z_k als Punkte auf der Peripherie des Einheitskreises der komplexen Ebene veranschaulicht, versteht man die Bezeichnung „zyklische Gruppe" besser.

In einer abelschen Gruppe ist jede Untergruppe Normalteiler.

Beispiel 8 Sei G eine endliche Gruppe und $a \in G$. Dann besitzt a eine endliche Ordnung, etwa n, und die Potenzen $a^0, a^1, \ldots, a^{n-1}$ bilden eine Untergruppe von G. Infolgedessen ist n ein Teiler von $|G|$.

Beispiel 9 $(\mathbf{Z}, +)$ ist Untergruppe von $(\mathbf{Q}, +)$, also auch Normalteiler, da $(\mathbf{Q}, +)$ abelsch ist.

Beispiel 10 $\{e\}$ ist immer Normalteiler von G.

Beispiel 11 In $(\mathbf{Z}, +)$ ist für jedes feste $n \in \mathbf{N}$ die Teilmenge $\{\ldots, -2n, -n, 0, n, 2n, \ldots\}$ eine Untergruppe, und da $(\mathbf{Z}, +)$ abelsch ist, auch ein Normalteiler.

Beispiel 12 In der multiplikativen Gruppe der n-ten Einheitswurzeln $z_0, z_1, \ldots, z_{n-1}$ (s. Beispiel 6) bilden, wenn n gerade ist, die $z_0, z_2, z_4, \ldots, z_{n-2}$ eine Untergruppe, aus Kommutativitätsgründen also einen Normalteiler.

Beispiel 13 Die Menge U aller (n, n)-Matrizen mit der Determinante 1 ist eine Untergruppe und sogar ein Normalteiler in der multiplikativen Gruppe der nichtsingulären (n, n)-Matrizen; das alles folgt aus dem Multiplikationssatz für Determinanten:

$$\det(\boldsymbol{AB}) = \det \boldsymbol{A} \cdot \det \boldsymbol{B} \ . \qquad \blacksquare$$

3.3 Ringe

Ein Ring R ist eine nichtleere Menge, in der man zu je zwei Elementen a, b eine eindeutig bestimmte Summe $a + b \in R$ und ein ebenfalls eindeutig bestimmtes Produkt $ab \in R$ bilden kann, wobei die folgenden Bedingungen erfüllt sein sollen:

1. Bezüglich der *Summenbildung (Addition)* ist R eine *abelsche Gruppe,* also ein *Modul.*
2. Bezüglich der *Produktbildung (Multiplikation)* ist R eine *Halbgruppe.*
3. Addition und Multiplikation sind verbunden durch die Distributivgesetze

$$a(b + c) = ab + ac \ , \qquad (b + c)a = ba + ca \ .$$

Das Symbol $(R, +, \cdot)$ soll andeuten, daß in R die Verknüpfungen $+$ und $\cdot$ vorhanden sind.

Ein Ring heißt kommutativ, wenn das multiplikative Kommutativgesetz $ab = ba$ gilt. In diesem Falle braucht man nur eines der obigen Distributivgesetze zu fordern. Ein nichtkommutativer Ring wird auch Schiefring genannt.

Das zu a additiv inverse Element bezeichnen wir mit $-a$. Statt $a + (-b)$ schreiben wir $a - b$ („Differenz"). Die Distributivgesetze gelten auch für Differenzen:

$$a(b - c) = ab - ac \ , \qquad (b - c)a = ba - ca \ .$$

Das additiv neutrale Element, d. h. das Nullelement, bezeichnen wir mit 0. Es gilt

$$a \cdot 0 = 0 \cdot a = 0 \quad \textit{für alle} \quad a \in R .$$

Es kann jedoch $ab = 0$ sein, obwohl beide Faktoren $\neq 0$ sind. In diesem Falle heißen a und b Nullteiler (genauer: a heißt linker, b rechter Nullteiler). Man sagt, R sei nullteilerfrei, wenn gilt:

$$ab = 0 \quad \Rightarrow \quad a = 0 \quad \textit{oder} \quad b = 0 .$$

Ein kommutativer, nullteilerfreier Ring heißt Integritätsbereich.

Ein Ring R braucht kein multiplikativ neutrales Element zu besitzen. Ist jedoch eines vorhanden, so ist es, wie wir aus der Theorie der Halbgruppen wissen, *eindeutig bestimmt,* und wir sagen, R sei ein Ring mit Einselement oder ein Ring mit Identität.

Gleichungen der Form $ax = b$ und $ya = b$ brauchen in einem Ring nicht lösbar zu sein, weil a nicht immer eine multiplikative Inverse besitzen wird.

Beispiel 1 $(\mathbf{Z}, +, \cdot)$, $(\mathbf{Q}, +, \cdot)$ und $(\mathbf{R}, +, \cdot)$ sind Integritätsbereiche mit Identität.

Beispiel 2 $(\mathbf{Z}_m, +, \cdot)$ ist ein kommutativer Ring mit Identität und im Falle m = Primzahl sogar ein Integritätsbereich (s. Beispiele 2 und 3 in Nr. 3.2).

Beispiel 3 $(\mathfrak{M}(n, n), +, \cdot)$ ist ein Ring mit Identität. Im Falle $n \geqslant 2$ ist dieser Ring nicht kommutativ, also auch kein Integritätsbereich. In ihm treten überdies Nullteiler auf; z. B. ist

$$\begin{pmatrix} 1 & -2 \\ 2 & -4 \end{pmatrix} \cdot \begin{pmatrix} 2 & 4 \\ 1 & 2 \end{pmatrix} = \begin{pmatrix} 0 & 0 \\ 0 & 0 \end{pmatrix} .$$

Beispiel 4 $F(X)$ sei die Menge der reellwertigen Funktionen mit dem Definitionsbereich X. Summen $f + g$ und Produkte fg definieren wir „punktweise“:

$$\begin{aligned} (f+g)(x) &:= f(x) + g(x) , \\ (fg)(x) &:= f(x)\,g(x) \end{aligned} \quad \text{für alle} \quad x \in X . \tag{3.3.1}$$

$F(X)$ ist ein kommutativer Ring mit Identität (das Einselement ist die Funktion, die in jedem $x \in X$ den Wert 1 hat; das Nullelement 0 ist die auf ganz X verschwindende Funktion). Besitzt X mehr als ein Element, so treten Nullteiler auf. Sind nämlich x_1, x_2 zwei verschiedene Elemente von X und definiert man $f_1, f_2 \in F(X)$ durch

$$f_1(x) := \begin{cases} 1 & \text{für } x = x_1 \\ 0 & \text{sonst} \end{cases} , \qquad f_2(x) := \begin{cases} 1 & \text{für } x = x_2 \\ 0 & \text{sonst} \end{cases} ,$$

so ist $f_1 \neq 0$ und $f_2 \neq 0$, aber $f_1 f_2 = 0$. $F(X)$ ist also kein Integritätsbereich. ■

Eine nichtleere Teilmenge U des Ringes R heißt Unterring (von R), wenn sie mit der in R vorhandenen Addition und Multiplikation bereits selbst ein Ring ist. Ein Unterring U heißt ein Ideal, wenn überdies

$$ru \in U \quad \textit{und} \quad ur \in U \quad \textit{für alle} \quad r \in R \quad \textit{und alle} \quad u \in U$$

ist, wenn also weder die „Linksmultiplikation“ (mit beliebigen Ringelementen) noch die „Rechtsmultiplikation“ aus U herausführt.

Sei R ein kommutativer Ring mit Einselement e und a ein festes Element von R. Dann ist die Menge

$$(a) := \{ra \mid r \in R\} \tag{3.3.2}$$

ein a enthaltendes Ideal. Es heißt das von a erzeugte Ideal. Solche Ideale werden auch Hauptideale genannt. Ist jedes Ideal in R ein Hauptideal, so heißt R ein Hauptidealring (man beachte, daß solche Ringe ihrer Definition nach immer kommutativ sind und eine Identität besitzen).

Beispiel 5 In jedem Ring R sind $\{0\}$ und R Ideale. Man nennt sie Nullideal bzw. Einheitsideal und bezeichnet sie mit (0) bzw. (1).

Beispiel 6 Für jedes feste $n \in \mathbf{N}$ ist $\{\ldots, -2n, -n, 0, n, 2n, \ldots\}$ ein durch n erzeugtes Hauptideal in $(\mathbf{Z}, +, \cdot)$. $(\mathbf{Z}, +, \cdot)$ ist ein Hauptidealring.

Beispiel 7 Die Menge der Funktionen aus $F(X)$ (s. Beispiel 4), die auf einer festen Teilmenge X_0 von X verschwinden, ist ein Ideal in $F(X)$.

Beispiel 8 $(\mathbf{Q}, +, \cdot)$ ist ein Unterring von $(\mathbf{R}, +, \cdot)$, aber kein Ideal.

Beispiel 9 In $(\mathbf{Q}, +, \cdot)$ sind $\{0\} = (0)$ und $\mathbf{Q} = (1)$ die einzigen Ideale. Entsprechendes gilt für $(\mathbf{R}, +, \cdot)$. Diese beiden Ringe sind also Hauptidealringe. ∎

Sei R ein Integritätsbereich mit folgenden Eigenschaften:

1. Es gibt eine Abbildung $w : R \setminus \{0\} \rightarrow \mathbf{N}_0$ (eine „Wertfunktion“) mit

$$w(ab) \geqslant w(a) \quad \textit{für alle} \quad a, b \in R \setminus \{0\}\,.$$[1]

2. Zu je zwei Ringelementen a, m mit $m \neq 0$ gibt es Ringelemente q, r, so daß

$$a = qm + r \quad \textit{ist, wobei} \quad r = 0 \quad \textit{oder} \quad w(r) < w(m)$$

gilt („Division mit Rest“ oder „euklidischer Algorithmus“).[2]

Einen solchen Integritätsbereich nennt man euklidischen Ring. *Ein euklidischer Ring R besitzt stets ein Einselement und ist ein Hauptidealring.* $(m) = \{qm \mid q \in R\}$ *ist das von m erzeugte Hauptideal* (s. (3.3.2)).

Beispiel 10 $(\mathbf{Z}, +, \cdot)$ ist ein euklidischer Ring (s. Fußnoten 1 und 2) und infolgedessen, wie schon in Beispiel 6 erwähnt, ein Hauptidealring.

Beispiel 11 (Polynomringe) Sei R ein beliebiger Ring, F die Menge aller „finiten Folgen“ in R, d. h. die Menge aller Folgen

[1] Im Falle $R = \mathbf{Z}$ ist z. B. die Abbildung $a \mapsto |a|$ eine Wertfunktion.

[2] Vgl. Anfang des Beispiels 2 in Nr. 1.4.

$$(a_0, a_1, a_2, \ldots) \quad mit \quad a_k \in R \quad und \quad a_k = 0 \quad ab\ einem\ Index \quad n+1$$

(n darf von der individuellen Folge abhängen). Finite Folgen in **Z** sind z. B.

$$(1, 0, 2, -3, 0, 0, 0, \ldots)\ , \qquad (1, 1, -5, 0, 0, 0, \ldots)\ .$$

In F definieren wir nun Summe und Produkt durch die Vorschriften

$$(a_0, a_1, a_2, \ldots) + (b_0, b_1, b_2, \ldots) := (a_0 + b_0, a_1 + b_1, a_2 + b_2, \ldots)\ ,$$

$$(a_0, a_1, a_2, \ldots) \cdot (b_0, b_1, b_2, \ldots) := (a_0b_0, a_0b_1 + a_1b_0, a_0b_2 + a_1b_1 + a_2b_0, \ldots)\ ;$$

allgemein ist das k-te Glied der Summen- bzw. der Produktfolge gegeben durch

$$a_k + b_k \quad \text{bzw. durch} \quad a_0b_k + a_1b_{k-1} + a_2b_{k-2} + \cdots + a_kb_0 \quad (k = 0, 1, 2, \ldots)\ .$$

Diese Operationen kann man formal auch so beschreiben (und sich dann besser merken): Sei x irgendein Element, das nicht zu R gehört (x hat nur die Funktion einer Hilfsgröße und wird eine Unbestimmte genannt). Für die finite Folge $(a_0, a_1, a_2, \ldots)$ führen wir nun die neue Schreibweise

$$\sum_{k=0} a_kx^k \quad \text{oder} \quad a_0x^0 + a_1x^1 + a_2x^2 + \cdots$$

ein und nennen dieses Symbol ein Polynom (in x). Dabei vereinbaren wir noch, daß wir in einer solchen „Summe" ein Glied a_kx^k weglassen wollen, wenn der Koeffizient $a_k = 0$ ist. Insbesondere bricht somit jedes Polynom ab einem gewissen Koeffizienten ab. Das Polynom $a_0x^0 + a_1x^1 + a_4x^4$ z. B. ist lediglich eine neue (und zunächst umständliche) Schreibweise für die finite Folge $(a_0, a_1, 0, 0, a_4, 0, 0, 0, \ldots)$. Rechnet man nun mit diesen Polynomen blindlings nach den üblichen Regeln der Buchstabenalgebra und nimmt dabei noch an, daß $ax = xa$ für jedes $a \in R$ ist, so folgt

$$\sum a_kx^k + \sum b_kx^k = \sum (a_k + b_k)x^k\ ,$$

$$\left(\sum a_kx^k\right) \cdot \left(\sum b_kx^k\right) = \sum (a_0b_k + a_1b_{k-1} + \cdots + a_kb_0)x^k\ .$$

Da aber die rechts stehenden Polynome nichts anderes bedeuten als die finiten Folgen mit den Gliedern $a_k + b_k$ bzw. $a_0b_k + a_1b_{k-1} + \cdots + a_kb_0$ sieht man nun, daß dieses formale Rechnen zu den oben erklärten Summen und Produkten führt. Man braucht sich also deren Definitionen gar nicht zu merken, wenn man *von vorneherein finite Folgen als Polynome schreibt und mit diesen dann „wie gewohnt" rechnet.* Das ist so bequem, daß man meistens überhaupt nicht mehr von der Menge F, sondern von vorneherein nur von der Menge $R[x]$ aller „Polynome über R in der Unbestimmten x" redet. Ein wirkliches Verständnis des algebraischen Polynombegriffes ist aber ohne Rückgang auf F kaum möglich.[1)]

[1)] Man muß die *Polynome der Algebra* scharf unterscheiden von den *Polynomfunktionen* $x \mapsto a_0 + a_1x + a_2x^2 + \cdots + a_nx^n$ *der Analysis*. In den letzteren ist x keine Unbestimmte, kein bloßes Rechenzeichen, sondern eine Variable, die ganz **R** durchlaufen darf, und die Polynomfunktion ordnet jedem Wert dieser Variablen eine gewisse reelle Zahl zu. Das

Da zwei Folgen definitionsgemäß genau dann gleich sind, wenn sie gliedweise übereinstimmen, gilt für Polynome die Aussage

$$\sum a_k x^k = \sum b_k x^k \quad \Leftrightarrow \quad a_k = b_k \quad \text{für} \quad k = 0, 1, 2, \ldots .$$

Gleichheit von Polynomen bedeutet also Gleichheit sich entsprechender Koeffizienten.

Das Polynom $\sum 0 \cdot x^k$ (alle Koeffizienten $= 0$) heißt das Nullpolynom. Ist $\sum a_k x^k$ nicht das Nullpolynom, so hat es einen „höchsten Koeffizienten", d. h. einen Koeffizienten a_n mit $a_n \neq 0$ und $a_{n+1} = a_{n+2} = \cdots = 0$. Dessen Index n wird der Grad des Polynoms genannt. Das Nullpolynom erhält keinen Grad.

$R[x]$ ist mit der oben eingeführten Addition und Multiplikation ein Ring, der Polynomring *über R.* Sein Nullelement ist das Nullpolynom. *Mit R ist auch $R[x]$ kommutativ. Ist R sogar ein Integritätsbereich, so ist $R[x]$ es auch. Besitzt R ein Einselement e, so ist ex^0 das Einselement von $R[x]$.*

Die Polynome $a_0 x^0$, also die Folgen $(a_0, 0, 0, 0, \ldots)$ darf man *mit den Ringelementen a_0 identifizieren,* weil sich jene genauso addieren und multiplizieren wie diese:

$$a_0 x^0 + b_0 x^0 = (a_0 + b_0) x^0 ,$$
$$a_0 x^0 \cdot b_0 x^0 = a_0 b_0 x^0 .$$

Tut man dies, so ist *R ein Unterring von $R[x]$.* Schreibt man schließlich noch x statt x^1, so kann man das Polynom

$$a_0 x^0 + a_1 x^1 + a_2 x^2 + \cdots + a_n x^n$$

auf die einfachere Gestalt

$$a_0 + a_1 x + a_2 x^2 + \cdots + a_n x^n$$

bringen. ■

Die Polynomringe $\mathbf{Q}[x]$ und $\mathbf{R}[x]$ sind euklidische Ringe und somit auch Hauptidealringe. Die Wertfunktion w wird in diesem Falle durch $w(p) :=$ Grad von p definiert ($p \neq$ Nullpolynom), die Division mit Rest wird in der üblichen Weise durchgeführt. Die Aussage des Satzes gilt allgemeiner für Polynomringe über beliebigen Körpern (den Körperbegriff werden wir in der nächsten Nummer behandeln).

Fortsetzung Fußnote [1)]

algebraische Polynom $\sum_{k=0}^{n} a_k x^k$ ist dagegen nichts anderes als die Folge $(a_0, a_1, \ldots, a_n, 0, 0, 0, \ldots)$ und ordnet nichts und niemandem etwas zu. Verwirrung kann deshalb leicht entstehen, weil man die analytischen Polynomfunktionen von alters her meistens kurz Polynome nennt.

3.4 Körper

In einem Ring K, der mindestens ein Element $\neq 0$ enthält, ist $K \setminus \{0\}$ eine multiplikative Halbgruppe. Ist diese Halbgruppe sogar eine Gruppe, so heißt der Ring K ein Schiefkörper. Ist sie überdies kommutativ, so wird K ein Körper genannt. Da auch 0 mit jedem Körperelement kommutiert, ist also die Multiplikation in einem Körper durchweg kommutativ.

Ein Schiefkörper enthält stets ein Einselement e, aber niemals einen Nullteiler. Bedeutet $\mathfrak{N}(n, n)$ die Menge der nichtsingulären (n, n) Matrizen, so ist $(\mathfrak{N}(n, n),\ |\ ,\ )$ ein Schiefkörper.

Die geläufigsten Körper sind $(\mathbf{Q}, +, \cdot)$, $(\mathbf{R}, +, \cdot)$ und $(\mathbf{C}, +, \cdot)$. In einem beliebigen Körper kann man genauso rechnen wie in ihnen. Insbesondere kann man stets durch $a \neq 0$ dividieren (d. h. mit a^{-1} multiplizieren), was in einem Ring nicht immer möglich ist. Auf einige Besonderheiten werden wir noch zu sprechen kommen.

Der Begriff des Unterkörpers dürfte nach der Definition der Untergruppen und Unterringe klar sein.

Für unsere Zwecke besonders wichtig ist das

Beispiel 1 *Für jede Primzahl p ist $(\mathbf{Z}_p, +, \cdot)$ ein Körper* (s. Beispiele 2 und 3 in Nr. 3.2). ■

$\mathbf{Z}_p$ besteht aus den p Restklassen $[0], [1], \ldots, [p-1]$. Unser Beispiel zeigt also, *daß es Körper mit endlich vielen Elementen gibt.* Man nennt sie Galoisfelder. Ein k-elementiges Galoisfeld wird mit $GF(k)$ bezeichnet. *$\mathbf{Z}_p$ ist also ein $GF(p)$. Jeder endliche Integritätsbereich mit mindestens einem Element $\neq 0$ und jeder endliche Schiefkörper ist bereits ein Körper (also ein Galoisfeld).*

Die einzigen Ideale in einem Körper K sind $\{0\}$ und K. *Der Polynomring $K[x]$ ist euklidisch und somit erst recht ein Hauptidealring.*

Beispiel 2 Für die Codierungstheorie sind die *Körper mit zwei Elementen,* also die $GF(2)$, besonders wichtig. Ein $GF(2)$ besteht aus dem Nullelement 0 und dem Einselement $1 \neq 0$ (das Einselement bezeichnet man in diesem Zusammenhang lieber mit 1 statt mit e). Addition und Multiplikation in einem $GF(2)$ werden nach den folgenden Vorschriften ausgeführt:

$$0 + 0 = 0\,, \qquad 0 + 1 = 1 + 0 = 1\,, \qquad 1 + 1 = 0\,,$$
$$0 \cdot 0 = 0\,, \qquad 0 \cdot 1 = 1 \cdot 0 = 0\,, \qquad 1 \cdot 1 = 1\,.$$

Diese Vorschriften entsprechen genau der Addition und Multiplikation modulo 2 der Zahlen 0 und 1. Da Binärwörter gliedweise modulo 2 addiert werden (s. Beispiel 4 in Nr. 3.2), liegt es also nahe, ein n-stelliges Binärwort als ein n-Tupel

$$(a_0, a_1, a_2, \ldots, a_{n-1}) \quad \text{oder kürzer} \quad a_0 a_1 a_2 \ldots a_{n-1} \quad \text{mit} \quad a_k \in GF(2)$$

zu schreiben und dieses durch das „Binärpolynom“

$$a_0 + a_1x + a_2x^2 + \cdots + a_{n-1}x^{n-1} \tag{3.4.1}$$

aus dem Polynomring $GF(2)[x]$ darzustellen. Die siebenstelligen Binärwörter

1000101 und 0111010

werden also durch die Polynome

$$1 + x^4 + x^6 \quad \text{und} \quad x + x^2 + x^3 + x^5$$

dargestellt. Der Vorteil dieser in der Codierungstheorie benutzten Darstellung liegt auf der Hand: *man kann die für Polynome gültigen Rechenregeln auf Binärwörter anwenden.* ■

Es kann vorkommen, daß die n-fache Summe

$$n \cdot e := \underbrace{e + e + \cdots + e}_{n \text{ Summanden}} \qquad (n \in \mathbf{N})$$

des Einselementes von K für ein gewisses n verschwindet. In $\mathbf{Z}_3$ ist z. B. $3 \cdot [1] = [1] + [1] + [1] = [3] = [0]$. Das kleinste n mit $n \cdot e = 0$ heißt die Charakteristik von K. *Sie ist stets eine Primzahl.* Ist jedoch ständig $n \cdot e \neq 0$, so gibt man K die Charakteristik 0. Ein Körper mit Charakteristik 0 ist notwendigerweise unendlich, *ein endlicher Körper hat also immer eine Primzahlcharakteristik. Das Galoisfeld $\mathbf{Z}_p$ (p eine Primzahl) und alle seine Oberkörper haben die Charakteristik p, der Körper $\mathbf{Q}$ und seine sämtlichen Oberkörper (insbesondere also $\mathbf{R}$ und $\mathbf{C}$) haben dagegen die Charakteristik* 0. In jedem $GF(k)$ mit Charakteristik p ist

$$k = p^m \qquad (m \in \mathbf{N}) .$$

In Körpern der Charakteristik $p \neq 0$ gilt der *polynomische Satz mit dem Exponenten p* in der verblüffend einfachen Form

$$(a_1 + a_2 + \cdots + a_n)^p = a_1^p + a_2^p + \cdots + a_n^p . \tag{3.4.2}$$

Für Polynome über einem Körper der Charakteristik $p \neq 0$ haben wir die Gleichung

$$(\textstyle\sum a_k x^k)^p = \sum (a_k x^k)^p . \tag{3.4.3}$$

Für Polynome $a(x) := \sum a_k x^k$ aus $\mathbf{Z}_p[x]$ ergibt sich wegen $a_k^p = a_k$ die noch einfachere Beziehung

$$(\textstyle\sum a_k x^k)^p = \sum a_k x^{pk} , \quad \text{also} \quad [a(x)]^p = a(x^p) . \tag{3.4.4}$$

In $\mathbf{Z}_2[x]$ ist z. B. $(1 + x^4 + x^6)^2 = 1 + x^8 + x^{12}$.

3.5 Verbände

Verbände sind algebraische Strukturen, die den Verhältnissen in $(\mathfrak{P}(X), \cup, \cap)$ nachgebildet sind. Genauer: Ein Verband $(V, \sqcup, \sqcap)$ ist eine nichtleere Menge V, in der man zu je zwei Elementen a, b eindeutig bestimmte Elemente $a \sqcup b \in V$ und $a \sqcap b \in V$ bilden kann, wobei die folgenden Bedingungen erfüllt sein sollen (vgl. (1.2.3), (1.2.4) und (1.2.10)):

1. Bezüglich jeder der beiden Operationen $\sqcup$, $\sqcap$ ist V eine *kommutative Halbgruppe.*

2. Es gelten die Absorptionsgesetze

$$a \sqcup (a \sqcap b) = a, \qquad a \sqcap (a \sqcup b) = a.$$

Jedes $a \in V$ ist bezüglich beider Operationen idempotent, d.h., es gilt

$$a \sqcup a = a \quad \text{und} \quad a \sqcap a = a.$$

Ein Verband heißt distributiv, wenn in ihm die Distributivgesetze

$$a \sqcap (b \sqcup c) = (a \sqcap b) \sqcup (a \sqcap c),$$
$$a \sqcup (b \sqcap c) = (a \sqcup b) \sqcap (a \sqcup c)$$

gelten (vgl. (1.2.5)).

Gibt es in V ein bezüglich $\sqcup$ neutrales Element n ($a \sqcup n = a$ für alle a), so ist es eindeutig bestimmt und heißt das Nullelement von V. Ein bezüglich $\sqcap$ neutrales Element e ($a \sqcap e = a$ für alle a) ist, falls überhaupt vorhanden, ebenfalls eindeutig bestimmt und wird das Einselement von V genannt.

Gibt es in einem Verband V mit Nullelement n und Einselement e zu einem a ein $\bar{a}$ mit

$$a \sqcup \bar{a} = e, \qquad a \sqcap \bar{a} = n,$$

so heißt $\bar{a}$ komplementär zu a oder ein Komplement zu a. V wird komplementär genannt, wenn jedes $a \in V$ mindestens ein Komplement besitzt.

Einen Verband, der distributiv und komplementär ist, nennt man einen Booleschen Verband oder eine Boolesche Algebra. In einem Booleschen Verband bestimmt jedes a sein Komplement $\bar{a}$ völlig eindeutig. *Die Anzahl der Elemente eines endlichen Booleschen Verbandes ist immer eine Potenz von* 2 (Satz von Stone).

Beispiel 1 $(\mathfrak{P}(X), \cup, \cap)$ ist ein Boolescher Verband. Bezüglich $\cup$ ist $\emptyset$, bezüglich $\cap$ ist X das neutrale Element; $\bar{A} := X \setminus A$ ist zu A komplementär. Dieser Verband ist die Grundlage für mathematische Modelle in der Wahrscheinlichkeitsrechnung (s. Beispiel 1 in Nr. 1.2). *Besteht X aus endlich vielen, etwa n, Elementen, so enthält der Verband* $(\mathfrak{P}(X), \cup, \cap)$ *genau 2^n Elemente* (s. den letzten Satz vor Beispiel 8 in Nr. 1.1); diese Tatsache ist ein Beispiel für den gerade erwähnten Satz von Stone.

Beispiel 2 Auf der Menge $V := \{0, 1\}$ führen wir zunächst ganz formal zwei Verknüpfungen $\vee$ und $\wedge$ mittels der folgenden Tafeln ein

$$\begin{array}{c|cc} \vee & 0 & 1 \\ \hline 0 & 0 & 1 \\ 1 & 1 & 1 \end{array} \qquad \begin{array}{c|cc} \wedge & 0 & 1 \\ \hline 0 & 0 & 0 \\ 1 & 0 & 1 \end{array} \tag{3.5.1}$$

Durch direktes Nachprüfen überzeugt man sich davon, daß $(V, \vee, \wedge)$ eine Boolesche Algebra mit dem Nullelement 0, dem Einselement 1 und den Komplementen $\bar{0} = 1, \bar{1} = 0$ ist[1]. ∎

Wir geben nun zwei konkrete Interpretationen der Verknüpfungstafeln (3.5.1).

a) Einer Aussage schreiben wir den „Wahrheitswert" 0 bzw. 1 zu, je nachdem, ob sie falsch oder wahr ist. Aus zwei Aussagen A, B kann man zwei neue Aussagen gewinnen: die Disjunktion „A oder B" (in Zeichen: $A \vee B$) und die Konjunktion „A und B" (in Zeichen: $A \wedge B$)[2]. Beispiel: A sei die (wahre) Aussage „2 ist eine gerade Zahl", B die (falsche) Aussage „4 ist eine Primzahl". Dann ist $A \vee B$ die (wahre) Aussage „2 ist eine gerade Zahl oder 4 ist eine Primzahl", $A \wedge B$ ist die (falsche) Aussage „2 ist eine gerade Zahl und 4 ist eine Primzahl". Die Wahrheitswerte von $A, B, A \vee B, A \wedge B$ sind beziehentlich 1, 0, 1, 0.

Man sieht sofort, daß sich für alle Aussagen A, B der Wahrheitswert von $A \vee B$ aus der obigen $\vee$-Tafel und der von $A \wedge B$ aus der $\wedge$-Tafel ergibt. *Die Wahrheitswerte bilden also eine Boolesche Algebra. Diese Algebra ist die Grundlage der sogenannten Aussagenlogik.*

Die Negation $\bar{A}$ („nicht A") einer Aussage A hat den Wahrheitswert 1 bzw. 0, wenn A den Wahrheitswert 0 bzw. 1 hat. Dies stimmt mit den oben angegebenen Komplementierungsregeln $\bar{0} = 1, \bar{1} = 0$ in der Booleschen Algebra der Wahrheitswerte überein.

b) Ein elektrischer Schalter in einem Leitungsstück soll den Leitwert 0 bzw. 1 haben, je nachdem, ob er offen oder geschlossen ist. Sind in einem Leitungssystem zwei Schalter parallel geschaltet (s. Fig. 3.5.1), so ergibt sich der Leitwert des

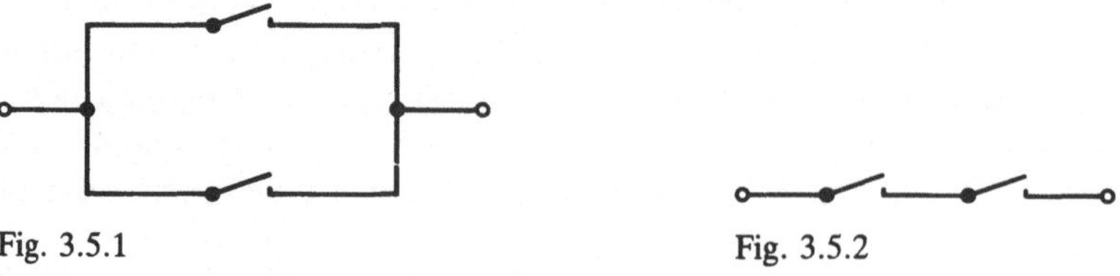

Fig. 3.5.1 Fig. 3.5.2

[1] Einfacher sieht man dies, wenn man $(\mathfrak{P}(\{1\}), \cup, \cap)$ betrachtet und statt $\emptyset$, $\{1\}$, $\cup$, $\cap$ beziehentlich 0, 1, $\vee$, $\wedge$ schreibt.

[2] „Oder" ist hier nicht im Sinne des „Exklusiv-Oder", d.h. des ausschließenden „entweder-oder", sondern als „Inklusiv-Oder" zu verstehen. $A \vee B$ ist also genau dann wahr, wenn A wahr ist oder wenn B wahr ist oder wenn sowohl A als auch B wahr ist.

Systems aus der $\vee$-Tafel (genau dann fließt kein Strom, wenn beide Schalter geöffnet sind), sind sie in Reihe geschaltet (s. Fig. 3.5.2), so ergibt er sich aus der $\wedge$-Tafel (genau dann fließt Strom, wenn beide Schalter geschlossen sind). Die Boolesche Algebra $(V, \vee, \wedge)$ wird deshalb auch Schaltalgebra genannt.

Die Schaltalgebra gestattet es, sogenannte logische Funktionen oder Schaltfunktionen zu formulieren, mit denen man prinzipiell beliebig komplizierte *Schaltnetze beschreiben, optimieren und kostengünstig realisieren kann.* Die Ansätze hierzu soll das folgende Beispiel verdeutlichen.

Beispiel 3 Eine Schaltfunktion kann in der Form

$$y = F(x_1, x_2, \ldots, x_n) \quad \text{mit} \quad y, x_1, x_2, \ldots, x_n \in \{0,1\}$$

angegeben werden: eine binäre („Boolesche") Variable y hängt von n binären Variablen $x_1, \ldots, x_n$, d.h. von einem Binärwort der Länge n ab. Hiermit kann z.B. ein System mit n Eingängen und einem Ausgang, ein Schaltnetz mit n Schaltern u.a. beschrieben sein. Die Menge der 2^n möglichen Binärwörter läßt sich in zwei Teilmengen partitionieren, je nachdem, welchen Wert y annimmt. Explizit könnte eine solche Schaltfunktion für $n = 3$ durch folgende Funktionstabelle gegeben sein:

y	x_1	x_2	x_3	Terme
0	0	0	0	$M_1 = x_1 \vee x_2 \vee x_3$
1	0	0	1	$m_1 = \bar{x}_1 \wedge \bar{x}_2 \wedge x_3$
0	0	1	0	$M_2 = x_1 \vee \bar{x}_2 \vee x_3$
1	0	1	1	$m_2 = \bar{x}_1 \wedge x_2 \wedge x_3$
0	1	0	0	$M_3 = \bar{x}_1 \vee x_2 \vee x_3$
0	1	0	1	$M_4 = \bar{x}_1 \vee x_2 \vee \bar{x}_3$
1	1	1	0	$m_3 = x_1 \wedge x_2 \wedge \bar{x}_3$
0	1	1	1	$M_5 = \bar{x}_1 \vee \bar{x}_2 \vee \bar{x}_3$

Wichtige Sonderformen der Schaltfunktion für n Variable $x_1, \ldots, x_n$ sind der Maxterm M und der Minterm m:

$$M := x_1 \vee x_2 \vee \cdots \vee x_n\,, \qquad m := x_1 \wedge x_2 \wedge \cdots \wedge x_n\,.$$

Der Maxterm ist eine disjunktive Verknüpfung aller Variablen und hat genau dann den Wert 0, wenn alle Variablen den Wert 0 haben; der Minterm als konjunktive Verknüpfung hat genau dann den Wert 1, wenn alle Variablen den Wert 1 haben. In diesen beiden Fällen (und nur in diesen) gibt es eine eindeutige Zuordnung zwischen dem Wert der Terme und dem Binärwort (für $n = 2$ ist dies aus (3.5.1) deutlich zu ersehen). In der obigen Tabelle kann man daher (unter Zuhilfenahme der komplementären Elemente $\bar{x}_k$) fünf Maxterme und drei Minterme angeben, die zusammen insgesamt acht Zuordnungen eindeutig beschreiben. Die gesamte Schaltfunktion kann man entweder als Und-Verknüfpung der Maxterme (konjunktive Normalform)

$$\begin{aligned} y &= M_1 \wedge M_2 \wedge M_3 \wedge M_4 \wedge M_5 \\ &= (x_1 \vee x_2 \vee x_3) \wedge (x_1 \vee \bar{x}_2 \vee x_3) \wedge (\bar{x}_1 \vee x_2 \vee x_3) \wedge (\bar{x}_1 \vee x_2 \vee \bar{x}_3) \wedge (\bar{x}_1 \vee \bar{x}_2 \vee \bar{x}_3) \end{aligned}$$

oder als Oder-Verknüpfung der Minterme (disjunktive Normalform)

$$\begin{aligned} y &= m_1 \vee m_2 \vee m_3 \\ &= (\bar{x}_1 \wedge \bar{x}_2 \wedge x_3) \vee (\bar{x}_1 \wedge x_2 \wedge x_3) \vee (x_1 \wedge x_2 \wedge \bar{x}_3) \end{aligned}$$

beschrieben werden, wobei man wohl meist der jeweils kürzeren Form den Vorzug geben wird. ■

In einer Booleschen Algebra $(V, \sqcup, \sqcap)$ kann man neben den Operationen $\sqcup$ und $\sqcap$ noch *eine Addition und eine Multiplikation einführen* vermöge der Festsetzungen

$$a + b := (a \sqcap \bar{b}) \sqcup (\bar{a} \sqcap b) , \qquad ab := a \sqcap b . \tag{3.5.2}$$[1]

$(V, +, \cdot)$ *ist ein kommutativer Ring.* Sein Nullelement 0 ist das Nullelement des Verbandes V. Er besitzt auch ein Einselement, nämlich das Einselement von V. Jedes Ringelement a ist idempotent, d.h., es gilt

$$aa = a ,$$

ferner ist durchweg $a + a = 0$.

Aus der Booleschen Algebra $\{0,1\}$ mit den Verknüpfungstafeln (3.5.1) erhält man so den Ring $\{0,1\}$ mit den Verknüpfungstafeln

+	0	1
0	0	1
1	1	0

·	0	1
0	0	0
1	0	1

Diese Tafeln stimmen mit denen des Restklassenkörpers $\mathbf{Z}_2$ überein, wenn man letztere in der Repräsentantenschreibweise aufstellt. Unser Ring ist also sogar ein Körper.

Ein Ring $(V, +, \cdot)$ mit Einselement e, in dem jedes Element idempotent ist, heißt Boolescher Ring. Ein solcher Ring ist von selbst kommutativ, und für seine Elemente a gilt $a + a = 0$.

Wir haben gesehen, daß man aus einem Booleschen Verband einen Booleschen Ring machen kann. *Es gilt aber auch die Umkehrung.* Setzt man nämlich in einem Booleschen Ring $(V, +, \cdot)$

$$a \sqcup b := a + b + ab , \qquad a \sqcap b := ab ,$$

[1] In der Booleschen Algebra $(\mathfrak{P}(X), \cup, \cap)$ ist $A + B = (A \setminus B) \cup (B \setminus A)$ die sogenannte symmetrische Differenz der Mengen A, B; sie ist in Fig. 3.5.3 schattiert.

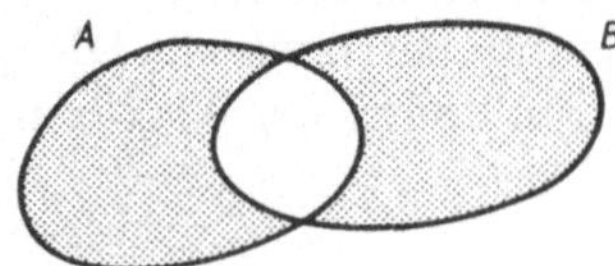

Fig. 3.5.3

so ist $(V, \sqcup, \sqcap)$ ein Boolescher Verband. Das Komplement des Verbandselementes a ist $a + e$. Der aus $(V, \sqcup, \sqcap)$ gemäß (3.5.2) kontruierbare Ring stimmt mit dem Ausgangsring $(V, +, \cdot)$ überein.

In jedem Verband $(V, \sqcup, \sqcap)$ läßt sich durch die Definition

$$a \leqslant b \quad \Leftrightarrow \quad a \sqcap b = a \tag{3.5.3}$$

eine Ordnung $\leqslant$ einführen. In $(V, \leqslant)$ gibt es zu je zwei Elementen a, b stets ein Infimum und ein Supremum, nämlich $a \sqcap b$ bzw. $a \sqcup b$.

Umgekehrt gilt: Ist $(V, \leqslant)$ eine geordnete Menge, in der je zwei Elemente ein Infimum und Supremum besitzen, und setzt man

$$a \sqcup b := \sup(a, b) , \qquad a \sqcap b := \inf(a, b) ,$$

so ist $(V, \sqcup, \sqcap)$ ein Verband. Die in ihm nach (3.5.3) definierbare Ordnung stimmt mit der ursprünglich vorhandenen überein. *Verbände können also auch charakterisiert werden als geordnete Mengen, in denen es zu je zwei Elementen stets ein Infimum und ein Supremum gibt.* Die in dem Hasse-Diagramm der Fig. 3.5.4 dargestellte geordnete Menge $\{a, b, c\}$ ist z.B. kein Verband, weil die Elemente b und c kein Supremum besitzen.

Fig. 3.5.4

Tab. 3.5.1 gibt eine Übersicht über die bisher behandelten algebraischen Grundstrukturen. Die jeweils zu erfüllenden Bedingungen sind durch Kreuze markiert (die eingeklammert sind, wenn es sich um eine „Kann-Bedingung" handelt). Bei Halbgruppen und Gruppen ist es grundsätzlich belanglos, wie man die Verknüpfungsoperation nennt und welches Verknüpfungszeichen man verwendet; in der Tabelle werden deshalb die definierenden Bedingungen nur für „multiplikative" Halbgruppen und Gruppen angegeben, d.h. für Halbgruppen und Gruppen, in denen die Verknüpfungsoperation „Multiplikation" genannt und mit einem Punkt bezeichnet wird.

Tab. 3.5.1

	Struktur \ Operation	Multiplikation $a \cdot b$				Addition $a + b$							Bemerkungen
		assoziativ $a \cdot (b \cdot c) = (a \cdot b) \cdot c$	kommutativ $a \cdot b = b \cdot a$	neutrales Element e $e \cdot a = a \cdot e = a$	inverses Element a^{-1} $a^{-1} \cdot a = a \cdot a^{-1} = e$	assoziativ $a + (b + c) = (a + b) + c$	kommutativ $a + b = b + a$	neutrales Element 0 $0 + a = a + 0 = a$	inverses Element $-a$ $(-a) + a = a + (-a) = 0$	distributiv $a \cdot (b + c) = a \cdot b + a \cdot c$	absorbierend $a \cdot (a + b) = a; a + (a \cdot b) = a$	komplementäres Element $\bar{a}$ $\bar{a} \cdot a = 0; \bar{a} + a = e$	
Nur eine Operation erklärt	Halbgruppe	×		(×)		Entsprechende Eigenschaften, wenn Verknüpfung additiv geschrieben wird.							
	Kommutative Halbgruppe	×	×	(×)									
	Gruppe	×		×	×								
	Kommutative Gruppe	×	×	×	×								auch: abelsche Gruppe; wenn additiv geschrieben: Modul
Zwei Operationen erklärt	Ring	×		(×)		×	×	×	×	×			auch: Schiefring
	Kommutativer Ring	×	×	(×)		×	×	×	×	×			wenn ohne Nullteiler: Integritätsbereich
	Schiefkörper	×		×	×	×	×	×	×	×			
	Körper (englisch: field)	×	×	×	×	×	×	×	×	×			wenn endlich: Galoisfeld
	Verband	×	×	(×)		×	×	(×)		(×)	×		
	Boolescher Verband oder Boolesche Algebra	×	×	×		×	×	×		×	×	×	Die Operationszeichen · und + sind zu ersetzen durch ⊓ und ⊔. 0 bedeutet das im Text mit n bezeichnete neutrale Element bez. ⊔.

3.6 Vektorräume

Ein Vektorraum ist eine Struktur, die von den bisher betrachteten Gebilden in einem wesentlichen Punkt abweicht: *es taucht hier zum erstenmal die Verknüpfung von Elementen aus verschiedenen Mengen auf.* Zur Motivation betrachten wir zunächst die Menge $C[a, b]$ der stetigen Funktionen $x : [a, b] \to \mathbf{R}$ (die unabhängige Variable bezeichnen wir mit t).

Für $x, y \in C[a, b]$ erklären wir wie üblich die Summe $x + y$ „punktweise":

$$(x + y)(t) := x(t) + y(t) \quad \text{für alle} \quad t \in [a, b] \,. \tag{3.6.1}$$

Mit dieser Addition ist $C[a, b]$ eine abelsche Gruppe, also ein Modul. x läßt sich aber auch mit jeder reellen Zahl α multiplizieren, wobei αx wieder „punktweise" erklärt wird:

$$(\alpha x)(t) := \alpha \cdot x(t) \quad \text{für alle} \quad t \in [a, b] \,. \tag{3.6.2}$$

αx liegt in $C[a, b]$, und diese Produktbildung genügt offenbar den folgenden Regeln:

$$\text{(S)} \quad \begin{aligned} (\alpha\beta)x &= \alpha(\beta x) && \text{(Assoziativität)} \\ \left.\begin{aligned} \alpha(x + y) &= \alpha x + \alpha y \\ (\alpha + \beta)x &= \alpha x + \beta x \end{aligned}\right\} && && \text{(Distributivität)} \\ 1 \cdot x &= x \end{aligned}$$

Genau dieselbe Situation treffen wir an, wenn wir die Menge $\mathbf{R}^n$ betrachten und in ihr Summen und (reelle) Vielfache „komponentenweise" definieren:

$$\begin{aligned} (x_1, \dots, x_n) + (y_1, \dots, y_n) &:= (x_1 + y_1, \dots, x_n + y_n) \,, \\ \alpha(x_1, \dots, x_n) &:= (\alpha x_1, \dots, \alpha x_n) \,. \end{aligned} \tag{3.6.3}$$

Nimmt man die Menge der komplexwertigen stetigen Funktionen auf $[a, b]$ oder die Menge $\mathbf{C}^n$ der komplexen n-Tupel und benutzt man als „skalare Multiplikatoren" die reellen oder die komplexen Zahlen, so findet man wieder die oben beschriebenen Verhältnisse ohne die geringste formale Abweichung vor.

Neu gegenüber allen bisher betrachteten Situationen ist hier, daß wir aus den Elementen α eines Körpers K (in den obigen Fällen $\mathbf{R}$ oder $\mathbf{C}$) und den Elementen x einer additiven abelschen Gruppe V ein neues Element αx von V erzeugen. *Im Unterschied zu den bisher allein betrachteten „inneren Verknüpfungen" zweier Elemente von V haben wir hier eine „äußere Verknüpfung" der Elemente von V mit Elementen außerhalb von V.*

Wir gewinnen nun aus diesen Beobachtungen den außerordentlich wichtigen Begriff des Vektorraumes oder linearen Raumes:

Eine nichtleere Menge V heißt ein Vektorraum über dem Körper K oder kurz ein K-Vektorraum, wenn V eine additive abelsche Gruppe (also ein Modul) ist und eine äußere Verknüpfung

$$\text{S} : \begin{cases} K \times V \to V \\ (\alpha, x) \mapsto \alpha x \end{cases}$$

vorliegt, die den obigen Bedingungen (S) genügt; dabei bedeute 1 das Einselement des Körpers.

Gewöhnlich sprechen wir ohne Angabe des Körpers K einfach von dem Vektorraum V. Die Elemente von K nennt man auch Skalare, K selbst ein Skalarfeld und die äußere Verknüpfung S dementsprechend skalare Multiplikation. Skalare bezeichnen wir in der Regel mit kleinen griechischen Buchstaben. Addition und skalare Multiplikation in V heißen auch die linearen Operationen von V. Die Elemente von V nennen wir Vektoren oder Punkte. Will man besonders betonen, daß $K = \mathbf{R}$ oder $= \mathbf{C}$ ist, so spricht man von einem reellen bzw. einem komplexen Vektorraum.

In jedem Vektorraum ist $0 \cdot x = 0$, $\alpha \cdot 0 = 0$ und $(-1) \cdot x = -x$ (beachte, daß in den beiden ersten Gleichungen das Zeichen 0 sowohl für das Nullelement des Körpers als auch für das des Vektorraumes verwendet wird; Verwechslungen sind jedoch nicht zu befürchten).

Ein Unterraum oder Teilraum von V ist eine nichtleere Teilmenge von V, die mit den in V erklärten linearen Operationen bereits ein Vektorraum ist. Der Durchschnitt beliebig vieler Unterräume ist selbst ein Unterraum. Der kleinste Unterraum ist $\{0\}$; er ist in jedem Unterraum enthalten. *Eine nichtleere Teilmenge U von V ist genau dann ein Unterraum von V, wenn sie gegenüber den linearen Operationen abgeschlossen ist, d.h., wenn für $x, y \in U$, $\alpha \in K$ stets auch $x + y$ und αx in U liegen.*

In den folgenden Beispielen ist K ein beliebiges Skalarfeld.

Beispiel 1 Jedes K ist ein Vektorraum über K.

Beispiel 2 K^n wird mit der komponentenweisen Definition (3.6.3) der linearen Operationen ein K-Vektorraum. Insbesondere ist $\mathbf{R}^n$ *ein* $\mathbf{R}$-Vektorraum (ein reeller Vektorraum) und $\mathbf{C}^n$ ein $\mathbf{C}$-Vektorraum (ein komplexer Vektorraum). $\mathbf{C}^n$ kann aber auch zu einem reellen Vektorraum gemacht werden, wenn man als Skalarfeld nur $\mathbf{R}$ statt $\mathbf{C}$ benutzt. Diese Bemerkung trifft auf jeden komplexen Vektorraum zu. Dagegen kann man $\mathbf{R}^n$ nicht zu einem komplexen Vektorraum machen, weil die (an sich mögliche) Multiplikation eines $\boldsymbol{x} \in \mathbf{R}^n$ mit einer imaginären Zahl aus $\mathbf{R}^n$ hinausführt.

Für $K = GF(p)$ (p eine Primzahl) ist K^n der Vektorraum der n-Tupel, dessen Elemente aus dem endlichen Körper (Galoisfeld) $GF(p)$ stammen. *Im Falle $p = 2$ sind dies die n-stelligen Binärwörter, die demnach nicht nur eine additive Gruppe* (Beispiel 4 in Nr. 3.2), *sondern sogar einen Vektorraum über $GF(2)$ bilden.*

Beispiel 3 Die Menge (s) aller Folgen $\boldsymbol{x} := (x_1, x_2, \ldots)$ aus K ist mit den komponentenweisen Definitionen der linearen Operationen

$$\begin{aligned}(x_1, x_2, \ldots) + (y_1, y_2, \ldots) &:= (x_1 + y_1, x_2 + y_2, \ldots),\\ \alpha(x_1, x_2, \ldots) &:= (\alpha x_1, \alpha x_2, \ldots)\end{aligned} \tag{3.6.4}$$

ein Vektorraum über K.

Beispiel 4 l^p ($1 \leqslant p \leqslant \infty$; s. Beispiele 4 und 5 in Nr. 2.1) ist mit den Verknüpfungsdefinitionen (3.6.4) ein reeller Vektorraum. Läßt man auch komplexe Folgen in l^p zu und benutzt **C** als Skalarfeld, so wird l^p ein komplexer Vektorraum.

Beispiel 5 $B(T)$ (s. Beispiel 6 in Nr. 2.1) wird mit den punktweisen Definitionen (3.6.1) und (3.6.2) der linearen Operationen ein reeller Vektorraum. Läßt man auch komplexwertige Funktionen in $B(T)$ zu und benutzt **C** als Skalarfeld, so wird $B(T)$ ein komplexer Vektorraum.

Beispiel 6 $C[a, b]$ (s. Anfang dieser Nummer) ist ein reeller oder komplexer Vektorraum, je nachdem, ob man nur reellwertige Funktionen mit **R** als Skalarfeld zuläßt oder ob man auch komplexwertige Funktionen mit **C** als Skalarfeld betrachtet. ∎

Bei den Symbolen (s), l^p, $B(T)$ und $C[a, b]$ haben wir äußerlich nicht zwischen dem reellen und komplexen Fall unterschieden, weil eine solche Unterscheidung meistens überflüssig ist. Wenn nicht ausdrücklich etwas anderes gesagt wird, darf also etwa l^p sowohl reell als auch komplex sein.

Beispiel 7 Die Menge $\mathfrak{M}(n, m)$ aller (n, m)-Matrizen (Matrizen mit n Zeilen und m Spalten), deren Elemente aus K stammen, ist unter der üblichen „elementweisen" Definition der Addition und Skalarmultiplikation ein Vektorraum über K. ∎

Im folgenden sei V durchweg ein Vektorraum über dem Körper K.

Einen Ausdruck der Form

$$\alpha_1 x_1 + \alpha_2 x_2 + \cdots + \alpha_n x_n \qquad (\alpha_k \in K, x_k \in V)$$

nennt man eine L i n e a r k o m b i n a t i o n der Vektoren $x_1, \ldots, x_n$. Für jedes nichtleere $M \subseteq V$ ist die Menge

$$[M] := \{\alpha_1 x_1 + \cdots + \alpha_n x_n \mid \alpha_k \in K, x_k \in M\} \tag{3.6.5}$$

aller Linearkombinationen von Elementen aus M ein Unterraum von V.[1] Er heißt der von M a u f g e s p a n n t e U n t e r r a u m oder die l i n e a r e H ü l l e von M. $[M]$ kann auch charakterisiert werden als der Durchschnitt aller Unterräume $\supseteq M$, ist also der kleinste, M enthaltende Unterraum. Ist $M = \{x_1, x_2, \ldots, x_n\}$ oder $= \{x_1, x_2, \ldots\}$, so schreiben wir statt $[M]$ auch $[x_1, x_2, \ldots, x_n]$ bzw. $[x_1, x_2, \ldots]$.

Beispiel 8 Sei $V = \mathbf{R}^n$, $\boldsymbol{x}_1 := (1, 0, 0, \ldots, 0)$, $\boldsymbol{x}_2 := (0, 1, 0, \ldots, 0)$. Dann ist $[\boldsymbol{x}_1, \boldsymbol{x}_2] = \{(x_1, x_2, 0, 0, \ldots, 0) \mid x_1, x_2 \in \mathbf{R}\}$ = Unterraum der n-Tupel, bei denen alle Komponenten ab der dritten verschwinden.

Beispiel 9 Sei $V = C[a, b]$ und x_k die auf $[a, b]$ eingeschränkte Polynomfunktion $t \mapsto t^k$. Dann ist $[x_0, x_1, \ldots]$ der Unterraum aller Polynomfunktionen $t \mapsto \alpha_0 + \alpha_1 t + \cdots + \alpha_n t^n$ $(n = 0, 1, 2, \ldots)$ auf $[a, b]$. ∎

[1] Die Vektoren $x_1, \ldots, x_n$ in (3.6.5) sind nicht etwa fest gewählte Elemente von M. Sie dürfen alle Vektoren aus M durchlaufen, und auch die „Länge" n der Linearkombination darf beliebig sein (definitionsgemäß ist sie allerdings immer endlich).

Endlich viele Vektoren $x_1, \dots, x_n$ aus dem K-Vektorraum V heißen **linear unabhängig**, wenn gilt:

$$\alpha_1 x_1 + \cdots + \alpha_n x_n = 0 \quad \Rightarrow \quad \alpha_1 = \cdots = \alpha_n = 0 ,$$

andernfalls werden sie **linear abhängig** genannt.[1] Ein einzelner Vektor x_1 ist genau dann linear unabhängig, wenn er $\neq 0$ ist. *Tritt unter den Vektoren $x_1, \dots, x_n$ der Nullvektor auf oder stimmen auch nur zwei von ihnen überein, so sind sie linear abhängig.*

Die Vektoren $x_1, \dots, x_n$ sind genau dann linear unabhängig, wenn gilt:

$$\alpha_1 x_1 + \cdots + \alpha_n x_n = \beta_1 x_1 + \cdots + \beta_n x_n \quad \Rightarrow \quad \alpha_1 = \beta_1, \dots, \alpha_n = \beta_n .$$

Sind sie also linear unabhängig und ist x eine Linearkombination von ihnen, d. h., ist $x = \alpha_1 x_1 + \cdots + \alpha_n x_n$, *so sind die Koeffizienten α_k eindeutig durch x bestimmt.* Anders ausgedrückt: *Jedes $x \in [x_1, \dots, x_n]$ läßt sich (im Falle der linearen Unabhängigkeit) auf eine und nur eine Weise als Linearkombination der $x_1, \dots, x_n$ darstellen.*

Sind uns *unendlich* viele Vektoren gegeben, so werden sie **linear unabhängig** genannt, wenn je endlich viele von ihnen im oben definierten Sinne linear unabhängig sind; andernfalls heißen sie **linear abhängig**.

Beispiel 10 Die sogenannten **Einheitsvektoren**

$$\boldsymbol{e}_1 := (1, 0, 0, \dots, 0), \boldsymbol{e}_2 := (0, 1, 0, \dots, 0), \dots, \boldsymbol{e}_n := (0, 0, \dots, 0, 1) \qquad (3.6.6)$$

des $\mathbf{R}^n$ sind linear unabhängig. Jedes $\boldsymbol{x} := (x_1, x_2, \dots, x_n) \in \mathbf{R}^n$ läßt sich eindeutig in der Form $\boldsymbol{x} = x_1 \boldsymbol{e}_1 + x_2 \boldsymbol{e}_2 + \cdots + x_n \boldsymbol{e}_n$ darstellen.

Beispiel 11 Die n Vektoren $\boldsymbol{x}_1 := (x_{11}, x_{12}, \dots, x_{1n})$, $\boldsymbol{x}_2 := (x_{21}, x_{22}, \dots, x_{2n}), \dots$, $\boldsymbol{x}_n := (x_{n1}, x_{n2}, \dots, x_{nn})$ des $\mathbf{R}^n$ sind genau dann linear unabhängig, wenn die aus ihnen gebildete Determinante

$$\begin{vmatrix} x_{11} & x_{12} & \dots & x_{1n} \\ x_{21} & x_{22} & \dots & x_{2n} \\ \vdots & & & \\ x_{n1} & x_{n2} & \dots & x_{nn} \end{vmatrix}$$

von Null verschieden ist. In diesem Falle kann man jedes $\boldsymbol{x} := (x_1, x_2, \dots, x_n) \in \mathbf{R}^n$ eindeutig als eine Linearkombination der $\boldsymbol{x}_1, \boldsymbol{x}_2, \dots, \boldsymbol{x}_n$ schreiben:

$$\boldsymbol{x} = \xi_1 \boldsymbol{x}_1 + \xi_2 \boldsymbol{x}_2 + \cdots + \xi_n \boldsymbol{x}_n . \qquad (3.6.7)$$

Die Koeffizienten ξ_k ergeben sich aus dem linearen Gleichungssystem

$$\begin{aligned} x_{11}\xi_1 + x_{21}\xi_2 + \cdots + x_{n1}\xi_n &= x_1 \\ x_{12}\xi_1 + x_{22}\xi_2 + \cdots + x_{n2}\xi_n &= x_2 \\ &\vdots \\ x_{1n}\xi_1 + x_{2n}\xi_2 + \cdots + x_{nn}\xi_n &= x_n . \end{aligned}$$

[1] Die Vektoren $x_1, \dots, x_n$ sind also linear abhängig, wenn es Körperelemente $\alpha_1, \dots, \alpha_n$ gibt, die nicht alle verschwinden und mit denen doch $\alpha_1 x_1 + \cdots + \alpha_n x_n = 0$ ist.

(Vgl. hierzu auch Beispiel 11 in Nr. 4.5.)
Z. B. sind die Vektoren

$$\boldsymbol{x}_1 := (1, 0, 0, \ldots, 0), \quad \boldsymbol{x}_2 := (1, 1, 0, \ldots, 0), \ldots, \quad \boldsymbol{x}_n := (1, 1, 1, \ldots, 1)$$

linear unabhängig (ihre Determinante ist 1), und die Koeffizienten ξ_k in (3.6.7) können rekursiv aus dem Gleichungssystem

$$\begin{aligned} \xi_1 + \xi_2 + \cdots + \xi_n &= x_1 \\ \xi_2 + \cdots + \xi_n &= x_2 \\ &\vdots \\ \xi_n &= x_n \end{aligned}$$

berechnet werden (ξ_n ist durch die letzte Gleichung bereits festgelegt: $\xi_n = x_n$. Nun kann man ξ_{n-1} aus der vorletzten Gleichung berechnen, dann ξ_{n-2} aus der drittletzten usw.).

Beispiel 12 Wir benutzen die Bezeichnungen des Beispiels 9. Die unendliche Menge $M := \{x_0, x_1, \ldots\}$ ist linear unabhängig. Greifen wir nämlich aus ihr eine beliebige endliche Teilmenge $\{x_{k_1}, \ldots, x_{k_n}\}$ heraus und nehmen wir an, es sei $\alpha_1 x_{k_1} + \cdots + \alpha_n x_{k_n} = 0$, also

$$\alpha_1 t^{k_1} + \cdots + \alpha_n t^{k_n} = 0 \quad \text{für alle} \quad t \in [a, b] ,$$

so ist nach dem Identitätssatz für Polynomfunktionen $\alpha_1 = \cdots = \alpha_n = 0$. $[M]$ ist die Menge aller Polynomfunktionen auf $[a, b]$, stimmt also nicht mit $C[a, b]$ überein. ∎

Eine Teilmenge B des Vektorraumes V heißt eine (Hamelsche oder algebraische) Basis von V, wenn sie linear unabhängig und $[B] = V$ ist. In diesem Falle kann also jedes $x \in V$ eindeutig als Linearkombination von (endlich vielen) Elementen aus B dargestellt werden.

Beispiel 11 zeigt, *daß je n linear unabhängige Vektoren aus* $\mathbf{R}^n$ *auch immer eine Basis von* $\mathbf{R}^n$ *bilden.* Beispiel 12 lehrt, daß die dort auftretende Menge M zwar linear unabhängig, aber keine Basis von $C[a, b]$ ist.

Mit Hilfe des Zornschen Lemmas (s. Ende der Nr. 1.5) kann man zeigen, *daß jede linear unabhängige Teilmenge des Vektorraumes V durch Hinzunahme geeigneter Elemente zu einer Basis von V erweitert werden kann und daß daher jeder nichttriviale (also nicht nur aus* 0 *bestehende) Vektorraum eine Basis besitzt.*

V kann durchaus mehrere Basen besitzen (in den Beispielen 10 und 11 sind z. B. für $\mathbf{R}^n$ zwei Basen explizit angegeben). *Ist* $\{x_1, \ldots, x_n\}$ *eine Basis von V, so hat aber jede andere Basis ebenfalls genau n Elemente.* Man nennt diese eindeutig bestimmte „Basislänge“ n die Dimension von V und schreibt

$$\dim V = n .$$

V wird dann auch ein endlichdimensionaler Vektorraum genannt. Dem trivialen Vektorraum $\{0\}$, der keine Basis hat, gibt man die Dimension 0. *Besitzt V eine unendliche Basis, so ist auch jede andere Basis unendlich.* In diesem Falle heißt V ein unendlichdimensionaler Vektorraum, und wir schreiben

$$\dim V = \infty \ .$$

Die Dimension von V kann auch charakterisiert werden als die (eventuell unendliche) Maximalzahl linear unabhängiger Vektoren in V. Ist also $\dim V = n < \infty$ und sind die n Vektoren $x_1, \ldots, x_n$ linear unabhängig, so bilden sie bereits eine Basis von V.

Beispiel 13 Für jeden Körper K, insbesondere also für $K = \mathbf{R}$ und $K = GF(p)$, ist $\dim K^n = n$. Die n Einheitsvektoren $e_1, \ldots, e_n$ nach (3.6.6), wobei 1 das Einselement von K bedeutet, bilden eine Basis, die man die kanonische oder natürliche Basis von K^n nennt.

Ganz speziell bilden also die n-stelligen Binärwörter einen n-dimensionalen Vektorraum über $GF(2)$ (s. Beispiel 2). Er enthält 2^n Elemente, die man als Eckpunkte eines n-dimensionalen Kubus auffassen kann (für $n = 3$ ist dies in Fig. 3.6.1 veranschaulicht). In diesem Raum lassen sich k-dimensionale Teilräume ($k \leqslant n$) bilden, deren 2^k Elemente entsprechend die Eckpunkte eines k-dimensionalen Kubus sind. Im Würfel ($n = 3$) nach Fig. 3.6.1 sind die in den Koordinatenebenen liegenden Seitenflächen ($k = 2$) solche Teilräume, also zweidimensionale Kuben. Die auf den Koordinatenachsen liegenden Kanten ($k = 1$) sind eindimensionale Teilräume (Kuben). Diese Betrachtungsweise n-stelliger Binärwörter spielt in der Schaltalgebra und in der Codierungstheorie eine wichtige Rolle.

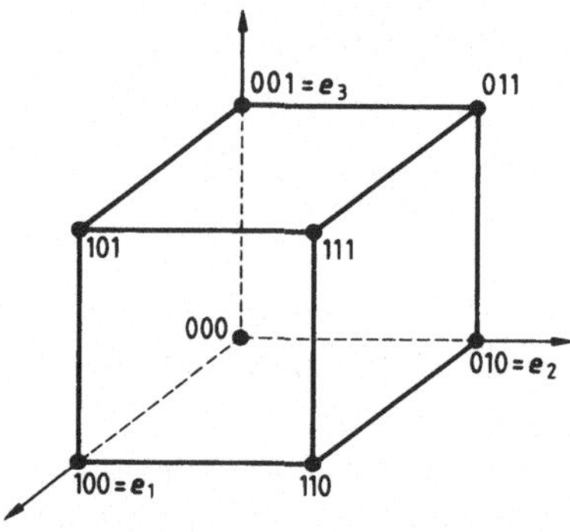

Fig. 3.6.1

Im Beispiel 2 der Nr. 3.4 wurde gezeigt, daß sich n-stellige Binärwörter als Polynome vom Grad $\leqslant n - 1$ über $GF(2)$ darstellen lassen. Diese Polynome bilden ebenfalls einen n-dimensionalen Vektorraum, für den z. B. die Basis $\{x^k \mid k = 0, 1, \ldots, n - 1\}$ zweckmäßig ist. Linearkombinationen entstehen dann durch Multiplikation dieser Basisvektoren mit 0 oder 1 und deren Addition.

Beispiel 14 Es ist $\dim \mathfrak{M}(n, m) = n \cdot m$. Eine Basis dieses Raumes wird von all den Matrizen gebildet, die an einer Stelle das Einselement und an allen anderen Stellen das Nullelement von K haben. Sie heißt die kanonische oder natürliche Basis von $\mathfrak{M}(n, m)$. Z. B. ist

$$\begin{pmatrix}1 & 0\\ 0 & 0\end{pmatrix}, \quad \begin{pmatrix}0 & 1\\ 0 & 0\end{pmatrix}, \quad \begin{pmatrix}0 & 0\\ 1 & 0\end{pmatrix}, \quad \begin{pmatrix}0 & 0\\ 0 & 1\end{pmatrix}$$

die kanonische Basis von $\mathfrak{M}(2, 2)$.

Beispiel 15 Die Menge P_n der reellen Polynomfunktionen vom Grade $\leqslant n$

$$t \mapsto \alpha_0 + \alpha_1 t + \alpha_2 t^2 + \cdots + \alpha_m t^m \qquad (t \text{ und alle } \alpha_k \text{ reell, } m \leqslant n)$$

ist ein $\mathbf{R}$-Vektorraum der Dimension $n + 1$. Die $n + 1$ Funktionen

$$t \mapsto t^k \quad (t \in \mathbf{R},\ k = 0, 1, \ldots, n)$$

bilden eine Basis von P_n.

Beispiel 16 Es ist $\dim C[a, b] = \infty$ (s. Beispiel 9 und 12).

Beispiel 17 Für jede unendliche Menge T ist $\dim B(T) = \infty$. Greift man nämlich aus T eine Teilmenge $\{t_1, t_2, \ldots\}$ heraus und definiert $x_k \in B(T)$ durch

$$x_k(t) := \begin{cases} 1\,, & \text{falls } t = t_k\,,\\ 0\,, & \text{falls } t \neq t_k\,,\end{cases}$$

so sind die Funktionen $x_1, x_2, \ldots$ linear unabhängig.

Beispiel 18 Die Vektorräume (s) und l^p $(1 \leqslant p \leqslant \infty)$ (s. Beispiele 3 u. 4) sind unendlichdimensional. Denn sie enthalten die unendlich vielen linear unabhängigen Elemente

$$(1,0,0,0,\ldots)\,, \qquad (0,1,0,0,\ldots)\,, \qquad (0,0,1,0,\ldots)\,, \ldots\,. \tag{3.6.8}$$

In den Beispielen 16 bis 18 haben wir keine Basen angegeben. Einmal, weil sie schwer zu finden sind, hauptsächlich aber, weil ihnen kein besonderes Interesse zukommt. Man beachte, daß die Elemente in (3.6.8) keine Basis von (s) bzw. l^p bilden, weil ihre lineare Hülle nur aus all den Folgen besteht, bei denen höchstens endlich viele Glieder $\neq 0$ sind. ■

Sei $B_u := \{u_1, u_2, \ldots, u_n\}$ eine Basis des endlichdimensionalen Vektorraumes V. Dann kann man jedes $x \in V$ in der Form

$$x = \xi_1 u_1 + \xi_2 u_2 + \cdots + \xi_n u_n$$

darstellen. Die Summanden $\xi_i u_i$ bzw. die Koeffizienten ξ_i nennt man die Komponenten bzw. die Koordinaten des Vektors x bezüglich der Basis B_u. Das n-Tupel $(\xi_1, \xi_2, \ldots, \xi_n)$ heißt die Repräsentation von x bezüglich B_u. Man beachte, *daß sie von der gewählten Basis B_u abhängt.* Ist $B_v := \{v_1, v_2, \ldots, v_n\}$ eine zweite Basis von V und $(\eta_1, \eta_2, \ldots, \eta_n)$ die Repräsentation desselben Vektors x bezüglich B_v, also

$$x = \eta_1 v_1 + \eta_2 v_2 + \cdots + \eta_n v_n\,,$$

so besteht zwischen den η_k und ξ_k eine sehr einfache Beziehung. Es gibt nämlich eine nichtsinguläre (n, n)-Matrix

$$A := \begin{pmatrix} a_{11} & a_{12} & \dots & a_{1n} \\ \vdots & & & \\ a_{n1} & a_{n2} & \dots & a_{nn} \end{pmatrix},$$

mit der

$$\begin{pmatrix} \eta_1 \\ \vdots \\ \eta_n \end{pmatrix} = \begin{pmatrix} a_{11} & a_{12} & \dots & a_{1n} \\ \vdots & & & \\ a_{n1} & a_{n2} & \dots & a_{nn} \end{pmatrix} \begin{pmatrix} \xi_1 \\ \vdots \\ \xi_n \end{pmatrix} \quad \text{für alle} \quad x \in V \tag{3.6.9}$$

ist.[1] Die Repräsentation des Basisvektors u_k bezüglich B_u ist offenbar

$$(0, \dots, 0, 1, 0, \dots, 0) \qquad (1 \text{ an der } k\text{-ten Stelle}) ;$$

wegen (3.6.9) wird also seine Repräsentation bezüglich B_v gerade durch die k-te Spalte von A gegeben, kurz: *In der k-ten Spalte der „Transformationsmatrix" A steht die Repräsentation von u_k bezüglich B_v.* Vgl. auch Beispiel 12 in Nr. 4.5.

Beispiel 19 Technische Systeme beschreibt man oft mit Hilfe von sogenannten Zustandsvariablen. Das können (müssen aber nicht) z. B. die den einzelnen Energiespeichern des Systems zuzuordnenden Größen sein, also etwa Ort und Geschwindigkeit der Massen in mechanischen oder Kondensatorspannungen und Spulenströme in elektrischen Systemen. Die Menge der Zustandsvariablen bildet einen Zustandsvektor $\boldsymbol{q} := (q_1, q_2, \dots, q_k)$, der den Zustand eines Systems zu jedem Zeitpunkt vollständig charakterisiert. Ist k die hierzu mindestens erforderliche Anzahl von Zustandsvariablen, so nennt man k die Ordnung des Systems und faßt den Zustandsvektor als Punkt in einem k-dimensionalen Vektorraum, dem sogenannten Zustandsraum auf. *Der Zustandsvektor ist durch die Wahl der Zustandsvariablen gegeben, so daß auch die Repräsentation eines Zustandes von dieser Wahl abhängt.* Diese Wahl wird ggf. so getroffen, daß sich besonders günstige Darstellungen der Systemeigenschaften ergeben. Verfolgt man den „Weg" des Zustandsvektors im Zustandsraum als Funktion der Zeit, die sogenannte Trajektorie, so ergeben sich wichtige Einblicke in das dynamische Verhalten des Systems. ■

Wir hatten schon erwähnt, daß der Durchschnitt beliebig vieler Unterräume von V stets wieder ein Unterraum ist. *Eine Vereinigung von Unterräumen braucht jedoch kein Unterraum zu sein.* Als Summe gegebener Unterräume bezeichnet man dagegen den *von ihrer Vereinigung aufgespannten* Unterraum. Der Einfachheit wegen betrachten wir im folgenden nur die Summe der endlich vielen Unterräume $U_1, \dots, U_n$. Wir bezeichnen sie mit

$$U_1 + \dots + U_n \quad \text{oder mit} \quad \sum_{k=1}^{n} U_k .$$

[1] Im Zusammenhang mit Matrizen schreiben wir die Repräsentation eines Vektors immer in der Spalten- statt in der Zeilenform, um dem Multiplikationsschema „Zeile mal Spalte" bei Matrizenprodukten Rechnung zu tragen. Mit anderen Worten: Wir fassen die Repräsentation eines Vektors als eine einspaltige Matrix auf.

Es ist

$$U_1 + \cdots + U_n = \{x_1 + \cdots + x_n \,|\, x_k \in U_k \text{ für } k = 1, \ldots, n\} .$$

Ist die Summendarstellung $x_1 + \cdots + x_n (x_k \in U_k)$ eines jeden $x \in U_1 + \cdots + U_n$ eindeutig, gilt also

$$x_1 + \cdots + x_n = y_1 + \cdots + y_n \text{ mit } x_k, y_k \in U_k \text{ für } k = 1, \ldots, n \quad \Rightarrow$$
$$x_1 = y_1, \ldots, x_n = y_n ,$$

so wird $U_1 + \cdots + U_n$ die direkte Summe der $U_1, \ldots, U_n$ genannt und mit

$$U_1 \oplus \cdots \oplus U_n \quad \text{oder mit} \quad \bigoplus_{k=1}^{n} U_k$$

bezeichnet. Es gilt:

$$\sum_{k=1}^{n} U_k \textit{ ist direkt} \quad \Leftrightarrow \quad U_i \cap \sum_{k \neq i} U_k = \{0\} \textit{ für } i = 1, 2, \ldots, n .$$[1)]

Insbesondere haben wir:

$$U_1 + U_2 \textit{ ist direkt} \quad \Leftrightarrow \quad U_1 \cap U_2 = \{0\} .$$

Ist $U_1 \oplus U_2 = V$, so nennt man U_2 einen Komplementärraum zu U_1 (und umgekehrt U_1 einen Komplementärraum zu U_2). Es läßt sich zeigen, *daß es zu jedem Unterraum stets (mindestens) einen Komplementärraum gibt.*

Für die Dimension einer direkten Summe haben wir die einfache Formel

$$\dim(U_1 \oplus \cdots \oplus U_n) = \dim U_1 + \cdots + \dim U_n .$$

Beispiel 20 Es ist $\mathbf{R}^n = \bigoplus_{k=1}^{n} [e_k]$, e_k = k-ter Einheitsvektor.

Beispiel 21 In $\mathbf{R}^3$ sei

$$U_1 := [(0, 1, 1)] , \qquad U_2 := [(1, 0, 1), (1, 1, 1)] .$$

Dann ist $\mathbf{R}^3 = U_1 \oplus U_2$. Dies ergibt sich aus der Tatsache, daß die drei angegebenen Vektoren linear unabhängig sind, also eine Basis von $\mathbf{R}^3$ bilden.

Beispiel 22 Für den n-dimensionalen Vektorraum der n-stelligen Binärwörter kann man sich die bei der Bildung von Unter- und Summenräumen gegebenen Verhältnisse sehr leicht aus Beispiel 13 und speziell für $n = 3$ aus Fig. 3.6.1 klarmachen. ■

[1)] Gilt diese Schnittbedingung, so ist erst recht $U_i \cap U_k = \{0\}$ für $i \neq k$. Umgekehrt braucht daraus jedoch nicht die Schnittbedingung zu folgen. Ein Beispiel hierfür bilden die Unterräume $U_1 := [(1, 0, 0), (0, 1, 0)]$, $U_2 := [(0, 1, 1)]$, $U_3 := [(0, 1, -1)]$ von $\mathbf{R}^3$. Hier ist $U_i \cap U_k = \{\mathbf{0}\}$ für $i \neq k$, aber $U_1 \cap (U_2 + U_3) \supset \{\mathbf{0}\}$.

3.7 Algebren

Einen Vektorraum A über K nennt man eine Algebra über K, wenn für je zwei Elemente x, y aus A eindeutig ein Produkt $xy \in A$ definiert ist, das den folgenden Rechenregeln genügt:

$$\left.\begin{aligned} x(yz) &= (xy)z\,, \\ \alpha(xy) &= (\alpha x)y = x(\alpha y) \end{aligned}\right\} \quad \text{(Assoziativgesetze)},$$

$$\left.\begin{aligned} x(y+z) &= xy + xz\,, \\ (x+y)z &= xz + yz \end{aligned}\right\} \quad \text{(Distributivgesetze)}.$$

Im Falle $K = \mathbf{R}$ wird A eine reelle, im Falle $K = \mathbf{C}$ eine komplexe Algebra genannt. A heißt kommutativ, wenn durchweg $xy = yx$ ist.

Eine Algebra im oben definierten Sinne *darf nicht mit einer Booleschen Algebra* (s. Nr. 3.5) *verwechselt werden.*

Bezüglich des Produktes xy ist eine Algebra A eine Halbgruppe. Die in Nr. 3.1 gemachten Bemerkungen über Einselemente und inverse Elemente sind also auch auf die „multiplikative Halbgruppe von A" anwendbar. Bezüglich der Summe $x + y$ und des Produktes xy ist die Algebra A ein Ring.

Eine nichtleere Teilmenge U von A heißt Unteralgebra von A, wenn sie mit den drei in A erklärten Operationen bereits eine Algebra ist. *U ist genau dann eine Unteralgebra, wenn mit x, y auch stets $x + y$, αx und xy zu U gehören.*

Beispiel 1 Der reelle Vektorraum $B(T)$ der beschränkten Funktionen $x : T \to \mathbf{R}$ (s. Beispiel 5 in Nr. 3.6) wird eine (reelle) Algebra, wenn man das Produkt xy „punktweise" erklärt:

$$(xy)(t) := x(t)y(t) \quad \text{für alle} \quad t \in T\,. \tag{3.7.1}$$

Läßt man auch komplexwertige Funktionen in $B(T)$ zu und nimmt $\mathbf{C}$ als Skalarfeld, so ist $B(T)$ mit der obigen Produktdefinition eine komplexe Algebra. In beiden Fällen ist $B(T)$ kommutativ.

Beispiel 2 Der reelle Vektorraum $C[a, b]$ der stetigen Funktionen $x : [a, b] \to \mathbf{R}$ (s. Beispiel 6 in Nr. 3.6) wird mit der Produktdefinition (3.7.1) (wobei $T = [a, b]$ sein soll) eine reelle, kommutative Algebra. $C[a, b]$ ist eine Unteralgebra von $B[a, b]$. Bei Zulassung komplexwertiger Funktionen und komplexer Skalare wird $C[a, b]$ eine komplexe kommutative Algebra.

Beispiel 3 Der Vektorraum $\mathfrak{M}(n, n)$ (s. Beispiel 7 in Nr. 3.6) ist mit dem üblichen Matrizenprodukt eine nichtkommutative Algebra.

Beispiel 4 Der reelle Vektorraum l^1 (s. Beispiel 4 in Nr. 3.6) wird eine reelle, kommutative Algebra, wenn man das Produkt zweier Elemente

$$x := (x_1, x_2, x_3, \dots), \qquad y := (y_1, y_2, y_3, \dots)$$

durch ihre „Faltung"

$$x * y := (x_1y_1, x_1y_2 + x_2y_1, x_1y_3 + x_2y_2 + x_3y_1, \ldots)$$

erklärt. Wie man l^1 als komplexe Algebra zu interpretieren hat, dürfte nach den vorangegangenen Beispielen klar sein.

Beispiel 5 Der Polynomring $K[x]$ über einem Körper K (s. Beispiel 11 in Nr. 3.3) ist sogar eine (kommutative) Algebra über K, wenn man die skalare Multiplikation durch

$$\alpha\left(\sum_{k=0}^{n} \beta_k x^k\right) := \sum_{k=0}^{n} \alpha\beta_k x^k$$

definiert. ∎

Die Algebren in den Beispielen 1 bis 5 haben alle Einselemente.

3.8 Homomorphismen

G und H seien Gruppoide. Eine Abbildung $\sigma : G \rightarrow H$ heißt **Homomorphismus**, wenn sie mit den Verknüpfungen in G und H „verträglich" ist, d.h., wenn gilt:

$$\sigma(a \cdot b) = \sigma(a) \cdot \sigma(b) \quad \textit{für alle} \quad a, b \in G\,.^{1)} \tag{3.8.1}$$

Bei einem Homomorphismus ist es also gleichgültig, ob man zuerst die Verknüpfung und dann die Abbildung oder zuerst die Abbildung und dann die Verknüpfung vornimmt, kurz: *das Bild des Produktes ist gleich dem Produkt der Bilder.*

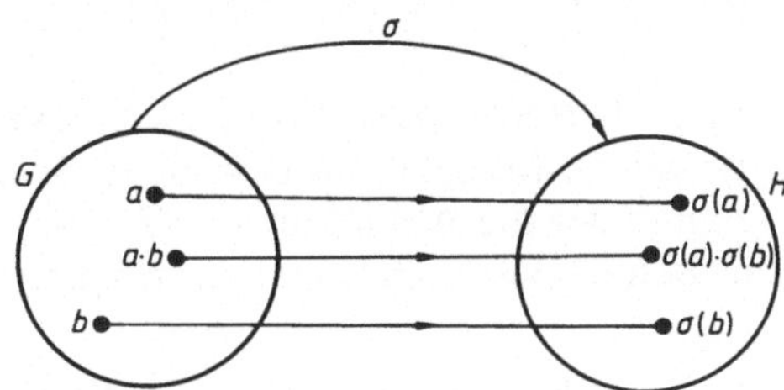

Fig. 3.8.1

Der Homomorphismus σ überträgt *die wesentlichen Struktureigenschaften* von G auf das „homomorphe Bild" $\sigma(G)$. Ist z.B. G eine Halbgruppe, so ist auch $\sigma(G)$ eine solche. Besitzt G überdies das Einselement e, so ist $\sigma(e)$ das Einselement von $\sigma(G)$ Und ist $a \in G$ invertierbar, so ist es auch $\sigma(a)$, und wir haben $\sigma(a)^{-1} = \sigma(a^{-1})$, kurz: *bei Homomorphismen gehen Einselement in Einselement und Inverse in Inverse* über. Schließlich ist mit G auch $\sigma(G)$ kommutativ. *Ist G eine Gruppe, so*

[1)] Wir bezeichnen, ohne Verwechslungen befürchten zu müssen, die Verknüpfungen in G und H mit ein und demselben Symbol: einem Punkt. Diesen Punkt werden wir hinfort meistens weglassen.

ist auch $\sigma(G)$ eine solche. σ selbst wird in diesem Falle ein Gruppenhomomorphismus genannt.

Der Homomorphismus $\sigma : G \to H$ heißt Isomorphismus, wenn er bijektiv ist. Im Falle $H = G$ (also im Falle, daß σ eine Selbstabbildung von G ist), nennt man ihn Endomorphismus. Ist der Endomorphismus $\sigma : G \to G$ sogar bijektiv, so heißt er Automorphismus.[1] Wir stellen diese Bezeichnungen noch einmal in einem übersichtlichen Schema zusammen:

$\sigma : G \to H$	$\sigma : G \to G$
Homomorphismus	Endomorphismus
wenn σ bijektiv:	
Isomorphismus	Automorphismus

Bei einem Isomorphismus $\sigma : G \to H$ ist H ein getreues Bild von G. *Statt in G zu rechnen, kann man in H rechnen* und dann das Ergebnis mittels der Umkehrabbildung σ^{-1}, die selbst ein Isomorphismus ist, nach G übertragen, genauer: Statt ab in G zu berechnen, kann man $\sigma(a)\sigma(b)$ in H bestimmen und dieses Produkt mittels σ^{-1} nach G zurückwerfen; man erhält dann ab. Die Gruppoide G, H unterscheiden sich im Grund nur durch die Namen ihrer Elemente: die von G werden mit a, die von H mit $\sigma(a)$ bezeichnet. *H ist also ein genaues Modell von G, so genau, daß G mit H identifiziert werden darf.*

In G und H seien nun (wie bei Ringen, Körpern oder Verbänden) zwei innere Verknüpfungen vorhanden, die wir in beiden Mengen mit denselben Symbolen $\circ$ und $\square$ bezeichnen. In diesem Falle nennen wir die Abbildung $\sigma : G \to H$ einen Homomorphismus, wenn sie mit beiden Verknüpfungen verträglich ist, d.h. wenn gilt:

$$\sigma(a \circ b) = \sigma(a) \circ \sigma(b) \quad \textit{und} \quad \sigma(a \square b) = \sigma(a) \square \sigma(b) \quad \textit{für alle} \quad a, b \in G.$$

Die Begriffe Isomorphismus, Endomorphismus und Automorphismus sind ganz entsprechend wie oben zu erklären. Die Gesamtheit der Automorphismen von G bildet bezüglich der Komposition eine Gruppe, die Automorphismengruppe von G.

Ist G ein Ring bzw. ein Verband, so ist auch das „homomorphe Bild" $\sigma(G)$ ein Ring bzw. ein Verband, und die oben bei den Halbgruppen gemachten Bemerkungen über neutrale und inverse Elemente übertragen sich sinngemäß. σ wird dann auch

---

[1] Ist der Homomorphismus σ surjektiv, so wird er auch Epimorphismus genannt; ist er injektiv, so heißt er Monomorphismus. Wir werden diese Bezeichnungen jedoch nicht verwenden.

ein Ring- bzw. Verbandshomomorphismus genannt. *Das homomorphe Bild eines Körpers braucht jedoch kein Körper zu sein.*[1] *Dagegen ist das isomorphe Bild eines Körpers stets wieder ein solcher.*

Beispiel 1 Ordnet man jeder (n, n)-Matrix ihre Determinante zu, so erhält man einen Homomorphismus der Halbgruppe $(\mathfrak{M}(n, n), \cdot)$ in die Halbgruppe $(\mathbf{R}, \cdot)$.

Beispiel 2 Sei $(\mathfrak{N}(n, n), \cdot)$ die multiplikative Gruppe der nichtsingulären (n, n)-Matrizen. Durch $A \mapsto \det A$ wird ein Homomorphismus von $(\mathfrak{N}(n, n), \cdot)$ in die multiplikative Gruppe $(\mathbf{R} \setminus \{0\}, \cdot)$, also ein Gruppenhomomorphismus, definiert.

Beispiel 3 Die Abbildung $x \mapsto |x|$ von $(\mathbf{R} \setminus \{0\}, \cdot)$ ist ein Gruppenendomorphismus.

Beispiel 4 Die Menge $\mathbf{R}^+$ der positiven reellen Zahlen ist bezüglich der Multiplikation eine Gruppe. Die Abbildung $a \mapsto \log a$ von $(\mathbf{R}^+, \cdot)$ auf $(\mathbf{R}, +)$ ist ein Gruppenisomorphismus. Diese Tatsache ist die Grundlage der Logarithmenrechnung.

Beispiel 6 Nach dem Theorem von Cayley ist jede endliche Gruppe der Ordnung n isomorph zu einer Untergruppe der symmetrischen Gruppe $\mathfrak{S}_n$ (s. Beispiel 7 in Nr. 3.2).

Beispiel 7 Einen Ringhomomorphismus von $(\mathbf{Z}, +, \cdot)$ auf $(\mathbf{Z}_m, +, \cdot)$ erhält man, wenn man jeder ganzen Zahl a ihre Restklasse $[a]$ modulo m zuordnet (s. Beispiel 2 in Nr. 3.3 und die Beispiele 2, 3 in Nr. 3.2).

Beispiel 8 a^* sei die zu $a \in \mathbf{C}$ konjugierte Zahl. Die Abbildung $a \mapsto a^*$ ist ein Körperautomorphismus von $(\mathbf{C}, +, \cdot)$. ■

Seien G und H zwei Gruppen, und $\sigma : G \to H$ sei ein Homomorphismus. Die Menge der $a \in G$, die durch σ auf das neutrale Element von H abgebildet wird, heißt der Kern von σ (s. Fig. 3.8.2). *Der Kern ist stets ein Normalteiler in G. σ ist genau dann injektiv, also ein Isomorphismus von G auf $\sigma(G)$, wenn der Kern nur aus dem neutralen Element von G besteht.*

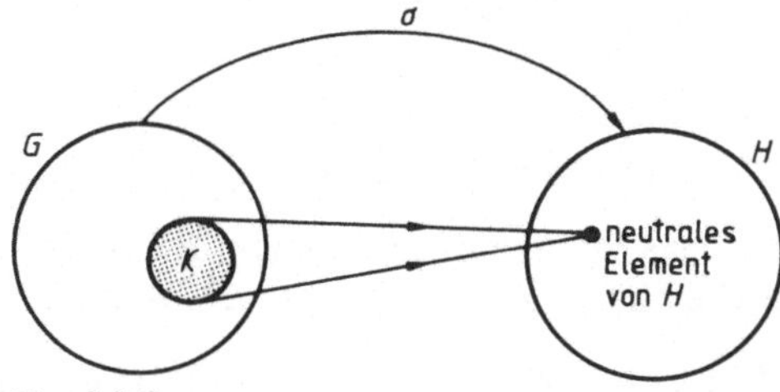

Fig. 3.8.2

Sind G und H Ringe, und ist $\sigma : G \to H$ ein Ringhomomorphismus, so versteht man unter dem Kern von σ die Menge der $a \in G$, die durch σ in das Nullelement

[1] Die Abbildung $\sigma : \mathbf{R} \to \mathbf{R}$, die jedem $a \in \mathbf{R}$ die Null zuordnet, ist ein Homomorphismus. $\sigma(\mathbf{R}) = \{0\}$ ist jedoch kein Körper, da $\{0\}$ kein Element $\neq 0$ enthält.

von H transformiert wird. *Der Kern ist ein Ideal, und σ ist genau dann injektiv, also ein Ringisomorphismus von G auf $\sigma(G)$, wenn der Kern nur das Nullelement von G enthält.*

Sei nun G eine beliebige nichtleere Menge mit einer Äquivalenzrelation $\sim$. Wie in Nr. 1.4 bedeute $[a]$ die Restklasse von $a \in G$ und $G/\sim$ die Menge aller Restklassen (die Quotientenmenge). Die Abbildung

$$a \mapsto [a] \quad \text{von } G \text{ auf } G/\sim$$

nennt man die (zu $\sim$ gehörende) kanonische Surjektion.

Jetzt sei G sogar eine Gruppe. Die Äquivalenzrelation $\sim$ heißt „verträglich" mit der Multiplikation in G oder eine Kongruenzrelation, wenn gilt

$$a_1 \sim a_2 \quad \text{und} \quad b_1 \sim b_2 \quad \Rightarrow \quad a_1b_1 \sim a_2b_2 \,. \tag{3.8.2}$$

In diesem Falle kann man in $G/\sim$ eine Multiplikation definieren durch

$$[a][b] := [ab] \,. \tag{3.8.3}$$

Zwei Restklassen werden also multipliziert, indem man aus jeder einen Repräsentanten herausgreift, ihr Produkt bildet und dann zu dessen Restklasse übergeht. Diese Vorschrift ist wegen (3.8.2) unabhängig von der Auswahl der Repräsentanten (s. Fig. 3.8.3).

Aus (3.8.3) folgt sofort, daß die kanonische Surjektion $a \mapsto [a]$ ein Homomorphismus ist. $(G/\sim, \cdot)$ muß also eine Gruppe sein. Man sollte sie Quotientengruppe nennen; sie heißt aber Faktorgruppe.

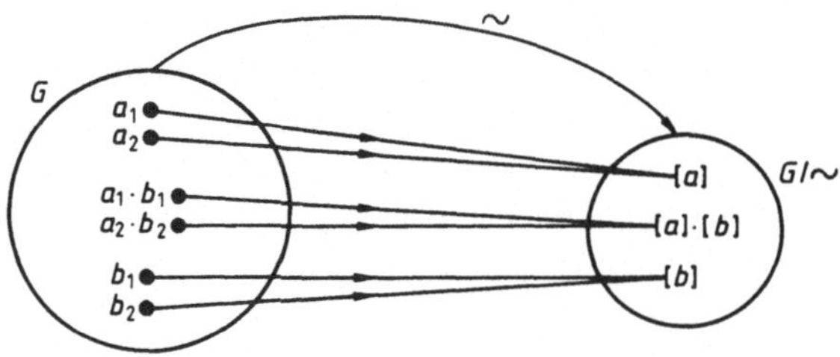

Fig. 3.8.3

Sei U eine Untergruppe von G. Für ein festes $g \in G$ heißt

$gU := \{gu | u \in U\}$ die Linksnebenklasse von g nach U,
$Ug := \{ug | u \in U\}$ die Rechtsnebenklasse von g nach U.

Für je zwei Elemente g_1, g_2 von G ist entweder $g_1U = g_2U$ oder $g_1U \cap g_2U = \emptyset$. Da ferner jedes $g \in G$ in seiner eigenen Linksnebenklasse enthalten ist, *bilden die Linksnebenklassen (bei festem U) eine Partition von G, definieren also eine Äquivalenzrelation $\sim$ in G* (s. Nr. 1.4). *Entsprechendes gilt für die Rechtsnebenklassen.* Verschiedene Untergruppen U ergeben verschiedene Partitionen.

Ist U ein Normalteiler in G, also $gU = Ug$ für alle $g \in G$ (s. Nr. 3.2), *so ist die Äquivalenzrelation $\sim$ sogar eine Kongruenzrelation.* Die oben definierte Faktorgruppe $G/\sim$ wird dann mit G/U bezeichnet und die Faktorgruppe von G nach U genannt.

Sei nun $\sigma : G \to H$ eine homomorphe Abbildung der Gruppe G auf die Gruppe H. Ihr Kern K ist ein Normalteiler, so daß die Faktorgruppe G/K existiert. Der sogenannte *Homomorphiesatz für Gruppen besagt, daß G/K isomorph zu H ist.*

Entsprechende Betrachtungen kann man bei einem Ring G durchführen. Eine Äquivalenzrelation $\sim$ in G wird man in diesem Falle eine Kongruenzrelation nennen, wenn sie mit beiden Ringoperationen verträglich ist, d. h., wenn gilt:

$$a_1 \sim a_2 \quad \text{und} \quad b_1 \sim b_2 \quad \Rightarrow \quad a_1 + b_1 \sim a_2 + b_2 \quad \text{und} \quad a_1 b_1 \sim a_2 b_2 .$$

Man kann dann in $G/\sim$ eine Addition und Multiplikation erklären durch

$$[a] + [b] := [a + b] , \qquad [a][b] := [ab] . \tag{3.8.4}$$

Die kanonische Surjektion $a \mapsto [a]$ ist dann ein Homomorphismus und $(G/\sim, +, \cdot)$ somit ein Ring, der sogenannte Quotientenring oder Restklassenring.

Ist U ein Unterring von G, so bilden die Nebenklassen $g + U$ eine Partition von G, und diese definiert eine Äquivalenzrelation $\sim$ in G. $\sim$ ist sogar eine Kongruenzrelation, wenn U ein Ideal ist; in diesem Falle wird $G/\sim$ mit G/U bezeichnet und Quotientenring (Restklassenring) von G nach U genannt. Es gilt nun der *Homomorphiesatz für Ringe: Ist $\sigma : G \to H$ eine homomorphe Abbildung des Ringes G auf den Ring H und K ihr Kern, so ist G/K isomorph zu H.*

Beispiel 9 In der multiplikativen Gruppe $\mathfrak{N}(n, n)$ der nichtsingulären (n, n)-Matrizen bilden die Matrizen mit der Determinante 1 einen Normalteiler U. Er erzeugt eine Kongruenzrelation $\sim$, und für zwei Matrizen $\boldsymbol{A}, \boldsymbol{B}$ gilt:

$$\boldsymbol{A} \sim \boldsymbol{B} \quad \Leftrightarrow \quad \det \boldsymbol{A} = \det \boldsymbol{B} .$$

Die Quotientenmenge $\mathfrak{N}(n, n)/\sim$ ist die Faktorgruppe $\mathfrak{N}(n, n)/U$.

Beispiel 10 Sei m eine feste natürliche Zahl. Die Äquivalenzrelation

$$a \sim b \quad \Leftrightarrow \quad a - b \text{ ist durch } m \text{ teilbar}$$

in dem Ring $(\mathbf{Z}, +, \cdot)$ (s. Beispiel 2 in Nr. 1.4) ist eine Kongruenzrelation, und infolgedessen kann die Quotientenmenge $\mathbf{Z}/\sim$ vermöge (3.8.4) zu einem Ring gemacht werden. Es ist dies der Ring $(\mathbf{Z}_m, +, \cdot)$ (s. Beispiele 2, 3 in Nr. 3.2). Die Kongruenzrelation $\sim$ wird erzeugt durch das Hauptideal $(m) = \{q \cdot m | q \in \mathbf{Z}\}$; der Ring $\mathbf{Z}_m$ ist also der Quotientenring $\mathbf{Z}/(m)$.

Beispiel 11 Dieses Beispiel ist eine Verallgemeinerung des Beispiels 10. G sei ein beliebiger euklidischer Ring (s. Beispiel 9 in Nr. 3.3; nach Beispiel 10 in derselben Nummer ist der Ring $(\mathbf{Z}, +, \cdot)$ euklidisch). $m \neq 0$ sei ein festes Element von G. Dann läßt sich jedes $a \in G$ in der Form

$$a = qm + r \quad \text{mit} \quad r = 0 \quad \text{oder} \quad w(r) < w(m)$$

darstellen; dabei ist w die Wertfunktion von G. Wir definieren nun eine Äquivalenzrelation $\sim$ in G durch

$a \sim b \Leftrightarrow$ a läßt bei Division durch m denselben Rest r wie b
$\Leftrightarrow$ $a - b$ ist durch m teilbar (d. h., $a - b$ läßt bei Division durch m den Rest 0).

$\sim$ ist eine Kongruenzrelation, und infolgedessen ist $G/\sim$ ein Ring. Seine Elemente sind die Restklassen $[r]$, die dadurch entstehen, daß man alle $a \in G$ mit demselben Rest r zu einer Klasse zusammenfaßt. Für einen Rest $r \neq 0$ ist stets $w(r) < w(m)$. Die Kongruenzrelation $\sim$ wird durch das Hauptideal $(m) = \{q \cdot m | q \in G\}$ erzeugt, und infolgedessen ist $G/\sim \; = G/(m)$.

Beispiel 12 Der Polynomring $K[x]$ über einem Körper K ist ein euklidischer Ring, dessen Wertfunktion durch $w(p(x)) :=$ Grad $p(x)$ für jedes vom Nullpolynom verschiedene $p(x) \in K[x]$ definiert ist (s. Schluß der Nr. 3.3). Jedes Polynom $p(x) \in K[x]$ läßt sich demnach bei festem „Modularpolynom" $\varphi(x) \neq 0$ in der Form

$$p(x) = q(x) \cdot \varphi(x) + r(x) \quad \text{mit} \quad r(x) = 0 \quad \text{oder} \quad \text{Grad}\, r(x) < \text{Grad}\, \varphi(x)$$

darstellen. Auf $K[x]$ können wir die Überlegungen in Beispiel 11 anwenden. Wir erhalten dann folgendes: Ist $(\varphi(x)) = \{q(x) \cdot \varphi(x) | q(x) \in K[x]\}$ das durch $\varphi(x)$ erzeugte Hauptideal, so besteht der Quotientenring $K[x]/(\varphi(x))$ aus den Restklassen $[r(x)]$, die man erhält, indem man alle $p(x) \in K[x]$ mit demselben Rest $r(x)$ zu einer Klasse zusammenfaßt. *Für einen Rest* $r(x) \neq 0$ *ist dabei stets* Grad $r(x) <$ Grad $\varphi(x)$.

Homomorphismen von Vektorräumen haben wir bisher noch nicht besprochen. Da sie für unsere Zwecke von besonderer Bedeutung sind, widmen wir ihnen die ganze folgende Nummer.

3.9 Lineare Operatoren

X und Y seien zwei Vektorräume über demselben Skalarfeld K. Die Abbildung $A: X \to Y$ heißt (Vektorraum-)Homomorphismus (oder lineare Abbildung, lineare Transformation, linearer Operator), wenn sie mit den linearen Verknüpfungen „verträglich" ist, d. h., wenn

$$A(x_1 + x_2) = Ax_1 + Ax_2\,, \qquad A(\alpha x) = \alpha A x \tag{3.9.1}$$

für alle x_1, x_2, $x \in X$ und alle $\alpha \in K$ ist.[1] Die Begriffe Isomorphismus, Endomorphismus und Automorphismus sind ganz entsprechend wie in

[1] Vektorraumhomomorphismen bezeichnet man gerne mit großen lateinischen Buchstaben. Statt $A(x)$ schreibt man meistens einfach Ax. Die erste Gleichung in (3.9.1) besagt, daß A „additiv", die zweite, daß A „homogen" ist. In der Technik nennt man (3.9.1) auch häufig das Superpositionsprinzip, wofür (3.9.2) lediglich eine andere Schreibweise ist.

Nr. 3.8 zu erklären (s. das dort angegebene Schema). Der Definitions- oder Originalbereich X von A wird auch Originalraum (von A) genannt.

Ist $Y = K$, also der Zielraum gleich dem Skalarfeld, so wird A auch eine Linearform oder ein lineares Funktional genannt.

A ist genau dann linear, wenn stets

$$A\left(\sum_{k=1}^{n} \alpha_k x_k\right) = \sum_{k=1}^{n} \alpha_k A x_k \tag{3.9.2}$$

ist.

Der Kern oder Nullraum $\mathcal{K}(A)$ des linearen Operators $A : X \to Y$ ist die Menge der $x \in X$, die durch A auf das Nullelement von Y abgebildet wird:

$$\mathcal{K}(A) := \{x \in X | Ax = 0\} .$$

$\mathcal{K}(A)$ ist ein Unterraum von X. Seine (evtl. unendliche) Dimension wird die Nullität, der Nulldefekt oder der Rangabfall von A genannt. *A ist genau dann injektiv, wenn $\mathcal{K}(A) = \{0\}$ ist, d. h., wenn aus $Ax = 0$ stets $x = 0$ folgt.*

Der Wertebereich oder Bildbereich

$$W(A) := \{Ax | x \in X\}$$

von A ist ein Unterraum von Y und heißt deshalb auch Bildraum von A (s. Fig. 3.9.1). Seine (evtl. unendliche) Dimension wird der Rang von A genannt.

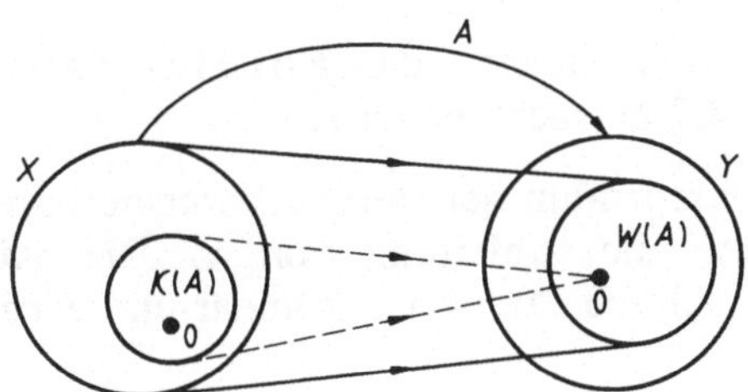

Fig. 3.9.1

Es ist

$$\dim \mathcal{K}(A) \leq \dim X , \qquad \dim W(A) \leq \min(\dim X, \dim Y)$$

und

$$\dim \mathcal{K}(A) + \dim W(A) = \dim X .^{1)} \tag{3.9.3}$$

1) Hier ist ggf. $\infty + \infty = \infty$ und $n + \infty = \infty + n = \infty$ für jedes $n \in \mathbf{N}_0$ zu setzen. Für endlichdimensionales X ist (3.9.3) eine Gleichung zwischen nichtnegativen ganzen Zahlen.

Haben X und Y die gleiche endliche Dimension, so ist der Operator A bereits dann bijektiv, wenn er bloß surjektiv oder bloß injektiv ist.[1)]

Beispiel 1 Sei (c) der reelle Vektorraum der konvergenten reellen Zahlenfolgen $(x_1, x_2, \dots)$, wobei Addition und Skalarmultiplikation komponentenweise definiert sind (s. (3.6.4)). Die Abbildung

$$(x_1, x_2, \dots) \quad \mapsto \quad \lim_{n \to \infty} x_n$$

ist ein lineares Funktional auf (c).

Beispiel 2 Auf $C[a, b]$ wird durch

$$Ax := \int_a^b x(t)\,\mathrm{d}t$$

ein lineares Funktional A definiert.

Beispiel 3 Die reellwertige Funktion k sei auf dem Quadrat $[a, b] \times [a, b]$ der st-Ebene stetig. Dann wird durch

$$(Kx)(s) \; := \; \int_a^b k(s, t)\,x(t)\,\mathrm{d}t \qquad (a \leqslant s \leqslant b)$$

eine lineare Selbstabbildung K von $C[a, b]$ erklärt. K nennt man eine *Integraltransformation*. Eine Integraltransformation ist auch die durch

$$(Lx)(s) \; := \; \int_0^\infty \mathrm{e}^{-st} x(t)\,\mathrm{d}t$$

definierte *Laplacetransformation*, ferner die *Fouriertransformation*, die wir im Beispiel 5 der Nr. 4.7 betrachten werden.

Beispiel 4 $C^{(1)}[a, b]$ sei der reelle Vektorraum der stetig differenzierbaren Funktionen $x : [a, b] \to \mathbf{R}$. $\dot{x}$ bedeute die Ableitung von x. Die Abbildung $\mathrm{D} : C^{(1)}[a, b] \to C[a, b]$, definiert durch $\mathrm{D}x := \dot{x}$, ist linear und wird *Differentiationsoperator* genannt.

Beispiel 5 Gegeben sei eine (n, m)-Matrix (a_{ik}) mit Elementen aus K. Dann ist

$$\begin{pmatrix} x_1 \\ \vdots \\ x_m \end{pmatrix} \mapsto \begin{pmatrix} a_{11} & a_{12} & \dots & a_{1m} \\ \vdots & & & \\ a_{n1} & a_{n2} & \dots & a_{nm} \end{pmatrix} \begin{pmatrix} x_1 \\ \vdots \\ x_m \end{pmatrix}$$

eine lineare Abbildung von K^m in K^n.

[1)] Im Falle $\dim X = \dim Y = \infty$ braucht dies nicht mehr zu gelten. Definiere z.B. die linearen Selbstabbildungen A, B des unendlichdimensionalen Vektorraumes (s) (s. Beispiel 3 in Nr. 3.6) durch

$$A(x_1, x_2, x_3, \dots) := (x_2, x_3, x_4, \dots), \qquad B(x_1\ x_2, x_3, \dots) := (0, x_1, x_2, \dots)\,.$$

A ist surjektiv, aber nicht injektiv, B ist injektiv, aber nicht surjektiv.

Beispiel 6 X und Y seien endlichdimensionale Vektorräume über K und $A : X \to Y$ ein linearer Operator. Mittels einer Basis $B_u := \{u_1, \ldots, u_m\}$ von X und einer Basis $B_v := \{v_1, \ldots, v_n\}$ von Y können wir jedes $x \in X$ durch ein m-Tupel $(\xi_1, \ldots, \xi_m) \in K^m$ und jedes $y \in Y$ durch ein n-Tupel $(\eta_1, \ldots, \eta_n) \in K^n$ repräsentieren, wobei

$$x = \xi_1 u_1 + \cdots + \xi_m u_m \quad \text{und} \quad y = \eta_1 v_1 + \cdots + \eta_n v_n$$

ist. Es gibt dann genau eine (n, m)-Matrix (a_{ik}) $(a_{ik} \in K)$ mit der folgenden Eigenschaft: Aus der Repräsentation $(\xi_1, \ldots, \xi_m)$ von x bezüglich B_u erhält man die Repräsentation $(\eta_1, \ldots, \eta_n)$ von $y := Ax$ bezüglich B_v mittels der Gleichung

$$\begin{pmatrix} \eta_1 \\ \vdots \\ \eta_n \end{pmatrix} = \begin{pmatrix} a_{11} & a_{12} & \ldots & a_{1m} \\ \vdots & & & \\ a_{n1} & a_{n2} & \ldots & a_{nm} \end{pmatrix} \begin{pmatrix} \xi_1 \\ \vdots \\ \xi_m \end{pmatrix} .$$

(a_{ik}) heißt die Darstellungsmatrix oder Repräsentation von A bezüglich der Basen B_u und B_v. Beachtet man, daß u_k durch das m-Tupel

$$(0, \ldots, 0, 1, 0, \ldots, 0) \qquad (1 \text{ an der } k\text{-ten Stelle})$$

repräsentiert wird, so sieht man, *daß in der k-ten Spalte von (a_{ik}) gerade die Repräsentation von Au_k bezüglich B_v steht.* Man erhält also die Darstellungsmatrix von A, indem man die Bilder $Au_1, \ldots, Au_m$ bezüglich der Basis B_v repräsentiert und diese Repräsentationen der Reihe nach als erste, ..., m-te Spalte einer (n, m)-Matrix nimmt. *Man beachte, daß die Darstellungsmatrix von den gewählten Basen B_u, B_v abhängt:* sie ändert sich, wenn man diese Basen ändert. Vgl. hierzu auch Beispiel 12 in Nr. 4.5.

Im Falle unendlichdimensionaler Vektorräume X, Y kann man einen linearen Operator $A : X \to Y$ ebenfalls mittels einer Matrix darstellen, die diesmal allerdings unendlich ist. Solche Fälle treten z. B. in der Codierungstheorie bei der Beschreibung sogenannter Baum-Codes auf.

Beispiel 7 In Naturwissenschaft und Technik haben lineare Operatoren die wichtige systemtheoretische Bedeutung des *Durchgangs von Signalen durch Systeme* (s. Fig. 3.9.2). Der Originalbereich X umfaßt den Raum der Eingangssignale, der Bildbereich Y den der Ausgangssignale, die Transformation A besteht in der Wirkung des Systems. Durch die abstrakte Formulierung in operatorentheoretischen Begriffen lassen sich die zahllosen Fälle der Praxis in übergeordnete Modelle einordnen, klassifizieren und gemeinsam beschreiben.

Da die hier betrachteten Signale Funktionen der Zeit t sind, ist Fig. 3.9.2 zunächst eine *Darstellung linearer Systeme im Zeitbereich.* Mit Hilfe einer Integraltransformation (Beispiel 3) läßt sich jedoch eine andere Variable s einführen. Hiervon wird in der Systemtheorie mittels der Laplace- und Fouriertransformation ausgiebig Gebrauch gemacht, wobei s die Bedeutung einer Frequenz erhält. Mit dieser

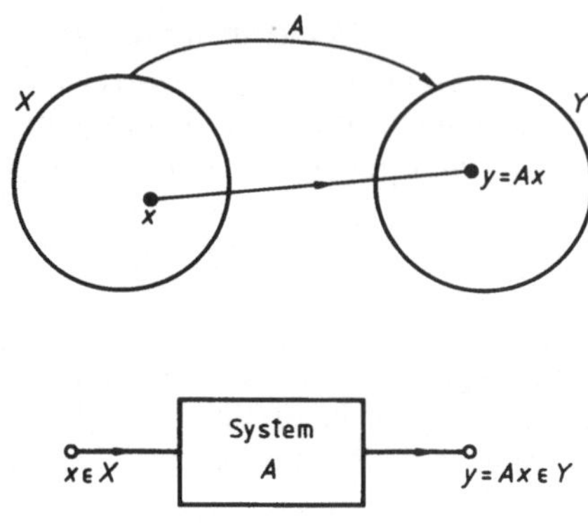

Fig. 3.9.2

Darstellung im Frequenzbereich ergeben sich andere und oft günstigere Betrachtungs- und Berechnungsweisen.

Beispiel 8 In Beispiel 7 stellt der Operator A einen direkten Zusammenhang zwischen Aus- und Eingangsvektor her. Dies ist in vielen Fällen ausreichend.

Oft wünscht man jedoch tiefere Einblicke in die „innere" Wirkungsweise des Systems. Man betrachtet dann ein System in der Form

$$\begin{aligned} \dot{\boldsymbol{q}} &= \boldsymbol{A}'\boldsymbol{q} + \boldsymbol{B}'\boldsymbol{x} \\ \boldsymbol{y} &= \boldsymbol{C}'\boldsymbol{q} + \boldsymbol{D}'\boldsymbol{x}\,. \end{aligned}$$ [1)]

Auch hier treten der Eingangsvektor $\boldsymbol{x}$ und der Ausgangsvektor $\boldsymbol{y}$ auf, jedoch nicht in unmittelbarem Zusammenhang. Sie sind vielmehr über eine „Zwischengröße" $\boldsymbol{q}$ verbunden. Dies ist der Zustandsvektor $\boldsymbol{q}$ aus Nr. 3.6, Beispiel 19. $\dot{\boldsymbol{q}}$ bedeutet die Ableitung von $\boldsymbol{q}$ nach der Zeit.

Man nennt dies die Zustandsdarstellung eines Systems, wobei die vier Operatoren $\boldsymbol{A}',\ldots,\boldsymbol{D}'$ durch Matrizen repräsentiert seien. Mit dem Eingangsvektor $\boldsymbol{x}$ wird über die Systemmatrix $\boldsymbol{A}'$ und die Eingangsmatrix $\boldsymbol{B}'$ zunächst das Differentialgleichungssystem $\dot{\boldsymbol{q}} = \boldsymbol{A}'\boldsymbol{q} + \boldsymbol{B}'\boldsymbol{x}$ gelöst ($\boldsymbol{A}'$ ist die zentrale Größe für das Systemverhalten). Aus $\boldsymbol{q}$ und $\boldsymbol{x}$ folgt dann über $\boldsymbol{C}'$ (Ausgangsmatrix) und $\boldsymbol{D}'$ (Durchgangsmatrix) der Ausgangsvektor $\boldsymbol{y}$.

Durch geeignete Wahl der Zustandsvariablen, d. h. der Basis des Zustandsraumes, läßt sich die Systemmatrix in bestimmte „kanonische" Formen bringen, aus denen wichtige Systemeigenschaften besonders deutlich erkennbar sind.

Selbstverständlich läßt sich die Zustandsdarstellung in die „Eingangs-Ausgangs-Darstellung" nach Beispiel 7 umrechnen. Der umgekehrte Weg ist allerdings nicht möglich. (Vgl. auch Beispiel 2 in Nr. 4.3). ■

[1)] Die Bezeichnungen A, B, C, D in dieser Darstellung sind allgemein eingeführt. Hier werden sie mit einem Strich versehen, um Verwechslungen zu vermeiden. Insbesondere ist A' keineswegs mit A aus Beispiel 7 identisch.

Die Menge aller linearen Operatoren $A : X \to Y$ bezeichnen wir mit $L(X, Y)$, ferner sei $L(X) := L(X, X)$ die Menge der Endomorphismen von X. In $L(X, Y)$ definieren wir die Summe $A + B$ und das skalare Vielfache αA „punktweise":

$$(A + B)x := Ax + Bx \, , \qquad (\alpha A)x := \alpha(Ax) \, . \tag{3.9.4}$$

Mit diesen Verknüpfungen wird $L(X, Y)$ ein Vektorraum über dem gemeinsamen Skalarfeld der Räume X, Y. Sind X, Y endlichdimensional, so ist $\dim L(X, Y) = \dim X \cdot \dim Y$.

Das Kompositum $B \circ A$ der linearen Operatoren $A : X \to Y$ und $B : Y \to Z$ ist eine lineare Abbildung von X in Z. Wir bezeichnen es kürzer mit BA und nennen es das Produkt von B mit A.[1)] BA ist definitionsgemäß genau dann vorhanden, wenn der Bildraum von A in dem Definitionsraum von B liegt (s. Fig. 1.6.6).

Falls die untenstehenden Produkte existieren, gelten die folgenden Rechenregeln:

$$\begin{aligned} A(BC) &= (AB)C \, , \\ \alpha(AB) &= (\alpha A)B = A(\alpha B) \, , \\ A(B + C) &= AB + AC \, , \\ (A + B)C &= AC + BC \, . \end{aligned}$$

In $L(X)$ sind Produkte AB immer definiert. Aus den obigen Regeln folgt also, *daß $L(X)$ eine (i. allg. nichtkommutative) Algebra ist.* Sie besitzt ein Einselement, nämlich den identischen Operator I, der jedes $x \in X$ unverändert läßt:

$$Ix := x \quad \text{für alle} \quad x \in X \, .$$

Manchmal schreiben wir I_X statt I, um hervorzuheben, daß I auf X operiert.

Beispiel 9 Addition, skalare Multiplikation und Produkt linearer Operatoren lassen sich systemtheoretisch (im Sinne der Figur 3.9.2) folgendermaßen deuten: *die Addition bedeutet „Parallelschaltung" zweier Systeme, die skalare Multiplikation „Verstärkung" und das Produkt „Kettenschaltung"* (s. Fig. 3.9.3).

Aus der Übertragungstechnik ist bekannt, daß bei der besonders wichtigen Kettenschaltung von Systemen, die durch Matrizen repräsentiert werden, die sogenannten Kettenmatrizen zu multiplizieren sind. Dies ist ein Beispiel dafür, daß die Reihenfolge der Faktoren im Produkt von linearen Operatoren wesentlich ist, da die Matrizenmultiplikation i. allg. nicht kommutativ ist. Natürlich gibt es auch viele praktische Fälle, in denen Kommutativität herrscht. ■

Ist $A \in L(X, Y)$ injektiv, so ist die inverse Abbildung $A^{-1} : A(X) \to X$ linear, und es gilt

$$A^{-1}A = I_X \, , \qquad AA^{-1} = I_{A(X)} \, . \tag{3.9.5}$$

---

1) Beachte, daß in dem Produkt BA die Reihenfolge der Faktoren wesentlich ist. Wenn BA vorhanden ist, braucht das Produkt AB überhaupt nicht zu existieren, und selbst wenn es vorhanden ist, kann es von BA verschieden sein.

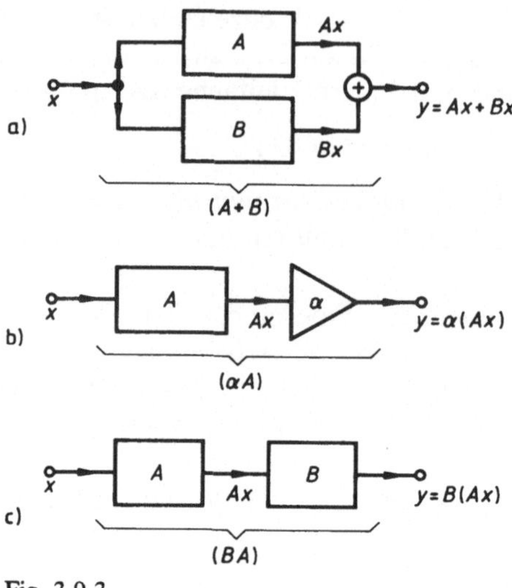

Fig. 3.9.3

A ist genau dann bijektiv, wenn es Operatoren B, $C \in L(Y, X)$ mit

$$BA = I_X \quad \text{und} \quad AC = I_Y \tag{3.9.6}$$

gibt. In diesem Falle ist $B = C = A^{-1}$. Insbesondere ist also ein Endomorphismus von X genau dann bijektiv, wenn er ein invertierbares Element der Algebra $L(X)$ ist.

Das Produkt zweier bijektiver Operatoren $A \in L(X, Y)$, $B \in L(Y, Z)$ ist selbst wieder bijektiv und besitzt die Inverse $(BA)^{-1} = A^{-1}B^{-1}$.

Eine besonders wichtige Operatorenklasse wird von den sogenannten Projektionen oder Projektoren gebildet. Ist $X = Y \oplus Z$, hat man also für jedes $x \in X$ die Zerlegung

$$x = y + z \quad \text{mit eindeutig bestimmten Vektoren } y \in Y,\ z \in Z\ ,$$

so kann man eine Abbildung $P : X \to Y$ durch

$$Px := y$$

definieren. P ist linear und heißt Projektion von X auf Y längs Z (s. Fig. 3.9.4). $I - P$ projiziert dann X längs Y auf Z.

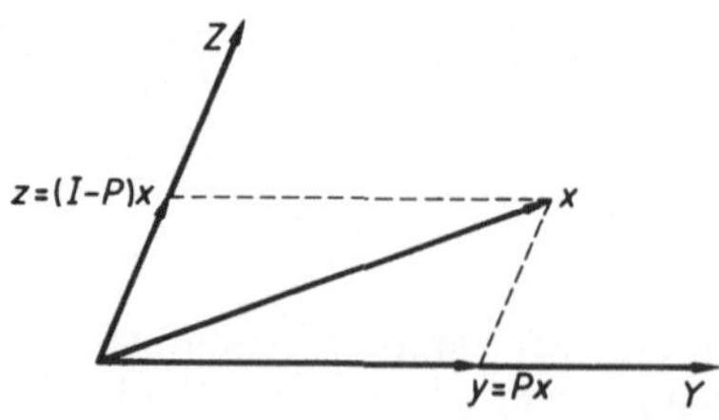

Fig. 3.9.4

Es ist

$$W(P) = Y\,, \quad K(P) = Z \quad \text{und} \quad P^2 = P\,. \tag{3.9.7}$$

Nennt man einen Endomorphismus A idempotent, wenn $A^2 = A$ ist, so besagt die letzte Gleichung gerade, daß Projektionen idempotent sind. Diese Eigenschaft ist sogar charakteristisch für Projektionen, d. h., es gilt: *Ein Endomorphismus eines Vektorraumes ist genau dann eine Projektion, wenn er idempotent ist.*

Da es zu jedem Unterraum Y von X einen Komplementärraum Z gibt, kann man X stets auf Y projizieren.

Beispiel 10 Die in der Codierungstheorie wichtigen Projektionen im Raum der n-stelligen Binärwörter mit den dabei entstehenden Teilräumen und den dazugehörigen Nullräumen (Kernen) lassen sich anhand von Beispiel 13 in Nr. 3.6 und besonders für $n = 3$ an Fig. 3.6.1 veranschaulichen. ∎

Die Bedeutung der linearen Abbildungen (und damit auch der linearen Räume) beruht u. a. darauf, daß *zahlreiche Probleme der Mathematik und ihrer Anwendungen im folgenden Sinne „lineare Probleme" sind:* Gegeben ist eine lineare Abbildung $A : X \to Y$. Man stelle fest, für welche „rechten Seiten" $y \in Y$ die Gleichung

$$Ax = y \tag{3.9.8}$$

lösbar ist und prüfe, ob die Lösung, falls sie existiert, eindeutig bestimmt ist; ist sie es nicht, so beschreibe man die Lösungsmenge. Offenbar ist die Gl. (3.9.8) genau dann lösbar, wenn y in dem Bildraum $W(A)$ liegt. Ist dies der Fall, so läßt sich die Gesamtheit der Lösungen für ein festes y mit Hilfe irgendeiner Lösung x_0 in der Form

$$x_0 + K(A) := \{x_0 + z \mid z \in K(A)\} \tag{3.9.9}$$

darstellen.

Beispiel 11 Aus den Betrachtungen dieser Nummer lassen sich ohne Schwierigkeiten die bekannten *Sätze über das Lösungsverhalten linearer Gleichungssysteme*

$$\sum_{k=1}^{m} a_{ik} x_k = y_i \qquad (i = 1, \ldots, n) \tag{3.9.10}$$

(n Gleichungen für m Unbekannte $x_1, \ldots, x_m$) gewinnen. Zu diesem Zweck definiert man mittels der Systemmatrix (a_{ik}) eine lineare Abbildung $A : K^m \to K^n$ (s. Beispiel 5), und kann nun das System (3.9.10) als eine „Operatorengleichung"

$$\boldsymbol{Ax} = \boldsymbol{y} \qquad \text{mit} \quad \boldsymbol{x} := \begin{pmatrix} x_1 \\ \vdots \\ x_m \end{pmatrix} \in K^m, \quad \boldsymbol{y} := \begin{pmatrix} y_1 \\ \vdots \\ y_n \end{pmatrix} \in K^n \tag{3.9.11}$$

auffassen. Im Falle $\boldsymbol{y} = \boldsymbol{0}$ nennt man das System (3.9.11) homogen, andernfalls inhomogen.

Mit r bezeichnen wir den Rang von A, also die Dimension des Bildraumes $W(A)$ von A:

$$r := \dim W(A) .$$

Nach den Ausführungen zu (3.9.3) bzw. nach (3.9.3) selbst ist

$$r \leqslant \min(m, n) \quad \text{und} \quad \dim K(A) = m - r .$$

Der Nullraum $K(A)$ besteht genau aus den Lösungen des homogenen Systems $Ax = \mathbf{0}$; diese Lösungen bilden also einen $(m - r)$-dimensionalen Teilraum von K^m. Das homogene System besitzt daher genau dann eine nichttriviale (d. h. von $\mathbf{0}$ verschiedene) Lösung, wenn $r < m$ ist; wegen $r \leqslant n$ ist dies insbesondere dann der Fall, wenn $n < m$ ist, d. h., wenn das System weniger Gleichungen als Unbekannte enthält.

Das inhomogene System $Ax = y$ ist genau dann lösbar, wenn y in dem Bildraum $W(A)$ liegt. Ist x_0 irgendeine Lösung des Systems $Ax = y$, so erhält man (bei festem y) alle Lösungen desselben in der Form $x_0 + z$, wobei z den $(m - r)$-dimensionalen Raum der Lösungen des zugehörigen homogenen Systems $Ax = \mathbf{0}$ durchläuft (vgl. (3.9.9)). Ist $\{z_1, \ldots, z_{m-r}\}$ eine Basis dieses Raumes (also eine Basis von $K(A)$), so lassen sich daher alle Lösungen von $Ax = y$ in der Form

$$x_0 + \zeta_1 z_1 + \cdots + \zeta_{m-r} z_{m-r} \tag{3.9.12}$$

darstellen, wobei die $\zeta_1, \ldots, \zeta_{m-r}$ unabhängig voneinander alle Werte aus K annehmen dürfen.

Im Falle der Lösbarkeit von $Ax = y$ ist die Lösung genau dann eindeutig bestimmt, wenn $K(A) = \{\mathbf{0}\}$ ist, d. h., wenn das zugehörige homogene System $Ax = \mathbf{0}$ nur die triviale Lösung $\mathbf{0}$ besitzt. Dafür ist notwendig und hinreichend, daß die Gleichung $r = m$ besteht, d. h., daß der Bild- und Originalraum von A dieselbe Dimension besitzen.

Im Falle $m = n$ ist das inhomogene System $Ax = y$ genau dann für jedes $y \in K^n$ eindeutig lösbar, wenn $K(A) = \{\mathbf{0}\}$, also A injektiv ist (vgl. die Bemerkung nach (3.9.3)). Dieses besonders übersichtliche Lösbarkeitsverhalten liegt genau dann vor, wenn die (quadratische) Systemmatrix (a_{ik}) regulär ist, d. h., wenn ihre Determinante nicht verschwindet. Ist jedoch (a_{ik}) singulär, also $\det(a_{ik}) = 0$, so ist $Ax = y$ nicht mehr für jedes $y \in K^n$ lösbar, und im Lösbarkeitsfalle (also im Falle $y \in W(A)$) ist die Lösung nicht mehr eindeutig bestimmt; wie oben ausgeführt, lassen sich jedoch alle Lösungen (bei festem y) in der Gestalt (3.9.12) schreiben. ■

Ist U ein Unterraum des Vektorraumes X, so bilden die Nebenklassen

$$[x] := x + U = \{x + u \mid u \in U\}$$

eine Partition von X, und diese definiert eine Äquivalenzrelation $\sim$ in X; es ist

$$x \sim y \quad \Leftrightarrow \quad x - y \in U .$$

Diese Äquivalenzrelation ist mit den linearen Operationen in X „verträglich“, d. h., es gilt

$$x_1 \sim x_2 \quad \text{und} \quad y_1 \sim y_2 \quad \Rightarrow \quad x_1 + y_1 \sim x_2 + y_2 \quad \text{und} \quad \alpha x_1 \sim \alpha x_2 \,.$$

Infolgedessen kann man in $X/\sim$ eine Addition und Skalarmultiplikation definieren durch

$$[x] + [y] := [x + y] \,, \qquad \alpha[x] := [\alpha x] \,. \tag{3.9.12}$$

Die kanonische Surjektion $x \mapsto [x]$ erweist sich nun als eine lineare Abbildung, und infolgedessen ist $X/\sim$ ein Vektorraum. Man nennt ihn den Quotientenraum von X und U und bezeichnet ihn mit X/U.

Ist A eine lineare Abbildung des Vektorraumes X auf den Vektorraum Y, so ist $X/K(A)$ isomorph zu Y (Homomorphiesatz für Vektorräume).

Sind X, Y zwei Algebren über demselben Skalarkörper K, so nennt man die Abbildung $A : X \to Y$ einen Algebrenhomomorphismus, wenn sie mit allen Algebraoperationen verträglich ist, d. h., wenn sie linear und überdies „multiplikativ" ist; letzteres bedeutet, daß durchweg $A(xy) = (Ax)(Ay)$ gilt. Mit Algebrenhomomorphismen wollen wir uns hier nicht näher beschäftigen.

3.10 Homomorphe Systeme

Homomorphe Systeme spielen in der Nachrichtentechnik, insbesondere in der Signalverarbeitung, eine wichtige Rolle und sollen deshalb hier kurz besprochen werden.

X, Y seien zwei nichtleere Mengen. In X sei eine „Summe" $x_1 \boxplus x_2$ und ein „skalares Vielfaches" $\alpha \boxdot x$ erklärt, in Y entsprechend eine „Summe" $y_1 \oplus y_2$ und ein „skalares Vielfaches" $\alpha \odot y$. Wir verwenden hier nicht die üblichen Operationszeichen $+$, $\cdot$, weil die Mengen X, Y in den später folgenden Beispielen aus Funktionen (nämlich Signalen) bestehen werden, und die Symbole $+$, $\cdot$ dann die gewohnte (punktweise) Addition und Vervielfachung von Funktionen bedeuten sollen.

Die algebraischen Strukturen $(X, \boxplus, \boxdot)$ und $(Y, \oplus, \odot)$ können, müssen aber nicht Vektorräume sein, d. h. sie brauchen nicht den Vektorraumaxiomen in Nr. 3.6 zu genügen.

Transformiert ein System H die Elemente aus X in Elemente aus Y, ist also $Hx = y \in Y$ für alle $x \in X$, und genügt diese Transformation dem verallgemeinerten Superpositionsprinzip

$$H(x_1 \boxplus x_2) = Hx_1 \oplus Hx_2 \,, \qquad H(\alpha \boxdot x) = \alpha \odot Hx \,, \tag{3.10.1}$$

so nennt man H ein homomorphes System. *Lineare Systeme sind spezielle homomorphe Systeme:* hier sind X, Y Vektorräume (wobei wir die Verknüpfungen $\boxplus$, $\boxdot$ und $\oplus$, $\odot$ mittels der Symbole $+$, $\cdot$ ausdrücken), und H ist ein linearer Operator A, der also dem Superpositionsprinzip (3.9.1) genügt.

Fig. 3.10.1 zeigt die allgemeine Darstellung eines homomorphen Systems, wobei an seinem Ein- und Ausgang die entsprechenden Verknüpfungen angegeben sind.

In der Nachrichtentechnik wird gezeigt, *daß man jedes homomorphe signaltransformierende System H als Kettenschaltung von drei homomorphen Systemen darstellen kann* (s. Fig. 3.10.2). Man nennt dies die kanonische Form des Systems.

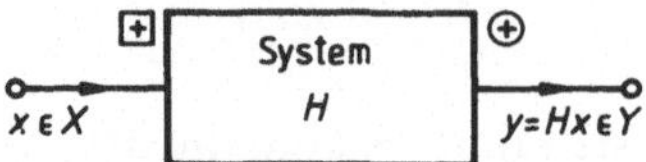

Fig. 3.10.1

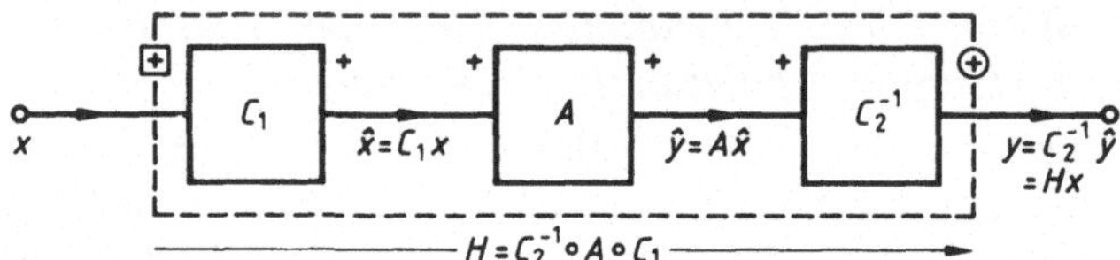

Fig. 3.10.2

C_1 heißt charakteristisches System für die Verknüpfungen $\boxplus$ und $\boxdot$; es transformiert die Signalverknüpfungen $x_1 \boxplus x_2$, $\alpha \boxdot x$ in die gewöhnlichen Summen und Vielfachen von Signalen, d. h., mit $\hat{x} := C_1 x$ gilt

$$C_1(x_1 \boxplus x_2) = \hat{x}_1 + \hat{x}_2 \,, \qquad C_1(\alpha \boxdot x) = \alpha \cdot \hat{x} \,.$$

Entsprechend nennt man C_2 das charakteristische System für die Verknüpfungen $\oplus$ und $\odot$. Für das inverse System C_2^{-1} gelten mit $y := C_2^{-1}\hat{y}$ die Gleichungen

$$C_2^{-1}(\hat{y}_1 + \hat{y}_2) = y_1 \oplus y_2 \,, \qquad C_2^{-1}(\alpha \cdot \hat{y}) = \alpha \odot y \,.$$

Zwischen den beiden charakteristischen Systemen liegt ein lineares System A, das also mit $\hat{y} := A\hat{x}$ den Gleichungen

$$\begin{aligned} A(\hat{x}_1 + \hat{x}_2) &= A\hat{x}_1 + A\hat{x}_2 = \hat{y}_1 + \hat{y}_2 \,, \\ A(\alpha\hat{x}) &= \alpha A\hat{x} = \alpha\hat{y} \end{aligned} \tag{3.10.2}$$

genügt. Die Bedeutung der kanonischen Form beruht darauf, daß alle homomorphen signaltransformierenden Systeme mit gegebener Eingangs- und Ausgangsverknüpfung *sich nur in diesem linearen System A unterscheiden,* ihr Entwurf sich also auf den Entwurf eines linearen Systems reduziert.

In der Praxis verwendet man homomorphe Systeme hauptsächlich zur *Signalverarbeitung.* Man spricht dann auch von „homomorpher Filterung". Da homomorphe Systeme in der Regel nichtlinear sind, lassen sich Ergebnisse erzielen, die mit „linearer Filterung" allein nicht möglich sind.

Zwei Anwendungen sollen nun kurz und nur prinzipiell besprochen werden. In beiden Fällen wählt man gleiche Eingangs- und Ausgangsverknüpfungen, hat also $\boxplus = \oplus$ und $\boxdot = \odot$. Damit hat man auch übereinstimmende charakteristische Systeme: $C_1 = C_2 =: C$.

Beispiel 1 Hier handelt es sich um multiplikative homomorphe Systeme: $\boxplus$ bedeutet die Multiplikation, $\boxdot$ die Potenzierung von Signalen:

$x_1 \boxplus x_2 := x_1 \cdot x_2$, $\alpha \boxdot x := x^\alpha$.[1] Für das charakteristische System C hat man also die Gleichungen

$$C(x_1 \cdot x_2) = \hat{x}_1 + \hat{x}_2 , \qquad C(x^\alpha) = \alpha \cdot \hat{x} ,$$
$$C^{-1}(\hat{y}_1 + \hat{y}_2) = y_1 \cdot y_2 , \qquad C^{-1}(\alpha \cdot \hat{y}) = y^\alpha .$$

Ein charakteristisches System C mit diesen Eigenschaften nennt man einen Logarithmierer. Diese Bezeichnung wird verständlich, wenn man an die Grundregeln des Logarithmenrechnens denkt: mit $\hat{x} := \log x$ gilt ja

$$\log(x_1 \cdot x_2) = \hat{x}_1 + \hat{x}_2 , \qquad \log(x^\alpha) = \alpha \cdot \hat{x} .$$

Das inverse charakteristische System wirkt dann wie die Exponentialfunktion (Umkehrung der Logarithmusfunktion). *Zwischen den charakteristischen Systemen liegen die ursprünglich multiplikativen Komponenten x_1 und x_2 additiv als $\hat{x}_1$ und $\hat{x}_2$ vor* und können durch das lineare System A getrennt beeinflußt oder auch unterdrückt werden. Immer dann, wenn die Komponenten zeitlich unterschiedlich rasch schwanken, d. h. in verschiedenen Frequenzbereichen liegen, kann man dies mit einem zeitunabhängigen Filter erreichen. Hierfür gibt es verschiedene Anwendungsmöglichkeiten, u. a. in der Bildverarbeitung.

Beispiel 2 Hier handelt es sich um homomorphe Systeme zur Faltung, d. h., man wählt $\boxplus$ als Faltung zweier Signale: $x_1 \boxplus x_2 := x_1 * x_2$. Die skalare Multiplikation $\boxdot$ kann man erklären durch

$$\alpha \boxdot x := \underbrace{x * x * \cdots * x}_{\alpha \text{ Glieder}} , \quad \text{falls } \alpha \text{ eine natürliche Zahl ist,}$$

und kann dann, hiervon ausgehend, $\alpha \boxdot x$ auch für beliebiges reelles α definieren. Da in der Praxis jedoch für diese Systeme die skalare Multiplikation keine Rolle spielt, gehen wir hierauf nicht ein, lassen vielmehr die skalare Multiplikation völlig außer Betracht und legen die nur mit der einen Verknüpfung $*$ ausgestatteten algebraischen Strukturen $(X, *)$ und $(Y, *)$ zugrunde. Für das charakteristische System C haben wir dann die Gleichungen

$$C(x_1 * x_2) = \hat{x}_1 + \hat{x}_2 , \qquad C^{-1}(\hat{y}_1 + \hat{y}_2) = y_1 * y_2 .$$

C läßt sich nicht geschlossen angeben. Man schlägt deshalb den Umweg über die Multiplikation nach Fig. 3.10.3 ein. Die Faltung zweier Eingangssignale x_1, x_2 wird durch eine geeignete Transformation F (z. B. durch die Fourier-, Laplace- oder Z-Transformation) in die Multiplikation der „Spektren" X_1, X_2 und anschließend durch Logarithmieren in die Addition der logarithmierten Spektren $\hat{X}_1$, $\hat{X}_2$ umgeformt. Die inverse Transformation F^{-1} bringt die logarithmierten Spektren wieder in den Originalbereich zurück.

---

[1] Da man die Potenz x^α für beliebiges reelles α bilden will, setzen wir die Signale $x \in X$ alle als positiv voraus: $x(t) > 0$ für die in Frage kommenden Zeiten t. Man überzeugt sich sofort davon, daß diese Signalmenge X bezüglich der Verknüpfungen $\boxplus$, $\boxdot$ einen Vektorraum bildet. Sein neutrales Element ist die Funktion, die ständig den Wert 1 hat.

Man nennt

$$\hat{x} := Cx = F^{-1}[\log(Fx)]$$

in Umkehrung des Wortes Spektrum das Kepstrum von x. Das inverse charakteristische System folgt aus Fig. 3.10.3, wenn man den Logarithmus durch die entsprechende Exponentialfunktion ersetzt. Auf die mathematischen Umstände (komplexe Logarithmen, Existenz der Transformationen F und F^{-1}) gehen wir bei dieser skizzenhaften Darstellung nicht näher ein.

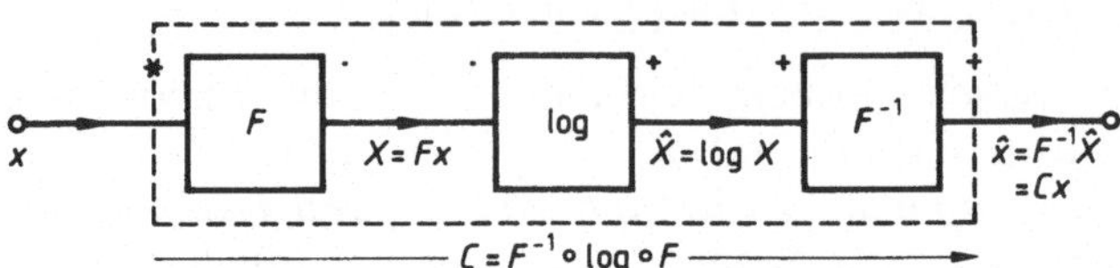

Fig. 3.10.3

Die Bildung des Kepstrums bedeutet die Überführung der Faltung (Konvolution) in eine Addition, weshalb man auch von „Entfaltung" (Dekonvolution) spricht. Die Komponenten der Faltung, also etwa die Erregung und die Impulsantwort eines Systems, können im Kepstralbereich durch lineare (ggf. zeitabhängige) Filterung getrennt werden. Hiervon macht man u. a. in der Sprach- und Bildverarbeitung Gebrauch. ∎

4 Normierte Räume

4.1 Begriff des normierten Raumes

Bekanntlich besitzt jeder Vektor $\boldsymbol{x} := (x_1, \ldots, x_n)$ des $\mathbf{R}^n$ eine euklidische Länge $\|\boldsymbol{x}\|$, die durch

$$\|\boldsymbol{x}\| := \left(\sum_{k=1}^{n} |x_k|^2\right)^{1/2} \tag{4.1.1}$$

definiert ist. Der euklidische Abstand $\mathrm{d}(\boldsymbol{x}, \boldsymbol{y})$ zweier Vektoren $\boldsymbol{x}, \boldsymbol{y} \in \mathbf{R}^n$ (s. Gl. (2.1.1)) läßt sich mit ihrer Hilfe in der Gestalt

$$\mathrm{d}(\boldsymbol{x}, \boldsymbol{y}) = \|\boldsymbol{x} - \boldsymbol{y}\| \tag{4.1.2}$$

ausdrücken. Im Falle $n \leqslant 3$ kann man sich dies alles sehr leicht geometrisch klarmachen.

Auch in vielen anderen Vektorräumen kann man Längen und Abstände von Vektoren erklären. Wir geben zunächst die folgende Definition:

Ein Vektorraum X über $\mathbf{R}$ oder $\mathbf{C}$ heißt normierter Raum, wenn jedem $x \in X$ eine reelle Zahl $\|x\|$ so zugeordnet ist, daß gilt:

(N1)	$\|x\| \geqslant 0, \quad \|x\| = 0 \Leftrightarrow x = 0$	(positive Definitheit),
(N2)	$\|\alpha x\| = \|\alpha\| \, \|x\|$	(Homogenität),
(N3)	$\|x + y\| \leqslant \|x\| + \|y\|$	(Dreiecksungleichung).

$\|x\|$ wird die Norm von x genannt, die Aussagen (N1) bis (N3) heißen die Normaxiome.[1] Z.B. wird durch (4.1.1) eine Norm auf $\mathbf{R}^n$ erklärt und damit $\mathbf{R}^n$ zu einem normierten Raum gemacht. Wir bringen einige weitere Beispiele.

Beispiel 1 Sei $p \geqslant 1$ eine feste reelle Zahl. Dann wird durch

$$\|\boldsymbol{x}\| := \left(\sum_{k=1}^{n} |x_k|^p\right)^{1/p} \tag{4.1.3}$$

eine Norm auf $\mathbf{R}^n$ definiert, und der in (2.1.2) erklärte Abstand wird gegeben durch $\mathrm{d}(\boldsymbol{x}, \boldsymbol{y}) = \|\boldsymbol{x} - \boldsymbol{y}\|$. Für $p = 2$ erhält man die euklidische Norm (4.1.1). Statt des $\mathbf{R}^n$ können wir in diesen Betrachtungen auch den $\mathbf{C}^n$ nehmen.

---

[1] Als Skalarfelder normierter Räume können wir nur $\mathbf{R}$ oder $\mathbf{C}$ zulassen, weil wir den Betrag $|\alpha|$ der Skalare α benötigen. Ein solcher Betrag steht uns in beliebigen Körpern nicht zur Verfügung.

Beispiel 2 Auf $\mathbf{R}^n$ definieren wir die Maximumsnorm durch

$$\|\boldsymbol{x}\| := \max_{k=1}^{n} |x_k| . \tag{4.1.4}$$

Der in (2.1.3) erklärte Abstand schreibt sich mit ihrer Hilfe in der Form $d(\boldsymbol{x}, \boldsymbol{y}) = \|\boldsymbol{x} - \boldsymbol{y}\|$. $\mathbf{R}^n$ läßt sich ohne irgendwelche Änderungen durch $\mathbf{C}^n$ ersetzen.

Beispiel 3 Auf l^p (s. Beispiel 4 in Nr. 2.1) läßt sich durch

$$\|\boldsymbol{x}\| := \left(\sum_{k=1}^{\infty} |x_k|^p\right)^{1/p} \tag{4.1.5}$$

eine Norm erklären. Der Abstand (2.1.4) ist durch $d(\boldsymbol{x}, \boldsymbol{y}) = \|\boldsymbol{x} - \boldsymbol{y}\|$ gegeben.

Beispiel 4 Auf l^∞ (s. Beispiel 5 in Nr. 2.1) definieren wir die Supremumsnorm durch

$$\|\boldsymbol{x}\| := \sup_{k=1}^{\infty} |x_k| . \tag{4.1.6}$$

Der Abstand (2.1.5) ist $d(\boldsymbol{x}, \boldsymbol{y}) = \|\boldsymbol{x} - \boldsymbol{y}\|$.

Beispiel 5 Auch auf $B(T)$ (s. Beispiel 6 in Nr. 2.1) läßt sich eine Supremumsnorm einführen, und zwar durch

$$\|x\| := \sup_{t \in T} |x(t)| . \tag{4.1.7}$$

Der Abstand (2.1.6) ist $d(x, y) = \|x - y\|$.

Beispiel 6 Auf $C[a, b]$ erklären wir die Maximumsnorm durch

$$\|x\| := \max_{a \leqslant t \leqslant b} |x(t)| . \tag{4.1.8}$$

Der Abstand (2.1.7) ist $d(x, y) = \|x - y\|$. ■

Wie die Beispiele 1 bis 6 lehren, *sind die Räume* $\mathbf{R}^n$, $\mathbf{C}^n$, l^p *für* $1 \leqslant p \leqslant \infty$, $B(T)$ *und* $C[a, b]$ *mit den dort definierten Normen normierte Räume.* Auf $l^p(n)$ $(1 \leqslant p < \infty)$ denken wir uns immer die durch (4.1.3) definierte Norm eingeführt, während wir $l^\infty(n)$ stets mit der Maximumsnorm (4.1.4) ausstatten.

Ein normierter Raum X ist zunächst noch kein metrischer Raum. Die Normaxiome (N1) bis (N3) stellen aber sicher, daß (genau wie in den obigen Beispielen) durch

$$d(x, y) := \|x - y\| \tag{4.1.9}$$

ein Abstand in X definiert werden kann, der den metrischen Axiomen (M1) bis (M3) in Nr. 2.1 genügt. *Ein normierter Raum wird also vermöge der kanonischen Abstandsdefinition* (4.1.9) *zu einem metrischen Raum.* Alle Begriffe und Aussagen, die wir im Kapitel 2 über metrische Räume zusammengestellt haben, sind daher auf normierte Räume anwendbar.

Beispiel 7 Der Zustandsraum eines Systems (s. Beispiel 19 in Nr. 3.6 und Beispiel 8 in Nr. 3.9) wird durch Wahl einer Norm $\|\boldsymbol{q}(t)\|$ für die Zustandsvektoren $\boldsymbol{q}(t)$ zu einem normierten Vektorraum; als Norm kann man z. B. die euklidische Norm (4.1.1) nehmen. Man hat dann nicht nur ein Maß für die „Größe" des Zustandsvektors, sondern auch für seinen Abstand von einem vorgegebenen Vektor, etwa einem Gleichgewichtszustand $\boldsymbol{q}_g$. Die Stabilität dieses Zustandes (im Sinne von Lyapunow) läßt sich dann, ohne auf Spezialfälle einzugehen, so formulieren:

Der Zustand $\boldsymbol{q}_g$ ist stabil, wenn es zu jedem $\varepsilon > 0$ ein $\delta > 0$ gibt, so daß für alle Zeitpunkte $t \geqslant 0$

$$\text{mit } \|\boldsymbol{q}(0) - \boldsymbol{q}_g\| < \delta \text{ stets } \|\boldsymbol{q}(t) - \boldsymbol{q}_g\| < \varepsilon \text{ gilt.}$$

$\boldsymbol{q}(0)$ ist der sogenannte Anfangszustand des Systems, der durch eine gewisse Auslenkung $\boldsymbol{q}(0) - \boldsymbol{q}_g$ aus dem Gleichgewichtszustand erzeugt wird. Anders ausgedrückt: Erfolgt die Auslenkung innerhalb einer hinreichend kleinen δ-Umgebung des Gleichgewichtszustandes $\boldsymbol{q}_g$, so bleibt die Trajektorie eines stabilen Systems innerhalb einer vorgebbaren ε-Umgebung dieses Zustandes. ■

Der normierte Raum bietet uns das erste Beispiel einer *Verschmelzung von algebraischer und metrischer Struktur:* er ist sowohl ein Vektorraum als auch ein metrischer Raum, wobei die beiden Strukturen keineswegs isoliert nebeneinanderstehen, sondern durch die Normeigenschaften miteinander verbunden sind. Man halte sich vor Augen, daß es durchaus Vektorräume mit einer Metrik d geben kann, die nicht im Sinne der Definition (4.1.9) aus einer Norm entspringt.[1)]

In einem normierten Raum X *konvergiert* eine Folge (x_n) genau dann gegen x, wenn es zu jedem $\varepsilon > 0$ einen Index $n_0(\varepsilon)$ gibt, so daß

$$\text{für alle } n > n_0(\varepsilon) \text{ stets } \|x_n - x\| < \varepsilon$$

ist. Eine Folge (x_n) ist eine Cauchyfolge, wenn es zu jedem $\varepsilon > 0$ ein $n_0(\varepsilon)$ gibt, so daß

$$\text{für alle } m, n > n_0(\varepsilon) \text{ stets } \|x_m - x_n\| < \varepsilon$$

ausfällt. Ist X als metrischer Raum *vollständig,* besitzt also jede Cauchyfolge einen Grenzwert in X, so wird X ein Banachraum genannt. *Die Räume $l^p(n)$ und l^p für $1 \leqslant p \leqslant \infty$, $B(T)$ und $C[a, b]$ sind Banachräume.* Die besonders wichtigen Banachräume $L^p(a, b)$ werden wir in der nächsten Nummer kennenlernen. *Endlichdimensionale normierte Räume sind stets Banachräume.*

In einem normierten Raum X folgt aus $x_n \to x$, $y_n \to y$ und $\alpha_n \to \alpha$ stets $x_n + y_n \to x + y$, $\alpha_n x_n \to \alpha x$ und $\|x_n\| \to \|x\|$. Ferner ist

$$\big|\|x\| - \|y\|\big| \leqslant \|x - y\| .$$

Sind X, Y normierte Räume, so ist die Funktion $f: X \to Y$ stetig in $x_0 \in X$, wenn es zu jedem $\varepsilon > 0$ ein $\delta(\varepsilon) > 0$ gibt, so daß

$$\text{für alle } x \in X \text{ mit } \|x - x_0\| < \delta(\varepsilon) \text{ stets } \|f(x) - f(x_0)\| < \varepsilon$$

ausfällt, oder gleichbedeutend: wenn aus $x_n \to x_0$ immer $f(x_n) \to f(x_0)$ folgt.

---

1) Ein Beispiel hierfür ist jeder Vektorraum $X \neq \{0\}$ mit der diskreten Metrik (2.1.8).

Die normierten Räume X, Y über demselben Skalarkörper heißen n o r m i s o m o r p h , wenn es eine bijektive lineare Abbildung $A : X \to Y$ gibt, die normerhaltend ist, d. h., für die durchweg

$$\|Ax\| = \|x\| \tag{4.1.10}$$

gilt.[1] *Ein Normisomorphismus A ist also sowohl mit den algebraischen Operationen als auch mit der Norm „verträglich".* Wegen

$$\|Ax_1 - Ax_2\| = \|A(x_1 - x_2)\| = \|x_1 - x_2\|$$

ist er eine Isometrie. Normisomorphe Räume unterscheiden sich im Grunde genommen nur durch die Bezeichnung ihrer Elemente und dürfen daher identifiziert werden.

Von besonderer Wichtigkeit sind zwei Ungleichungen, die wir nun angeben.

Höldersche Ungleichung *Genügen die Zahlen $p, q > 1$ der Beziehung $1/p + 1/q = 1$, so gilt*

$$\sum |x_k y_k| \leqslant \left(\sum |x_k|^p\right)^{1/p} \cdot \left(\sum |y_k|^q\right)^{1/q}, \tag{4.1.11}$$

wobei man, wenn die Summen unendliche Reihen sind, verlangen muß, daß (x_k) in l^p und (y_k) in l^q liegt. In (4.1.11) *gilt das Gleichheitszeichen genau dann, wenn einer der Vektoren $(|x_k|^p)$ und $(|y_k|^q)$ ein Vielfaches des anderen ist.*

Für $p = q = 2$ geht die Höldersche Ungleichung in die C a u c h y - S c h w a r zsche über:

$$\sum |x_k y_k| \leqslant \left(\sum |x_k|^2\right)^{1/2} \cdot \left(\sum |y_k|^2\right)^{1/2}. \tag{4.1.12}$$

In (4.1.12) *gilt das Gleichheitszeichen genau dann, wenn einer der Vektoren $(|x_k|)$ und $(|y_k|)$ ein Vielfaches des anderen ist. Es gilt also insbesondere immer dann, wenn etwa $(y_k) = \alpha(x_k)$ ist.*

Minkowskische Ungleichung *Ist $p \geqslant 1$, so gilt*

$$\left(\sum |x_k + y_k|^p\right)^{1/p} \leqslant \left(\sum |x_k|^p\right)^{1/p} + \left(\sum |y_k|^p\right)^{1/p}, \tag{4.1.13}$$

wobei man, wenn die Summen unendliche Reihen sind, verlangen muß, daß sowohl (x_k) als auch (y_k) in l^p liegt. In (4.1.13) *gilt das Gleichheitszeichen genau dann, wenn einer der Vektoren (x_k) und (y_k) ein nichtnegatives Vielfaches des anderen ist.*

Die Minkowskische Ungleichung ist nichts anderes als die Dreiecksungleichung für die Norm in $l^p(n)$ bzw. in l^p $(1 \leqslant p < \infty)$.

---

[1] Wegen der Linearität von A folgt übrigens die Injektivität von A bereits aus (4.1.10), braucht also nicht ausdrücklich gefordert zu werden. Mit anderen Worten: es genügt, A als surjektiv vorauszusetzen.

4.2 Das Lebesguesche Integral und die Banachräume $L^p(a, b)$

Das Lebesguesche (sprich: „Lebegsche") Integral (L-Integral) ist eine weitreichende Verallgemeinerung des Riemannschen Integrals (R-Integrals). Wir können hier nicht auf seine exakte Definition eingehen, sondern müssen uns mit einigen Andeutungen begnügen.

I sei ein völlig beliebiges Intervall $\subseteq \mathbf{R}$ mit den Endpunkten $a < b$ (wobei also auch $a = -\infty$ und $b = +\infty$ zugelassen ist). Mit $R(a, b)$ oder $R(I)$ bezeichnen wir die Menge derjenigen Funktionen $f: I \to \mathbf{R}$, die auf I im Riemannschen Sinne absolut integrierbar (absolut R-integrierbar) sind. Für jedes $f \in R(a, b)$ existiert also das (eigentliche oder uneigentliche) R-Integral $\int_a^b |f(x)|\,dx$. Das Riemannsche Integrationsverfahren ordnet jeder Funktion $f \in R(a, b)$ eine reelle Zahl, ihr R-Integral $\int_a^b f(x)\,dx$ zu, und diese Zuordnung ist *linear und ordnungserhaltend,* d. h., es gilt:

$$\int_a^b (f(x) + g(x))\,dx = \int_a^b f(x)\,dx + \int_a^b g(x)\,dx\,, \tag{4.2.1}$$

$$\int_a^b \alpha f(x)\,dx = \alpha \int_a^b f(x)\,dx \quad \text{für jedes} \quad \alpha \in \mathbf{R}\,, \tag{4.2.2}$$

$$\int_a^b f(x)\,dx \geq \int_a^b g(x)\,dx\,, \quad \text{falls} \quad f \geq g\,. \tag{4.2.3}$$

Überdies haben wir die fundamentale Dreiecksungleichung

$$\left|\int_a^b f(x)\,dx\right| \leq \int_a^b |f(x)|\,dx\,. \tag{4.2.4}$$

Das Lebesguesche Integrationsverfahren leistet etwas ganz Entsprechendes – aber für eine Funktionenmenge, die weitaus umfassender ist als $R(a, b)$, *nämlich die Menge* $L(a, b)$ *oder* $L(I)$ *der auf* I im Lebesgueschen Sinne integrierbaren (L-integrierbaren) Funktionen.

Das L-Integral von $f \in L(a, b)$ bezeichnet man wie das R-Integral mit dem Symbol $\int_a^b f(x)\,dx$. Die Benutzung ein und desselben Symbols für beide Integrale ist deshalb unbedenklich, weil das L-Integral einer Funktion $f \in R(a, b)$ mit ihrem R-Integral übereinstimmt, weil also, in leicht verständlicher Schreibweise, gilt:

$$\text{L-}\int_a^b f(x)\,dx = \text{R-}\int_a^b f(x)\,dx \quad \text{für alle} \quad f \in R(a, b)\,. \tag{4.2.5}$$

Dies alles können wir nun kurz so zusammenfassen: *Das* L-*Integral ist eine Fortsetzung des* R-*Integrals von* $R(a, b)$ *auf* $L(a, b)$, *wobei die fundamentalen Eigenschaften* (4.2.1) *bis* (4.2.4) *erhalten bleiben.*

Eine L-integrierbare Funktion läßt sich als Grenzwert einer geeigneten Folge R-integrierbarer Funktionen darstellen, und ihr L-Integral ist Grenzwert einer Folge von R-Integralen. Auf die nähere Beschreibung dieser Grenzprozesse wollen wir aber nicht eingehen.

Bereits eine R-integrierbare Funktion kann sehr unübersichtlich sein. In noch viel höherem Maße gilt dies für L-integrierbare Funktionen. Von einer Funktion, die L-integrierbar, aber nicht R-integrierbar ist, läßt sich kaum ein Schaubild zeichnen. Ein immerhin noch besonders einfaches Beispiel für eine solche Funktion ist die sogenannte Dirichletsche Funktion d, die auf $\mathbf{R}$ definiert wird durch

$$d(x) := \begin{cases} 1\,, & \text{falls } x \text{ rational}\,, \\ 0\,, & \text{falls } x \text{ irrational}\,. \end{cases} \tag{4.2.6}$$

Ihr L-Integral hat den Wert 0.

Die meisten der in Naturwissenschaft und Technik vorkommenden Funktionen liegen in $R(a, b)$. Trotzdem sind die L-integrierbaren Funktionen auch für diese Wissenschaften von erheblicher theoretischer Bedeutung; wir werden noch darauf zurückkommen.

Für unsere weiteren Betrachtungen ist der Begriff der Nullmenge besonders wichtig. Ihrer Definition schicken wir zwei Sprachregelungen voraus.

Ist I ein endliches Intervall mit den Endpunkten $a < b$, so nennen wir die positive Zahl

$$|I| := b - a$$

die Länge von I.

Sei M eine Teilmenge von $\mathbf{R}$ und $I_1, I_2, \dots$ eine (evtl. abbrechende) Folge von Intervallen. Ist

$$M \subseteq \bigcup_k I_k\,,$$

liegt also jeder Punkt aus M in mindestens einem der Intervalle $I_1, I_2, \dots$, so sagen wir, daß diese Intervalle die Menge M überdecken.

Die Definition der Nullmenge lautet nun so:

Eine Teilmenge M von $\mathbf{R}$ heißt Nullmenge oder Menge vom Maß 0, wenn es zu jedem $\varepsilon > 0$ eine (evtl. abbrechende) Folge endlicher Intervalle $I_1, I_2, \dots$ gibt, die M überdecken und deren Längensumme $\sum |I_k| \leqslant \varepsilon$ bleibt.

Beispiel 1 Die leere Menge $\emptyset$ ist eine Nullmenge. Gibt man nämlich ein beliebiges $\varepsilon > 0$ vor und wählt dann irgendein Intervall I_1 mit $|I_1| \leqslant \varepsilon$, z.B. das Intervall $I_1 := (0, \varepsilon)$, so ist $\emptyset \subseteq I_1$ und $|I_1| \leqslant \varepsilon$.

Beispiel 2 Jede endliche Teilmenge $\{a_1, a_2, \dots, a_n\}$ von $\mathbf{R}$ ist eine Nullmenge. Bildet man nämlich zu vorgegebenem $\varepsilon > 0$ die n Intervalle

$$I_k := \left(a_k - \frac{\varepsilon}{2n}\,,\, a_k + \frac{\varepsilon}{2n}\right) \qquad (k = 1, \dots, n)\,,$$

so ist $a_k \in I_k$ und $|I_k| = \varepsilon/n$, also

$$\{a_1, a_2, \ldots, a_n\} \subseteq \bigcup_{k=1}^{n} I_k \quad \text{und} \quad \sum_{k=1}^{n} |I_k| = \varepsilon .$$

Beispiel 3 Die Menge $\mathbf{Q}$ der rationalen Zahlen ist eine Nullmenge. Diese sehr unanschauliche Tatsache ist analytisch leicht einzusehen. $\mathbf{Q}$ ist abzählbar, kann also in der Form $\mathbf{Q} = \{r_1, r_2, r_3, \ldots\}$ dargestellt werden. Nach Wahl von $\varepsilon > 0$ legen wir um r_k das Intervall

$$I_k := \left(r_k - \frac{\varepsilon}{2^{k+1}}, r_k + \frac{\varepsilon}{2^{k+1}}\right) \qquad (k = 1, 2, \ldots) .$$

Dann ist $r_k \in I_k$ und $|I_k| = \varepsilon/2^k$, also

$$\mathbf{Q} \subseteq \bigcup_{k=1}^{\infty} I_k \quad \text{und} \quad \sum_{k=1}^{\infty} |I_k| = \sum_{k=1}^{\infty} \frac{\varepsilon}{2^k} = \frac{\varepsilon}{2} \cdot \sum_{k=0}^{\infty} \frac{1}{2^k} = \frac{\varepsilon}{2} \cdot \frac{1}{1-\frac{1}{2}} = \varepsilon ;$$

hierbei haben wir die Summenformel für die geometrische Reihe benutzt:

$$\sum_{k=0}^{\infty} q^k = \frac{1}{1-q}, \qquad \text{falls } |q| < 1 .$$

Beispiel 4 Jede abzählbare Teilmenge von $\mathbf{R}$ ist eine Nullmenge.[1] Dies sieht man ganz ähnlich wie in Beispiel 3. ∎

f und g seien zwei auf $X \subseteq \mathbf{R}$ definierte reellwertige Funktionen. Wir sagen, es sei

$f = g$ fast überall bzw. $f \geqslant g$ fast überall,

wenn es eine Nullmenge $M \subseteq X$ gibt, so daß

$f(x) = g(x)$ für alle $x \in X \setminus M$ bzw. $f(x) \geqslant g(x)$ für alle $x \in X \setminus M$

ist.

Beispiel 5 Für die in (4.2.6) definierte Dirichletsche Funktion d gilt:

$d = 0$ fast überall.

Denn sie unterscheidet sich von der Nullfunktion 0 nur in den Punkten von $\mathbf{Q}$, und $\mathbf{Q}$ ist nach Beispiel 3 eine Nullmenge. ∎

Eine für die Lebesguesche Integrationstheorie besonders wichtige Tatsache, die keine Parallele in der Riemannschen hat, ist die folgende: Man kann eine L-integrierbare Funktion in den Punkten einer beliebigen Nullmenge abändern, ohne die Integrierbarkeit zu zerstören und den Integralwert zu beeinflussen, genauer: *Ist* $f \in L(a, b)$ *und* $f = g$ *fast überall, so ist auch* $g \in L(a, b)$ *und* $\int_a^b f(x)\,dx = \int_a^b g(x)\,dx$.

Man pflegt dies kurz durch den Satz auszudrücken, beim (Lebesgueschen) Integrieren komme es auf eine Nullmenge nicht an.

---

[1] Die Umkehrung gilt nicht: Eine Nullmenge braucht nicht abzählbar zu sein.

Ebenfalls von großer Bedeutung ist die folgende Charakterisierung fast überall verschwindender Funktionen:

$$f \in L(a, b) \text{ verschwindet fast überall} \quad \Leftrightarrow \quad \int_a^b |f(x)|\,\mathrm{d}x = 0\,. \tag{4.2.7}$$

In der Lebesgueschen Theorie treten neben den integrierbaren Funktionen noch die sogenannten meßbaren Funktionen auf. Wir wollen hier nicht näher auf sie eingehen, sondern nur bemerken, daß die Klasse dieser Funktionen außerordentlich umfassend ist: Man kann ohne Gefahr davon ausgehen, daß praktisch jede Funktion, die in einem vernünftigen Zusammenhang auftritt, meßbar ist. Insbesondere sind alle L-integrierbaren Funktionen auch meßbar.

Wir kommen nun zum eigentlichen Ziel dieser Nummer. Es sei p eine feste reelle Zahl $\geqslant 1$. Mit $L^p(a, b)$ oder $L^p(I)$ bezeichnen wir die Menge aller meßbaren Funktionen $f: I \to \mathbf{R}$, für die $|f|^p$ in $L(I)$ liegt.[1] $L^p(I)$ ist ein Vektorraum, und es ist $L^1(I) = L(I)$. Ferner haben wir

$$C(I) \subset L^q(I) \subset L^p(I)\,, \text{ wenn } I \text{ kompakt und } p < q \text{ ist.}$$

Wir teilen nun zwei wichtige Ungleichungen, die Integralanaloga der Ungleichungen (4.1.11) und (4.1.13), mit.

Höldersche Ungleichung *Die Zahlen p, $q > 1$ mögen der Beziehung $1/p + 1/q = 1$ genügen, ferner sei $f \in L^p(a, b)$ und $g \in L^q(a, b)$. Dann liegt fg in $L(a, b)$, und es ist*

$$\int_a^b |f(x)g(x)|\,\mathrm{d}x \leqslant \left(\int_a^b |f(x)|^p\,\mathrm{d}x\right)^{1/p} \left(\int_a^b |g(x)|^q\,\mathrm{d}x\right)^{1/q}. \tag{4.2.8}$$

Das Gleichheitszeichen gilt genau dann, wenn eine der Funktionen $|f|^p$ und $|g|^q$ fast überall ein Vielfaches der anderen ist. Für $p = q = 2$ geht die Höldersche Ungleichung in die Cauchy-Schwarzsche über: *Für Funktionen f, g aus $L^2(a, b)$ ist*

$$\int_a^b |f(x)g(x)|\,\mathrm{d}x \leqslant \left(\int_a^b |f(x)|^2\,\mathrm{d}x\right)^{1/2} \left(\int_a^b |g(x)|^2\,\mathrm{d}x\right)^{1/2}. \tag{4.2.9}$$

Hier gilt das Gleichheitszeichen genau dann, wenn eine der Funktionen $|f|$ und $|g|$ fast überall ein Vielfaches der anderen ist. Es gilt also insbesondere immer dann, wenn etwa $g = \alpha f$ fast überall ist.

Minkowskische Ungleichung *Sei $p \geqslant 1$. Dann ist für je zwei Funktionen f, g aus $L^p(a, b)$ stets*

$$\left(\int_a^b |f(x) + g(x)|^p\,\mathrm{d}x\right)^{1/p} \leqslant \left(\int_a^b |f(x)|^p\,\mathrm{d}x\right)^{1/p} + \left(\int_a^b |g(x)|^p\,\mathrm{d}x\right)^{1/p}. \tag{4.2.10}$$

Das Gleichheitszeichen gilt genau dann, wenn eine der beiden Funktionen f und g fast überall ein nichtnegatives Vielfaches der anderen ist.

---

[1] $|f|$ bedeutet die Funktion $x \mapsto |f(x)|$ für alle $x \in I$.

Jedem $f \in L^p(a, b)$ ordnen wir die reelle Zahl

$$\|f\| := \left(\int_a^b |f(x)|^p \, dx\right)^{1/p} \tag{4.2.11}$$

zu. Diese Zuordnung hat die folgenden Eigenschaften:

$$\|f\| \geqslant 0, \qquad \|f\| = 0 \Leftrightarrow f = 0 \quad \text{fast überall (s. (4.2.7))},$$
$$\|\alpha f\| = |\alpha| \, \|f\|,$$
$$\|f + g\| \leqslant \|f\| + \|g\| \quad \text{(s. (4.2.10))}.$$

$\|f\|$ ist keine Norm im strengen Sinne, weil aus $\|f\| = 0$ nicht $f = 0$, sondern nur $f = 0$ fast überall folgt. Diesen Mißstand können wir durch Restklassenbildung beseitigen. Die Menge

$$U := \{f \in L^p(a, b) \,|\, f = 0 \text{ fast überall}\}$$

ist ein Unterraum von $L^p(a, b)$. Für die Elemente $[f]$ des Quotientenraumes $\mathfrak{L}^p(a, b) := L^p(a, b)/U$ (s. Ende der Nr. 3.9) setzen wir

$$\|[f]\| := \|f\| .$$

Diese Definition ist eindeutig (unabhängig von dem Repräsentanten f) und macht $\mathfrak{L}^p(a, b)$ zu einem normierten Raum. Mit Hilfe tiefliegender Sätze der Lebesgueschen Theorie kann man sogar die fundamentale Tatsache beweisen, daß $\mathfrak{L}^p(a, b)$ vollständig, also ein Banachraum ist.

Die Funktionen $f, g \in L^p(a, b)$ gehören genau dann zu derselben Restklasse aus $\mathfrak{L}^p(a, b)$, wenn sie fast überall gleich sind. Anstatt nun den neuen Raum $\mathfrak{L}^p(a, b)$ und die umständliche Schreibweise $[f]$ für seine Elemente einzuführen, vereinbart man, *im Zusammenhang der L^p-Theorie stillschweigend diejenigen Funktionen zu identifizieren, die sich nur auf einer Nullmenge unterscheiden,* und die ursprünglichen Bezeichnungen $L^p(a, b)$ und f beizubehalten. Man muß sich aber vor Augen halten, daß dieses „stillschweigende Identifizieren" in Wirklichkeit die oben beschriebene Restklassenbildung ist und daß $L^p(a, b)$ im Grunde kein Raum von Funktionen, sondern einer von Restklassen ist. Nach diesen Vereinbarungen können wir nun den zentralen Satz aussprechen: *$L^p(a, b)$ ist mit der Norm* (4.2.11) *ein Banachraum.*

Bisher haben wir den Fall $p = \infty$ nicht betrachtet. Unter $L^\infty(a, b)$ wollen wir die Menge der auf (a, b) meßbaren Funktionen verstehen, die fast überall beschränkt sind. Zu jedem $f \in L^\infty(a, b)$ gibt es also eine Konstante K mit

$$|f(x)| \leqslant K \quad \text{fast überall.}$$

Das kleinste K, das man in dieser Abschätzung wählen kann, heißt das essentielle Supremum von $|f|$ und wird mit $\sup\operatorname{ess}|f|$ bezeichnet. Identifiziert man wieder Funktionen, die fast überall gleich sind, *so wird $L^\infty(a, b)$ mit der Norm*

$$\|f\| := \sup\operatorname{ess}|f|$$

ein Banachraum.

Ist f eine komplexwertige Funktion auf (a, b), also $f = u + \mathrm{j}v$ mit reellwertigen Funktionen u, v, so nennen wir f L-integrierbar, wenn u und v L-integrierbar sind, und setzen in diesem Falle

$$\int_a^b f(x)\,\mathrm{d}x := \int_a^b u(x)\,\mathrm{d}x + \mathrm{j} \int_a^b v(x)\,\mathrm{d}x\,.$$

Entsprechend wird die Meßbarkeit von f definiert. Die Betrachtungen dieser Nummer gelten dann auch für komplexwertige Funktionen. Die Räume $L^p(a, b)$ sind in diesem Falle komplexe Banachräume. In der Bezeichnung $L^p(a, b)$ unterscheiden wir nicht zwischen reellen und komplexen Räumen, weil eine solche Unterscheidung in der Regel belanglos ist.

Neben $L^p(a, b)$ könnte man auch den Vektorraum $R^p(a, b)$ derjenigen Funktionen f betrachten, für die $|f|^p$ R-integrierbar ist, und ihn mittels (4.2.11) zu einem normierten Raum machen. In $R^p(a, b)$ gibt es aber nicht genügend viele Funktionen, um jeder Cauchyfolge einen Grenzwert verschaffen zu können: $R^p(a, b)$ ist ein unvollständiger normierter Raum. Diese unerfreuliche Tatsache ist einer der wichtigsten Gründe dafür, den Begriff der R-Integrierbarkeit zu dem der L-Integrierbarkeit zu erweitern. Erst mittels dieser Erweiterung kann man, kurz gesagt, $R^p(a, b)$ so sehr mit zusätzlichen Funktionen anreichern, daß Vollständigkeit erreicht wird. *Die Vollständigkeit von $L^p(a, b)$ ist aber eine der Haupttatsachen in der Theorie der Fourierreihen und -transformationen, und diese Theorien haben ihrerseits eine eminente Bedeutung in Naturwissenschaft und Technik.* Das ist einer der Gründe dafür, daß der Lebesguesche Integralbegriff auch für den Ingenieur von Bedeutung ist.

4.3 Stetige lineare Operatoren

Anknüpfend an Nr. 3.9 lassen sich nun nach Einführung der Norm Abbildungen zwischen normierten Räumen betrachten.

X und Y seien zwei normierte Räume über demselben (reellen oder komplexen) Skalarfeld. Die lineare Abbildung $A : X \to Y$ heißt beschränkt, wenn es eine Konstante M gibt, so daß

$$\|Ax\| \leqslant M\,\|x\| \quad \text{für alle} \quad x \in X \tag{4.3.1}$$

ist. Es zeigt sich nun, *daß die folgenden Aussagen äquivalent sind:*

a) *A ist in einem Punkt von X stetig.*
b) *A ist auf ganz X stetig.*
c) *A ist beschränkt.*

$\mathfrak{L}(X, Y)$ bedeute die Menge der stetigen (also beschränkten) linearen Operatoren $A : X \to Y$. *$\mathfrak{L}(X, Y)$ ist ein Vektorraum.* Mit $\mathfrak{L}(X)$ bezeichnen wir die Menge $\mathfrak{L}(X, X)$ der stetigen Endomorphismen von X. Für $A \in \mathfrak{L}(X, Y)$ können wir eine Norm durch

$$\|A\| := \sup_{x \neq 0} \frac{\|Ax\|}{\|x\|} = \sup_{\|x\|=1} \|Ax\| \tag{4.3.2}$$

definieren und hierdurch $\mathfrak{L}(X, Y)$ *zu einem normierten Raum machen.* $\|A\|$ ist nichts anderes als die kleinste Zahl M, für die (4.3.1) noch gilt. *Ist Y ein Banachraum, so ist auch $\mathfrak{L}(X, Y)$ ein solcher.*

Für $A \in \mathfrak{L}(X, Y)$, $B \in \mathfrak{L}(Y, Z)$ ist $BA \in \mathfrak{L}(X, Z)$ und

$$\|BA\| \leqslant \|B\| \, \|A\| ; \tag{4.3.3}$$

insbesondere ist $\mathfrak{L}(X)$ eine Algebra, und für $A \in \mathfrak{L}(X)$ gilt

$$\|A^n\| \leqslant \|A\|^n \qquad (n = 0, 1, 2, \ldots). \tag{4.3.4}$$

Eine lineare Abbildung $A : X \to Y$ braucht nicht stetig zu sein. Ist aber der Definitionsraum X endlichdimensional, so ist A automatisch stetig.

Ist der stetige lineare Operator $A : X \to Y$ injektiv, so kann seine Inverse A^{-1} durchaus unstetig sein. Es gilt jedoch der wichtige

Satz von der stetigen Inversen *Sind X und Y Banachräume und ist $A \in \mathfrak{L}(X, Y)$ bijektiv, so ist der inverse Operator $A^{-1} : Y \to X$ stetig.*

Beispiel 1 Wie bereits in Beispiel 7 der Nr. 3.9 erwähnt, kann das Verhalten linearer Systeme in der Form $y = Ax$ mittels linearer Operatoren A beschrieben werden. x und y sind Zeitfunktionen, die bei Einfachsystemen skalarwertig, bei Mehrfachsystemen (Systeme mit mehreren Ein- und Ausgängen) vektorwertig sind. Beschränkt man sich auf zeitinvariante Systeme, so ist A im einfachsten Fall eines sogenannten nichtdynamischen Systems ein konstanter Skalar (bei Einfachsystemen) bzw. eine konstante Matrix (bei Mehrfachsystemen). Bei dynamischen Systemen bedeutet A die Faltung des Eingangssignals mit der Impulsantwort $a(t)$:

$$y(t) = a(t) * x(t) = \int_{-\infty}^{+\infty} a(t-\tau)x(\tau)\,\mathrm{d}\tau = \int_{-\infty}^{+\infty} a(\tau)x(t-\tau)\,\mathrm{d}\tau .$$

Auch hier ist $a(t)$ bei Einfachsystemen ein Skalar, andernfalls eine Matrix.

Unabhängig davon, welche Bedeutung A hat, *ist die Norm $\|A\|$ in vielen Fällen ein Maß für das „globale" Verhalten des Systems.* Wegen $\|Ax\| \leqslant \|A\| \, \|x\|$ ist nämlich $\|A\|$ eine Schranke für die Änderung, die eine Eingangsgröße x unter der Einwirkung von A erfährt. Mittels der Norm eines Operators kann man ggf. Eigenschaften wie „Verstärkung" oder „Empfindlichkeit" durch eine einzige Zahl charakterisieren.

Verallgemeinernd *kann jeder lineare Zusammenhang zwischen irgendwelchen Ursachen und den dazugehörigen Wirkungen durch lineare Operatoren beschrieben werden.* So gibt es z. B. einen anderen Begriff der „Empfindlichkeit", nämlich die Abhängigkeit bestimmter Eigenschaften eines Systems von den Toleranzen seiner Bauteile. Sofern diese Abhängigkeit linear ist, läßt sie sich durch einen linearen Operator beschreiben. Dessen Norm ist dann ein globales Maß für diese Art der Empfindlichkeit. ■

In der Theorie der Integralgleichungen, der Matrizen und der Eigenwertprobleme treten ständig Gleichungen der Form

$$(A-\lambda I)x = y \tag{4.3.5}$$

auf, wobei A ein linearer Operator und I die identische Transformation ist. *Die Gleichung* (4.3.5) *kann ein mannigfaltiges Lösungsverhalten zeigen;* sie kann unlösbar sein, und im Falle der Lösbarkeit kann die Lösung eindeutig bestimmt sein – muß es aber nicht. Um diese Dinge zu klären, führen wir einige Voraussetzungen und Bezeichnungen ein.

Im folgenden sei X ein *komplexer* Banachraum und $A \in \mathcal{L}(X)$.[1)] Die Resolventenmenge $\varrho(A)$ von A ist die Menge aller $\lambda \in \mathbf{C}$, für die $A - \lambda I$ bijektiv ist. Nach dem Satz von der stetigen Inversen ist für jedes $\lambda \in \varrho(A)$ der auf X definierte Resolventenoperator

$$R_\lambda(A) := (A - \lambda I)^{-1}$$

stetig. *Genau dann, wenn λ zu $\varrho(A)$ gehört, ist die Gleichung* (4.3.5) *für jedes $y \in X$ eindeutig lösbar. Überdies hängt dann die Lösung stetig von y ab, genauer: Ist $(A - \lambda I)x_n = y_n$ und strebt $y_n \to y$, so strebt (x_n) gegen die Lösung der Gleichung $(A - \lambda I)x = y$.*

Das Komplement

$$\sigma(A) := \mathbf{C} \setminus \varrho(A)$$

der Resolventenmenge von A heißt das Spektrum von A.

$\lambda \in \mathbf{C}$ wird Eigenwert von A genannt, wenn es ein $x \neq 0$ gibt mit $(A - \lambda I)x = 0$, also mit $Ax = \lambda x$. Jedes derartige x heißt ein Eigenvektor oder eine Eigenlösung von A zum Eigenwert λ. λ ist also genau dann ein Eigenwert, wenn der Kern $K(A - \lambda I)$ von $A - \lambda I$ nicht nur das Nullelement enthält, und die zu λ gehörenden Eigenvektoren sind gerade die Elemente $\neq 0$ dieses Kerns. Er wird auch Eigenraum zum Eigenwert λ genannt. Seine Dimension, also die Maximalzahl linear unabhängiger Eigenvektoren zu λ, heißt die Vielfachheit von λ.

Ist λ ein Eigenwert von A und besitzt die Gleichung (4.3.5) eine Lösung x_0 (was nicht der Fall zu sein braucht), so sind genau die Vektoren der Form

$$x_0 + x \quad \text{mit} \quad x \in K(A - \lambda I) .$$

Lösungen von (4.3.5). Von eindeutiger Lösbarkeit kann dann nicht mehr die Rede sein, und infolgedessen gehört λ zum Spektrum von A. Die Menge $\sigma_p(A)$ der Eigenwerte von A nennt man das Punktspektrum von A; es ist also

$$\sigma_p(A) \subseteq \sigma(A) .$$

S. zu allen diesen Ausführungen Fig. 4.3.1.

---

1) Im Rahmen unserer Gleichungstheorie sind nur die komplexen Banachräume von Bedeutung, und nur in ihnen gelten alle Sätze, die wir angeben werden.

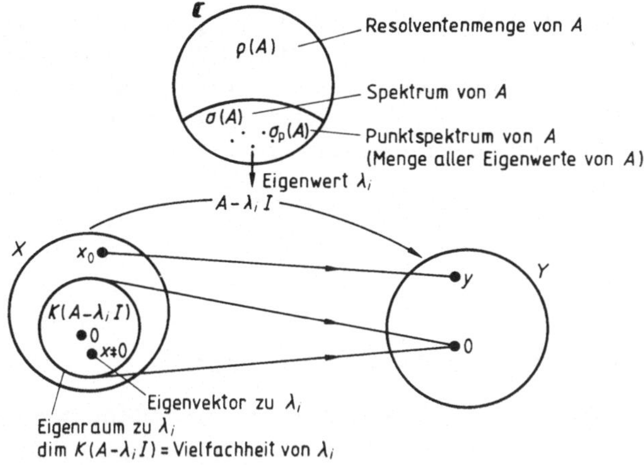

Fig. 4.3.1

A braucht keinen Eigenwert zu besitzen, d.h., es kann $\sigma_p(A) = \emptyset$ sein. *Das Spektrum von A selbst ist jedoch niemals leer, wenn nur $X \neq \{0\}$ ist.*[1] *Es ist überdies eine beschränkte und abgeschlossene (also kompakte) Teilmenge von* $\mathbf{C}$. Die nichtnegative Zahl

$$r(A) := \sup_{\lambda \in \sigma(A)} |\lambda|$$

heißt der Spektralradius von A, der Kreis um 0 mit Radius $r(A)$ der Spektralkreis von A.[2] Es gilt die wichtige Formel

$$r(A) = \lim_{n \to \infty} \|A^n\|^{1/n} . \tag{4.3.6}$$

Auf dem Rande des Spektralkreises liegt mindestens ein Punkt des Spektrums, außerhalb des Spektralkreises gibt es nur Punkte der Resolventenmenge. Für jedes $\lambda \in \mathbf{C}$ mit $|\lambda| > r(A)$ ist also die Gleichung (4.3.5) bei beliebigem $y \in X$ stets eindeutig lösbar, und die Lösung hängt stetig von y ab.

Ist X endlichdimensional, so besitzt A mindestens einen Eigenwert, und es ist sogar $\sigma(A) = \sigma_p(A)$: das Spektrum besteht nur aus Eigenwerten. Stellt man A bezüglich irgendeiner Basis $B_u := \{u_1, \ldots, u_n\}$ von X durch eine Matrix $\boldsymbol{A}$ dar (s. Beispiel 6 in Nr. 3.9; die dort auftretende Basis B_v von Y ist $= B_u$ zu setzen), so ergeben sich die Eigenwerte von A als Lösungen der sogenannten charakteristischen Gleichung

$$\det(\boldsymbol{A} - \lambda \boldsymbol{I}) = 0 ; \tag{4.3.7}$$

dabei ist $\boldsymbol{I}$ die (n, n)-Einheitsmatrix. $\boldsymbol{A} - \lambda \boldsymbol{I}$ wird charakteristische Matrix genannt. $\det(\boldsymbol{A} - \lambda \boldsymbol{I})$ ist ein Polynom n-ten Grades in λ, das charakteristi-

[1] Den trivialen Fall $X = \{0\}$ wollen wir hinfort stillschweigend ausschließen.

[2] Der Spektralkreis kann sich auf den Nullpunkt reduzieren. In diesem Falle wird A quasinilpotent genannt.

sche Polynom, besitzt also n Wurzeln λ_i, wenn man jede Wurzel so oft zählt, wie ihre Vielfachheit angibt. Gibt es n (= $\dim X$) linear unabhängige Eigenvektoren x_i (die zu verschiedenen Eigenwerten λ_i gehören dürfen), so bilden diese eine Basis von X; die Darstellungsmatrix von A bezüglich dieser „Eigenbasis" hat dann eine besonders einfache Gestalt: sie ist eine Diagonalmatrix

$$\begin{pmatrix} \lambda_1 & & & 0 \\ & \lambda_2 & & \\ & & \ddots & \\ 0 & & & \lambda_n \end{pmatrix}, \tag{4.3.8}$$

in deren Hauptdiagonale die n Wurzeln von (4.3.7) stehen.

Beispiel 2 Operatoren nach Gl. (4.3.5) bzw. charakteristische Matrizen und deren Determinanten nach Gl. (4.3.7) spielen in der Systemtheorie eine wichtige Rolle.
Die Zustandsgleichungen eines Systems nach Beispiel 8 in Nr. 3.9 lauten mit $\boldsymbol{D}' = \boldsymbol{0}$ (da dies in realen Systemen stets angenommen werden kann):

$$\begin{aligned} \dot{\boldsymbol{q}}(t) &= \boldsymbol{A}'\boldsymbol{q}(t) + \boldsymbol{B}'x(t) \\ y(t) &= \boldsymbol{C}'\boldsymbol{q}(t) . \end{aligned}$$

Das System sei ein lineares, zeitunabhängiges Einfachsystem der Ordnung n. Dann sind $\boldsymbol{A}'$, $\boldsymbol{B}'$, $\boldsymbol{C}'$ konstante Matrizen und $x(t)$, $y(t)$ Skalare. $\boldsymbol{q}(t)$ ist ein n-dimensionaler Spaltenvektor, $\boldsymbol{A}'$ eine $n \times n$-*Matrix*, $\boldsymbol{B}'$ ein Spalten- und $\boldsymbol{C}'$ ein Zeilenvektor, jeweils der Dimension n.
Unterwirft man die Gleichungen der Laplace-Transformation (mit der Variablen s im Bildbereich), so folgt für energielosen Anfangszustand, d.h. $\boldsymbol{q}(0) = \boldsymbol{0}$, unter Verwendung von Großbuchstaben für die transformierten Größen:

$$\begin{aligned} s\boldsymbol{Q}(s) &= \boldsymbol{A}'\boldsymbol{Q}(s) + \boldsymbol{B}'X(s) \\ Y(s) &= \boldsymbol{C}'\boldsymbol{Q}(s) . \end{aligned}$$

Durch Elimination des Zustandsvektors $\boldsymbol{Q}(s)$ ergibt sich das sogen. Klemmenverhalten (die „Eingangs-Ausgangs-Darstellung") in Gestalt der sogenannten Systemfunktion $A(s) := Y(s)/X(s)$ zu

$$A(s) = \boldsymbol{C}'(s\boldsymbol{I} - \boldsymbol{A}')^{-1}\boldsymbol{B}' .$$

Man definiert die sogenannte Fundamentalmatrix[1] $\boldsymbol{\Phi}(s)$ durch

$$\boldsymbol{\Phi}(s) := (s\boldsymbol{I} - \boldsymbol{A}')^{-1} = \frac{\operatorname{adj}(s\boldsymbol{I} - \boldsymbol{A}')}{\det(s\boldsymbol{I} - \boldsymbol{A}')} . \tag{4.3.9}$$

In diesen Ausdrücken tritt (bis auf das Vorzeichen) die charakteristische Matrix $\boldsymbol{A}' - \lambda\boldsymbol{I}$ auf, wobei s mit λ zu identifizieren ist. Im Nenner der Gl. (4.3.9) steht (ggf. bis auf das Vorzeichen) das charakteristische Polynom nach Gl. (4.3.7).

[1] auch Transitions- oder Übergangsmatrix genannt.

Für die Untersuchung solcher Systeme wünscht man sich die Matrix $\boldsymbol{A}'$ (auch $\boldsymbol{B}'$ und $\boldsymbol{C}'$) in möglichst einfacher Form, aus der zudem wichtige Systemparameter und ggf. die Struktur des Systems erkennbar sind. Zwei Beispiele solcher „kanonischen“ Formen, die beide auf den Eigenschaften der charakteristischen Matrix beruhen, sind die Frobenius- und die Jordan-Matrix.

Die Frobenius-Matrix[1] hat die Gestalt:

$$\boldsymbol{A}' = \begin{pmatrix} 0 & 1 & 0 & 0 & \cdot & \cdot & \cdot & 0 \\ 0 & 0 & 1 & 0 & \cdot & \cdot & \cdot & 0 \\ \vdots & & & & & & & \\ 0 & 0 & & \cdot & \cdot & \cdot & 0 & 1 \\ -a_0 & -a_1 & & \cdot & \cdot & \cdot & \cdot & -a_{n-1} \end{pmatrix} .$$

Sie enthält explizit die Koeffizienten des normierten charakteristischen Polynoms

$$\det(s\boldsymbol{I} - \boldsymbol{A}') = a_0 + a_1 s + a_2 s^2 + \cdots + a_{n-1} s^{n-1} + s^n ,$$

das als Nenner der Systemfunktion $A(s)$ von ausschlaggebender Bedeutung für das Systemverhalten ist.

Die Jordan-Matrix ist noch instruktiver, da in ihr *explizit die Eigenwerte der Matrix* $\boldsymbol{A}'$*, d.h. die Wurzeln* λ_i *des charakteristischen Polynoms auftreten.* Sie ist mit der Diagonalmatrix (4.3.8) identisch, falls die dort gemachten Voraussetzungen zutreffen. Man spricht dann von „Operatoren einfacher Struktur“. Gibt es weniger als n linear unabhängige Eigenvektoren, so ist die Matrix komplizierter.

Eine Systemanalyse wird i. allg. nicht auf eine kanonische Systemmatrix $\boldsymbol{A}'$ führen. Durch eine Ähnlichkeitstransformation

$$\boldsymbol{A}'' = \boldsymbol{T}^{-1}\boldsymbol{A}'\boldsymbol{T}$$

mit einer geeigneten nichtsingulären Transformationsmatrix $\boldsymbol{T}$ kann $\boldsymbol{A}'$ jedoch in eine kanonische Form umgerechnet werden. *Das charakteristische Polynom und damit die Eigenwerte bleiben dabei erhalten.* Da sich auch $\boldsymbol{B}'$ und $\boldsymbol{C}'$ ändern, *bleibt das Klemmenverhalten ungeändert: es ist unabhängig von der Wahl der Zustandsvariablen, d.h. invariant gegenüber einer Koordinatentransformation.* ■

4.4 Stetige lineare Funktionale. Der Dualraum

Ein lineares Funktional (eine Linearform) auf dem Vektorraum X ist, wie schon zu Beginn der Nr. 3.9 erwähnt, *eine lineare Abbildung von X in das zugehörige Skalarfeld.* Lineare Funktionale bezeichnen wir mit $f, g, \dots$, ihre Werte an der Stelle x mit $f(x), g(x), \dots$.

Ist X sogar ein normierter Raum über $\mathbf{R}$ oder $\mathbf{C}$, was wir von nun an voraussetzen wollen, so können wir insbesondere stetige lineare Funktionale auf X betrachten.

---

[1] auch Begleitmatrix genannt.

Die Menge aller dieser Funktionale wollen wir mit X' bezeichnen; es ist also

$$X' := \mathcal{L}(X, \mathbf{R}) \text{ bzw. } := \mathcal{L}(X, \mathbf{C}), \text{ je nachdem } X \text{ reell oder komplex ist .}$$

Nach den Ausführungen zu Beginn der Nr. 4.3 ist X' ein Vektorraum, der mit der Norm

$$\|f\| := \sup_{x \neq 0} \frac{|f(x)|}{\|x\|} = \sup_{\|x\|=1} |f(x)|$$

zu einem normierten Raum und sogar zu einem *Banachraum* wird (letzteres, weil der Zielraum **R** bzw. **C** vollständig ist). Diesen Banachraum X' nennt man den zu X dualen Raum oder den Dualraum von X. Ist $\dim X = n < \infty$, so ist auch $\dim X' = n$.

Sei $A : X \to Y$ eine stetige lineare Abbildung der normierten Räume X, Y. Dann ist für jedes $f \in Y'$ das Kompositum $f \circ A$ ein stetiges lineares Funktional auf X, also ein Element von X'. Die Abbildung

$$f \mapsto f \circ A \quad \text{von } Y' \text{ in } X'$$

ist linear und stetig; sie wird mit A' bezeichnet und der zu A duale oder konjugierte Operator genannt. Gemäß dieser Definition ist

$$A'f = f \circ A \quad \text{oder also} \quad (A'f)(x) = f(Ax) \quad \text{für alle} \quad x \in X .$$

Diese Verhältnisse sind in der Figur 4.4.1 veranschaulicht.

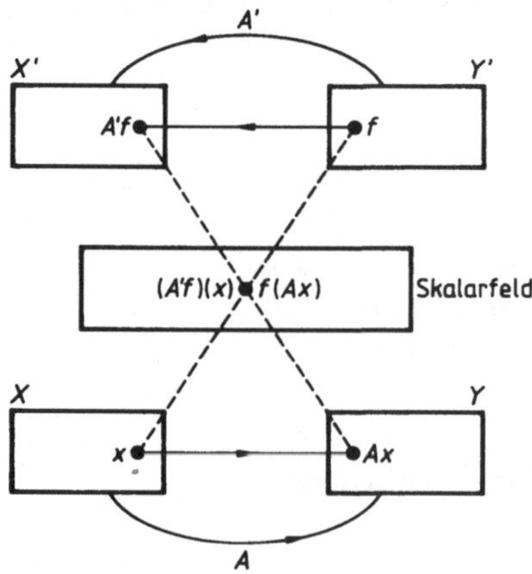

Fig. 4.4.1

Die Normen A und A' stimmen überein: $\|A\| = \|A'\|$.
Für die Konjugation gelten die Regeln

$$(A + B)' = A' + B' , \qquad (\alpha A)' = \alpha A' , \qquad (AB)' = B'A' .$$

In gewissen Räumen lassen sich die stetigen linearen Funktionale explizit angeben. Wir bringen einige Beispiele.

Beispiel 1 Sei $\dim X = n < \infty$ und $(\xi_1, \ldots, \xi_n)$ die Repräsentation von $x \in X$ bezüglich einer Basis $\{u_1, \ldots, u_n\}$ von X. Dann gibt es zu jedem (von selbst stetigen) linearen Funktional f auf X genau ein n-Tupel $(\alpha_1, \ldots, \alpha_n)$ von Skalaren mit

$$f(x) = \sum_{k=1}^{n} \alpha_k \xi_k ; \tag{4.4.1}$$

es ist $\alpha_k = f(u_k)$. Umgekehrt wird für beliebige Skalare α_k durch (4.4.1) immer ein stetiges lineares Funktional f auf X definiert.

Beispiel 2 Sei $1 \leqslant p < \infty$ und q zu p konjugiert, es sei also

$$\frac{1}{p} + \frac{1}{q} = 1 , \qquad \text{falls } p > 1 ,$$

$$q = \infty , \qquad \text{falls } p = 1 .$$

Ferner sei $\boldsymbol{e}_k := (0, \ldots, 0, 1, 0, \ldots)$ die Folge, die an der k-ten Stelle eine 1 und sonst nur Nullen hat; $\boldsymbol{e}_k$ liegt in l^p. Ist f ein stetiges lineares Funktional auf l^p, so gibt es genau eine Folge $(\alpha_1, \alpha_2, \ldots) \in l^q$ mit

$$f(\boldsymbol{x}) = \sum_{k=1}^{\infty} \alpha_k \xi_k \quad \text{für jedes} \quad \boldsymbol{x} := (\xi_1, \xi_2, \ldots) \in l^p ; \tag{4.4.2}$$

es ist $\alpha_k = f(\boldsymbol{e}_k)$ und

$$\|f\| = \|(\alpha_1, \alpha_2, \ldots)\| = \begin{cases} \left(\sum\limits_{k=1}^{\infty} |\alpha_k|^q \right)^{1/q} , & \text{falls } p > 1 , \\ \sup\limits_k |\alpha_k| , & \text{falls } p = 1 . \end{cases} \tag{4.4.3}$$

Umgekehrt wird für jedes $(\alpha_1, \alpha_2, \ldots) \in l^q$ durch (4.4.2) ein stetiges lineares Funktional auf l^p definiert. Die Zuordnung $f \mapsto (\alpha_1, \alpha_2, \ldots)$ ist ein Normisomorphismus von $(l^p)'$ auf l^q; bei Identifikation normisomorpher Räume ist also $(l^p)' = l^q$. Insbesondere ist $(l^2)' = l^2$; man sagt, *der Hilbertsche Folgenraum l^2 sei zu sich selbst dual.*

Beispiel 3 Sei $1 < p < \infty$ und q wieder zu p konjugiert, also $1/p + 1/q = 1$. Zu jedem stetigen linearen Funktional f auf $L^p(a, b)$ gibt es eine „erzeugende Funktion" $\varphi \in L^q(a, b)$, so daß

$$f(x) = \int_a^b \varphi(t) x(t) \, \mathrm{d}t \quad \text{für jedes} \quad x \in L^p(a, b) \tag{4.4.4}$$

ist. Jede andere Funktion $\psi \in L^q(a, b)$, die f erzeugt, ist fast überall $= \varphi$. Es gilt

$$\|f\| = \|\varphi\| = \left(\int_a^b |\varphi(t)|^q \mathrm{d}t \right)^{1/q} . \tag{4.4.5}$$

Umgekehrt wird für jedes $\varphi \in L^q(a, b)$ durch (4.4.4) ein stetiges lineares Funktional auf $L^p(a, b)$ definiert. Identifiziert man, wie wir in Nr. 4.2 verabredet hatten, Funktionen, die fast überall gleich sind, so ist die Zuordnung $f \mapsto \varphi$ ein Normisomorphismus von $(L^p(a, b))'$ auf $L^q(a, b)$, kurz: es ist $(L^p(a, b))' = L^q(a, b)$. Im Falle $p = 2$ ergibt sich $(L^2(a, b))' = L^2(a, b)$. *Der Hilbertsche Funktionenraum* $L^2(a, b)$ *ist also zu sich selbst dual.*

Beispiel 4 Jedes stetige lineare Funktional f auf $L^1(a, b) = L(a, b)$ kann mittels einer im wesentlichen eindeutig bestimmten Funktion $\varphi \in L^\infty(a, b)$ vermöge (4.4.4) erzeugt werden; dabei ist

$$\|f\| = \|\varphi\| = \sup\operatorname{ess}|\varphi| .$$

Und entsprechend wie in Beispiel 3 ist $(L^1(a, b))' = L^\infty(a, b)$. ■

In der Technik entspricht die Bildung eines linearen Funktionals (etwa nach Gl. (4.4.1) *oder* (4.4.4)) *einer Messung:* Jedem Vektor x (z.B. einem n-Tupel (ξ_k) oder linearen Signal $x(t)$) wird ein Skalar $f(x)$ (ein Meßwert) zugeordnet, wobei diese Zuordnung linear ist (und in den gerade angeführten Fällen von dem „erzeugenden" Vektor (α_k) bzw. $\varphi(t)$ abhängt). Wir geben hierfür einige Beispiele. Da man in der Technik nur endlich viele Werte verarbeiten bzw. Signale nur in endlichen Zeitintervallen betrachten kann, werden hauptsächlich Vektoren aus $l^p(n)$ bzw. $L^p(-T/2, T/2)$ (vorzugsweise mit $p = 2$) betrachtet. Bei Bedarf wird $n = \infty$ oder $T = \infty$ angenommen.

Beispiel 5 Mit der erzeugenden Funktion $\varphi(t) := 1/T = \text{const}$ wird durch das lineare Funktional

$$f(x) := \frac{1}{T}\int_{-T/2}^{T/2} x(t)\,\mathrm{d}t$$

der (zeitliche) Mittelwert eines Signals $x(t)$ im Intervall T gemessen.

Beispiel 6 Die Kreuzkorrelationsfunktion zwischen zwei Signalen $x(t)$ und $y(t)$ ist definiert durch

$$k_{xy}(\tau) := \int_{-T/2}^{T/2} x(t)y^*(t-\tau)\,\mathrm{d}t . \tag{4.4.6}$$

Sie ist eine Funktion der Zeitverschiebung τ zwischen den beiden Signalen, die entweder determiniert sein können oder Musterfunktionen ergodischer Zufallsprozesse sind.[1)] Für $y = x$ ergibt sich die Autokorrelationsfunktion.

Gl. (4.4.6) stellt für jedes feste $\tau = \tau_0$ und festes y ein lineares Funktional dar, das in der Nachrichtenübertragungs- und Nachrichtenmeßtechnik vielfältige Anwendung findet.

Ein sogenannter Korrelationsempfänger z.B. arbeitet nach dem in Fig. 4.4.2 dargestellten Prinzip. Er bildet mit Hilfe von Multiplizierern und Integrierern lineare Funktionale nach Gl. (4.4.6) mit $\tau = 0$ und $y(t) := \varphi_k(t)$:

[1)] Man beachte, daß es sich hier um einen zeitlichen Mittelwert handelt, der nur im Falle ergodischer Zufallsprozesse mit dem Scharmittelwert (Mittelwert über das Ensemble) übereinstimmt.

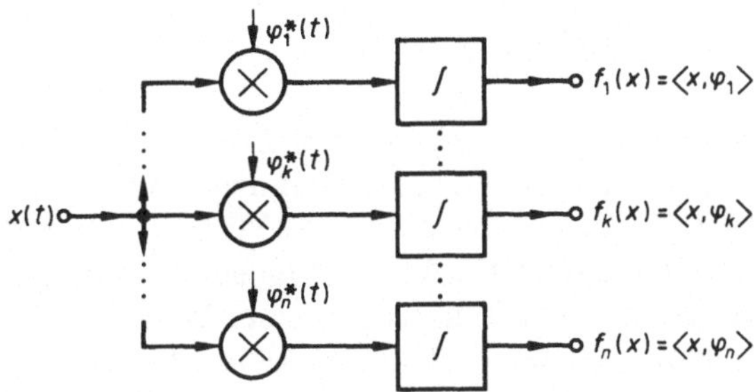

Fig. 4.4.2

$$f_k(x) \quad := \int_{-T/2}^{T/2} x(t)\varphi_k^*(t)\,\mathrm{d}t\,, \qquad k = 1, 2, \ldots, n\,. \tag{4.4.7}$$

Er „analysiert" sozusagen $x(t)$ im Hinblick auf seine „Ähnlichkeit" mit den $\varphi_k^*(t)$, mißt also die Komponenten von $x(t)$ „in Richtung" der einzelnen $\varphi_k^*(t)$. Die $\varphi_k^*(t)$ können je nach Anwendung zweckentsprechend gewählt werden. Dieses, sowie die in spitzen Klammern geschriebenen Innenprodukte werden später noch besprochen (Beispiel 5 in Nr. 4.6).

Beispiel 7 Die Antwort $y(t)$ eines linearen Systems nach Nr. 4.3, Beispiel 1, läßt sich für einen festen Zeitpunkt t_0 als lineares Funktional deuten. Ist $a(t)$ die Impulsantwort und $x(t)$ die Erregung, so gilt nämlich

$$y(t_0) \;=\; x(t)*a(t)|_{t=t_0} \;=\; \int_{-T/2}^{T/2} x(t)a(t_0-t)\,\mathrm{d}t\,, \tag{4.4.8}$$

und dies erhält man aus Gl. (4.4.7) mit $\varphi_k^*(t) := a(t_0 - t)$.

Der Korrelationsempfänger nach Fig. 4.4.2 läßt sich also auch aus Zweigen nach Fig. 4.4.3 aufbauen, die aus linearen Systemen mit Impulsantworten $\varphi_k^*(t_0 - t)$ und Abtastern bestehen.

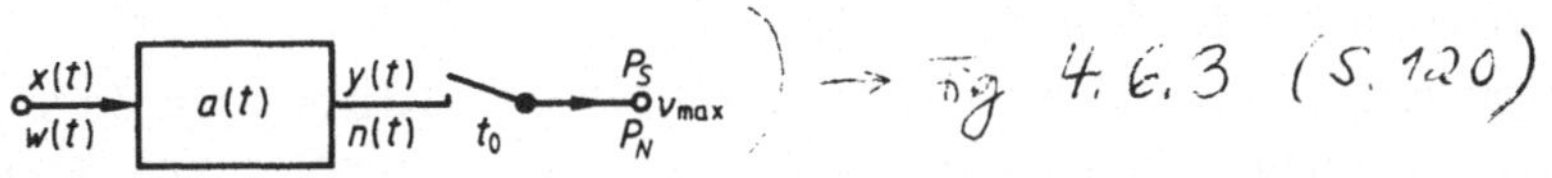

Fig. 4.4.3

Beispiel 8 Setzt man in Gl. (4.4.8) $a(t) = \delta(t)$, ersetzt man also die Impulsantwort $a(t)$ des Systems durch den Impuls $\delta(t)$ selbst, so ist das System überbrückt (nicht vorhanden), und in Fig. 4.4.3 verbleibt nur noch der Abtaster. Dessen Wirkung kann demnach durch das lineare Funktional

$$y(t_0) \;=\; x(t)*\delta(t)|_{t=t_0} \;=\; \int_{-T/2}^{T/2} x(t)\cdot\delta(t_0-t)\,\mathrm{d}t = x(t_0) \tag{4.4.9}$$

beschrieben werden. $\delta(\cdot)$ ist der Dirac-Impuls, der nur für verschwindendes Argument existiert (im obigen Integral also nur für $t = t_0$) und für den

$$\int_{-T/2}^{T/2} \delta(t_0 - t)\,\mathrm{d}t = 1 \quad \text{für} \quad t_0 \in (-T/2, T/2) \tag{4.4.10}$$

ist.[1] (4.4.9) bedeutet, *daß der Abtaster dem Signal zum Zeitpunkt t_0 eine Amplitudenprobe entnimmt.* Man spricht auch von der „Ausblendeigenschaft" des Impulses, dem man wegen Gl. (4.4.10) das „Gewicht" (die Fläche) 1 zuordnet. Die Zuordnung $x \mapsto x(t_0)$ nennt man auch das „Auswertungsfunktional". Technisch nähert man den Dirac-Impuls durch einen Impuls endlicher Dauer und beliebiger Gestalt an, der Gl. (4.4.10) erfüllt. Ist seine Dauer so klein, daß das Signal während dieser Dauer als konstant angesehen werden kann, so bleibt die Ausblendeigenschaft näherungsweise erhalten. ■

4.5 Innenprodukträume

Für zwei Vektoren $\boldsymbol{x} := (x_1, \dots, x_n)$, $\boldsymbol{y} := (y_1, \dots, y_n)$ des $\mathbf{R}^n$ bzw. $\mathbf{C}^n$ definiert man bekanntlich ihr inneres Produkt oder Skalarprodukt $\langle \boldsymbol{x}, \boldsymbol{y} \rangle$ durch

$$\langle \boldsymbol{x}, \boldsymbol{y} \rangle := \sum_{k=1}^{n} x_k y_k \quad \text{bzw. durch} \quad \langle \boldsymbol{x}, \boldsymbol{y} \rangle := \sum_{k=1}^{n} x_k y_k^* \tag{4.5.1}$$

(a^* ist die zu a konjugiert komplexe Zahl). Dieses innere Produkt ordnet je zwei Vektoren eine Zahl aus dem Skalarfeld zu und genügt offenbar den folgenden Rechenregeln:

$$\begin{aligned} \langle \boldsymbol{x} + \boldsymbol{y}, \boldsymbol{z} \rangle &= \langle \boldsymbol{x}, \boldsymbol{z} \rangle + \langle \boldsymbol{y}, \boldsymbol{z} \rangle , \\ \langle \alpha \boldsymbol{x}, \boldsymbol{y} \rangle &= \alpha \langle \boldsymbol{x}, \boldsymbol{y} \rangle \quad \text{für jeden Skalar } \alpha , \\ \langle \boldsymbol{x}, \boldsymbol{y} \rangle &= \langle \boldsymbol{y}, \boldsymbol{x} \rangle^* , \\ \langle \boldsymbol{x}, \boldsymbol{x} \rangle &\geqslant 0; \ \langle \boldsymbol{x}, \boldsymbol{x} \rangle = 0 \ \Leftrightarrow \ \boldsymbol{x} = \boldsymbol{0} . \end{aligned} \tag{4.5.2}$$

Wir werden sofort sehen, daß man ein „inneres Produkt" mit den gerade aufgelisteten Eigenschaften auch in gewissen anderen Vektorräumen erklären kann, geben aber zunächst die folgende Definition:

Ein Vektorraum X über $\mathbf{R}$ bzw. $\mathbf{C}$ heißt Innenproduktraum oder prähilbertscher Raum, wenn jedem Paar (x, y) von Elementen aus X eine Zahl $\langle x, y \rangle$ aus $\mathbf{R}$ bzw. $\mathbf{C}$ so zugeordnet ist, daß die folgenden Regeln gelten, die genau (4.5.2) entsprechen:

$$\begin{aligned} &\text{(IP1)} \quad \langle x + y, z \rangle = \langle x, z \rangle + \langle y, z \rangle , \\ &\text{(IP2)} \quad \langle \alpha x, y \rangle = \alpha \langle x, y \rangle \quad \text{für jeden Skalar } \alpha , \\ &\text{(IP3)} \quad \langle x, y \rangle = \langle y, x \rangle^* , \\ &\text{(IP4)} \quad \langle x, x \rangle \geqslant 0; \ \langle x, x \rangle = 0 \ \Leftrightarrow \ x = 0 . \end{aligned}$$

[1] Die „Diracsche δ-Funktion" ist ein überaus bequemes Hilfsmittel des Naturwissenschaftlers und Ingenieurs. Die strenge Begründung ihrer Handhabung findet man in der Theorie der Distributionen, auf die wir hier nicht eingehen können.

Das Innenprodukt ist wegen (IP1) im ersten Faktor distributiv und wegen (IP2) im ersten Faktor homogen. Wegen (IP3) ist es in einem reellen Vektorraum kommutativ, in einem komplexen hingegen „hermitesch" (so genannt nach dem französischen Mathematiker Hermite).

Aus den Innenprodukteigenschaften ergibt sich sofort die Distributivität und „Hermitizität" im zweiten Faktor:

$$\begin{aligned} \langle x, y+z\rangle &= \langle x, y\rangle + \langle x, z\rangle\,, \\ \langle x, \alpha y\rangle &= \alpha^* \langle x, y\rangle\,. \end{aligned}$$

Man beachte, daß

$$\langle \alpha x, y\rangle = \langle x, \alpha^* y\rangle \quad \text{und} \quad \langle x, \alpha y\rangle = \langle \alpha^* x, y\rangle$$

ist; in Worten: Schiebt man einen Skalar von einem Faktor zu einem anderen, so muß man ihn konjugieren.

Wir bringen nun einige Beispiele von Innenprodukträumen.

Beispiel 1 $\mathbf{R}^n$ und $\mathbf{C}^n$ sind mit den Innenprodukten (4.5.1) Innenprodukträume.

Beispiel 2 In l^2 läßt sich durch

$$\langle \boldsymbol{x}, \boldsymbol{y}\rangle := \sum_{k=1}^{\infty} x_k y_k^* \tag{4.5.3}$$

ein Innenprodukt definieren; dabei ist $\boldsymbol{x} := (x_1, x_2, \ldots)$, $\boldsymbol{y} := (y_1, y_2, \ldots)$.[1)]

Beispiel 3 $L^2(a, b)$ wird vermöge der Definition

$$\langle x, y\rangle := \int_a^b x(t) y^*(t)\,\mathrm{d}t \tag{4.5.4}$$

ein Innenproduktraum[2)]. Die Integrierbarkeit der Produktfunktion xy^* wird durch die Höldersche Ungleichung für $p = 2$ (also durch die Cauchy-Schwarzsche Ungleichung (4.2.9)) gesichert. *In den anderen* L^p*-Räumen kann man kein Innenprodukt einführen.*

Beispiel 4 $\widetilde{L^2}$ sei die Menge aller Funktionen $x: \mathbf{R} \to \mathbf{C}$ mit der Eigenschaft, daß für jedes $T > 0$ das L-Integral $\int_{-T/2}^{T/2} |x(t)|^2 \mathrm{d}t$ existiert und ferner der Grenzwert

$$\lim_{T\to+\infty} \frac{1}{T} \int_{-T/2}^{T/2} |x(t)|^2 \mathrm{d}t$$

---

1) Im reellen l^2 haben die Folgen $(x_1, x_2, \ldots)$, $(y_1, y_2, \ldots)$ reelle, im komplexen l^2 komplexe Glieder.

2) Man erinnere sich daran, daß wir Funktionen, die fast überall gleich sind, identifizieren. Andernfalls würde aus $\langle x, x\rangle = 0$ nicht $x = 0$ folgen (sondern nur $x = 0$ fast überall).

vorhanden ist. $\widetilde{L^2}$ ist ein komplexer Vektorraum und wird durch die Definition

$$\langle x, y\rangle := \lim_{T\to+\infty} \frac{1}{T} \int_{-T/2}^{T/2} x(t)y^*(t)\,\mathrm{d}t$$

ein Innenproduktraum.

In der Nachrichtentechnik nennt man die Funktionen des Raumes $L^2(-\infty, +\infty)$ Energiesignale, die des Raumes $\widetilde{L^2}$ Leistungssignale.

Beispiel 5 Mit geeigneten positiven „Gewichtsfunktionen" μ läßt sich in $L^2(a, b)$ auch durch

$$\langle x, y\rangle := \int_a^b \mu(t)x(t)y^*(t)\,\mathrm{d}t$$

ein Innenprodukt einführen. Wenn nicht ausdrücklich etwas anderes gesagt wird, denken wir uns aber $L^2(a, b)$ immer mit dem Innenprodukt (4.5.4) ausgestattet. ∎

Die euklidische Norm in $\mathbf{R}^n$ und $\mathbf{C}^n$ ist mit dem Innenprodukt durch die Gleichung $\|x\| = \langle x, x\rangle^{1/2}$ verbunden. Auch in l^2 und $L^2(a, b)$ ist $\|x\| = \langle x, x\rangle^{1/2}$. *Ganz entsprechend kann man in jedem Innenproduktraum X eine* Norm *durch die Definition*

$$\|x\| := \langle x, x\rangle^{1/2} \tag{4.5.5}$$

einführen. Ein Innenproduktraum ist also immer auch ein normierter Raum.

Beim Beweis, daß durch (4.5.5) wirklich eine Norm definiert wird (und bei vielen anderen Gelegenheiten), benötigt man die fundamentale

Schwarzsche Ungleichung $\quad |\langle x, y\rangle| \leq \|x\|\,\|y\|\,.$ (4.5.6)

Das Gleichheitszeichen gilt hier genau dann, wenn einer der Vektoren ein Vielfaches des anderen ist.

Eine weitere wichtige Tatsache ist die

Parallelogrammgleichung $\quad \|x + y\|^2 + \|x-y\|^2 = 2\|x\|^2 + 2\|y\|^2\,.$ (4.5.7)

In einem beliebigen normierten Raum läßt sich die Norm genau dann durch ein Innenprodukt erzeugen, wenn in ihm die Parallelogrammgleichung gilt.

Im $\mathbf{R}^3$ stehen zwei Vektoren $\boldsymbol{x}, \boldsymbol{y}$ bekanntlich aufeinander senkrecht (sind orthogonal), wenn $\langle \boldsymbol{x}, \boldsymbol{y}\rangle = 0$ ist. Dementsprechend sagen wir, daß zwei Elemente x, y eines beliebigen Innenproduktraumes X orthogonal (zueinander) sind (in Zeichen: $x \perp y$), wenn $\langle x, y\rangle = 0$ ist. *Mit der Orthogonalität haben wir ein Strukturelement, das in allgemeinen normierten Räumen nicht vorhanden und für alles Weitere von grundlegender Bedeutung ist.*

Wir sagen, daß x orthogonal zu der Teilmenge M von X ist (in Zeichen: $x \perp M$), wenn $x \perp y$ für alle $y \in M$ gilt. Zwei Unterräume U, V von X heißen zueinander orthogonal ($U \perp V$), wenn jedes $u \in U$ zu jedem $v \in V$ orthogonal ist.

Eine nichtleere Teilmenge S von X nennen wir Orthogonalsystem, wenn zwei verschiedene Elemente aus S stets zueinander orthogonal sind. Sind überdies die Vektoren aus S normiert, d.h., ist $\|u\| = 1$ für jedes $u \in X$, so heißt S **Orthonormalsystem**. Ein abzählbares Orthogonalsystem (Orthonormalsystem) wird auch **Orthogonalfolge (Orthonormalfolge)** genannt. Ein Orthonormalsystem ist immer eine linear unabhängige Menge. Jede nichtleere Teilmenge eines Orthonormalsystems ist selbst ein solches.

Für jedes endliche Orthogonalsystem $S := \{u_1, \dots, u_m\}$ ist

$$\|u_1 + \cdots + u_m\|^2 = \|u_1\|^2 + \cdots + \|u_m\|^2 \quad \textit{(Satz des Pythagoras)} . \tag{4.5.8}$$

Ist S sogar ein Orthonormalsystem, so gilt für jedes $x \in X$

$$\left\|x - \sum_{k=1}^{m} \langle x, u_k\rangle u_k\right\|^2 = \|x\|^2 - \sum_{k=1}^{m} |\langle x, u_k\rangle|^2 \quad \textit{(Besselsche Gleichung)} . \tag{4.5.9}$$

$$\sum_{k=1}^{m} |\langle x, u_k\rangle|^2 \leqslant \|x\|^2 \quad \textit{(Besselsche Ungleichung)} . \tag{4.5.10}$$

In (4.5.10) steht das Gleichheitszeichen genau dann, wenn x eine Linearkombination der $u_1, \dots, u_m$ ist, wenn also $x = \sum_{k=1}^{m} \alpha_k u_k$ gilt.

Wir bringen nun einige Beispiele von Orthonormalsystemen.

Beispiel 6 Sei $e_k := (0, \dots, 0, 1, 0, \dots, 0)$ (1 an der k-ten Stelle) der k-te Einheitsvektor von $l^2(n)$. Dann ist die Menge $\{e_1, \dots, e_n\}$ ein Orthonormalsystem in $l^2(n)$.

Beispiel 7 Sei $e_k := (0, \dots, 0, 1, 0, \dots)$ (1 an der k-ten Stelle) der k-te Einheitsvektor von l^2. $\{e_1, e_2, \dots\}$ ist ein Orthonormalsystem in l^2.

Beispiel 8 Die Funktionen

$$u_n(t) := \frac{1}{\sqrt{2\pi}} \mathrm{e}^{jnt} \qquad (n \in \mathbf{Z}) \tag{4.5.11}$$

bilden ein Orthonormalsystem in dem komplexen Raum $L^2(-\pi, \pi)$.

Beispiel 9 Sei T_0 eine positive Konstante. Dann bilden die Funktionen

$$v_n(t) := \frac{1}{\sqrt{T_0}} \mathrm{e}^{j2\pi nt/T_0} \qquad (n \in \mathbf{Z}) \tag{4.5.12}$$

ein Orthonormalsystem in dem komplexen Raum $L^2(T, T + T_0)$ ($T \in \mathbf{R}$ beliebig). ∎

$x_1, x_2, \dots$ seien (endlich oder abzählbar viele) linear unabhängige Vektoren des Innenproduktraumes X. Dann kann man aus ihnen ein Orthonormalsystem $\{u_1, u_2, \dots\}$ gewinnen, das denselben Unterraum erzeugt wie $\{x_1, x_2, \dots\}$:

$$[u_1, u_2, \dots] = [x_1, x_2, \dots] .$$

Die u_k werden rekursiv definiert (Gram-Schmidtsches Orthogonalisierungsverfahren):

$$\begin{aligned} u_1 &:= x_1/\|x_1\| , \\ v_2 &:= x_2 - \langle x_2, u_1\rangle u_1 , & u_2 &:= v_2/\|v_2\| , \\ v_3 &:= x_3 - \langle x_3, u_1\rangle u_1 - \langle x_3, u_2\rangle u_2 , & u_3 &:= v_3/\|v_3\| , \\ &\vdots \\ v_n &:= x_n - \sum_{k=1}^{n-1} \langle x_n, u_k\rangle u_k , & u_n &:= v_n/\|v_n\| \quad (n = 2, 3, \ldots) . \end{aligned}$$

Ist insbesondere $\{x_1, \ldots, x_n\}$ eine Basis von $l^2(n)$, so bilden die $\{u_1, \ldots, u_n\}$ eine Basis, die gleichzeitig ein Orthonormalsystem ist, also eine sogenannte Orthonormalbasis von $l^2(n)$.

Beispiel 10 Der Mechanismus des Gram-Schmidtschen Orthogonalisierungsverfahrens läßt sich mit Fig. 4.5.1 veranschaulichen. $x_1, \ldots, x_n$ seien n linear unabhängige Vektoren aus einem Innenproduktraum. Offensichtlich ist das Innenprodukt $\langle x_2, u_1\rangle$ des Vektors x_2 mit dem zum Vektor x_1 gehörenden „Einheitsvektor" $u_1 := x_1/\|x_1\| (\|u_1\| = 1)$ gleich der Koordinate von x_2 in Richtung von u_1, d.h., $\langle x_2, u_1\rangle u_1$ ist die Komponente von x_2 in Richtung von u_1 (orthogonale Projektion).

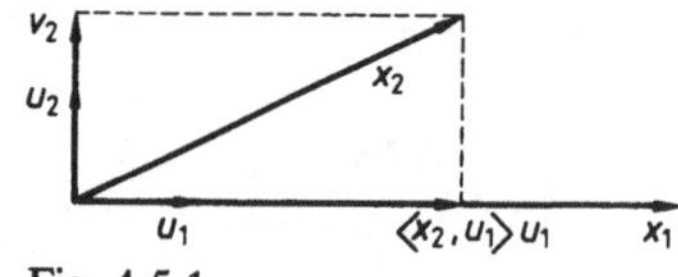

Fig. 4.5.1

Der Differenzvektor

$$v_2 := x_2 - \langle x_2, u_1\rangle u_1$$

ist dann orthogonal zu u_1, wie man durch Innenproduktbildung zeigen kann:

$$\langle v_2, u_1\rangle = \langle x_2, u_1\rangle - \langle x_2, u_1\rangle \langle u_1, u_1\rangle = 0 .$$

$u_2 := v_2/\|v_2\|$ und u_1 sind damit bereits orthonormal. Im nächsten Schritt werden von x_3 die beiden Komponenten in Richtung von u_1 und u_2 abgezogen, wodurch ein dritter orthonormaler Vektor u_3 entsteht usw. $\{u_1, \ldots, u_n\}$ ist dann eine Orthonormalbasis des von $\{x_1, \ldots, x_n\}$ aufgespannten Raumes.

Beispiel 11 Für eine orthonormale Basis $\{u_1, \ldots, u_n\}$ ist

$$\langle u_i, u_k\rangle = \delta_{ik} := \begin{cases} 1 & \text{für } i = k , \\ 0 & \text{für } i \neq k . \end{cases} \tag{4.5.13}$$

δ_{ik} ist das sogenannte Kronecker-Delta. Diese Eigenschaft führt bei zahlreichen Betrachtungen in Vektorräumen zu erheblichen Vereinfachungen.

Will man etwa einen Vektor x bezüglich einer solchen Basis repräsentieren, also in der Form

$$x = \sum_{i=1}^{n} \xi_i u_i =: (\xi_1, \xi_2, \ldots, \xi_n)$$

schreiben, so lassen sich die Koeffizienten ξ_k sehr einfach bestimmen. Bildet man nämlich links und rechts das Innenprodukt mit u_k, so folgt:

$$\langle x, u_k \rangle = \sum_{i=1}^{n} \xi_i \langle u_i, u_k \rangle \, .$$

Wegen Gl. (4.5.13) tritt rechts nur ein von Null verschiedener Summand auf, nämlich $\xi_k \langle u_k, u_k \rangle = \xi_k$. Daher gilt

$$\xi_k = \langle x, u_k \rangle \quad \text{für} \quad k = 1, 2, \ldots, n \, . \tag{4.5.14}$$

Damit lautet die gewünschte Darstellung:

$$x = \sum_{k=1}^{n} \langle x, u_k \rangle u_k = (\langle x, u_1 \rangle, \langle x, u_2 \rangle, \ldots, \langle x, u_n \rangle) \, .$$

Die Lösung eines linearen Gleichungssystems, wie bei Gl. (3.6.7), entfällt hier also.

Beispiel 12 Gegeben sei ein linearer Operator $A : X \to Y$ nach Beispiel 6 in Nr. 3.9:

$$y = Ax \, ,$$

wobei y und x nach Beispiel 11 bezüglich der orthonormalen Basen $\{v_1, v_2, \ldots, v_n\}$ und $\{u_1, u_2, \ldots, u_m\}$ repräsentiert seien. Gesucht ist die Darstellungsmatrix (die Repräsentation) des Operators.

Aus $y = Ax$ folgt mit der Linearitätsbedingung (3.9.2):

$$\sum_{j=1}^{n} \eta_j v_j = A \sum_{i=1}^{m} \xi_i u_i = \sum_{i=1}^{m} \xi_i A u_i \, .$$

Bildet man links und rechts das Innenprodukt mit v_k, so erhält man

$$\sum_{j=1}^{n} \eta_j \langle v_j, v_k \rangle = \sum_{i=1}^{m} \xi_i \langle A u_i, v_k \rangle \, .$$

Wegen Gl. (4.5.13) folgt daraus $\eta_k = \sum_{i=1}^{m} \xi_i \langle A u_i, v_k \rangle$ für $k = 1, \ldots, n$, also gilt

$$\begin{pmatrix} \eta_1 \\ \eta_2 \\ \vdots \\ \eta_n \end{pmatrix} = \begin{pmatrix} \langle Au_1, v_1 \rangle & \langle Au_2, v_1 \rangle & \cdots & \langle Au_m, v_1 \rangle \\ \langle Au_1, v_2 \rangle & \langle Au_2, v_2 \rangle & \cdots & \langle Au_m, v_2 \rangle \\ \vdots & & & \\ \langle Au_1, v_n \rangle & \langle Au_2, v_n \rangle & \cdots & \langle Au_m, v_n \rangle \end{pmatrix} \begin{pmatrix} \xi_1 \\ \xi_2 \\ \vdots \\ \xi_m \end{pmatrix} . \tag{4.5.15}$$

Die (n, m)-Darstellungsmatrix (a_{ik}) aus Beispiel 6 in Nr. 3.9 ist also durch

$$(a_{ik}) = (\langle A u_i, v_k \rangle)^T$$

gegeben, und alle weiteren Zusammenhänge sind dort erklärt. T bedeutet die Transposition der Matrix (Spiegelung an der Hauptdiagonale).

Gl. (4.5.15) ist die *kanonische Darstellung der in Naturwissenschaft und Technik besonders wichtigen Transformationen*, nämlich linearer Operatoren auf endlichdimensionalen Innenprodukträumen. Selbst unendlichdimensionale Räume werden oft durch Projektion auf endlichdimensionale Teilräume reduziert, entsprechende Operatoren also durch Operatoren dieser Art approximiert.

Gl. (4.5.15) enthält eine Anzahl von *Sonderfällen*, die im folgenden kurz erörtert werden.

Der Operator A ist durch seine Wirkung Au_i auf die Basis $\{u_i\} \subset X$ beschrieben. Man könnte annehmen, daß dann $\{Au_i\} \subset Y$ auch eine Basis in Y ist. Dies ist i. allg. nicht der Fall, z.B. schon dann nicht, wenn $m < n$ ist. Ist jedoch $m = n$ und der Nullraum $K(A) = \{0\}$, also A injektiv und damit auch bijektiv (s. Bemerkung nach (3.9.3) und Fig. 3.9.1) – man nennt A dann r e g u l ä r –, so bilden die Vektoren $Au_1, \dots Au_m$ tatsächlich eine Basis in Y, die jedoch nicht immer zweckmäßig ist. Verwendet man sie, so wird (a_{ik}) zur Einheitsmatrix[1)].

Im folgenden sei $A: X \to X$ mit $\dim X = n \in \mathbf{N}$ ein regulärer Endomorphismus. Dann sind zwei wichtige Fälle zu unterscheiden:

a) Man wählt $\{v_k\} = \{u_i\}$. Dann stellt Gl. (4.5.15) die *Transformation eines Vektors bei ungeänderter Basis dar.*

b) Man setzt $A = I$, wobei I der identische Operator ist. Dann wird $\{Au_i\} = \{u_i\}$, und Gl. (4.5.15) liefert die *Repräsentation des gleichen Vektors bei geänderter Basis*. Dies entspricht der Gl. (3.6.9) für orthonormale Basen. Trotz formaler Gleichheit mit Beispiel 6 in Nr. 3.9 sind diese beiden Fälle scharf zu trennen.

Beispiel 13 Bei der Repräsentation eines Vektors x bezüglich einer beliebigen (also auch nicht orthogonalen) Basis $\{x_k\}$ nach Gl. (3.6.7) bringt die Anwendung des Innenproduktes keine rechnerischen Vorteile, jedoch folgende Erkenntnis:

Bildet man in Gl. (3.6.7) auf beiden Seiten nacheinander das Innenprodukt mit den Basisvektoren $x_k (k = 1, 2, \dots, n)$ so ergibt sich:

$$\begin{pmatrix} \langle x, x_1\rangle \\ \langle x, x_2\rangle \\ \vdots \\ \langle x, x_n\rangle \end{pmatrix} = \begin{pmatrix} \langle x_1, x_1\rangle & \langle x_2, x_1\rangle & \cdots & \langle x_n, x_1\rangle \\ \langle x_1, x_2\rangle & \langle x_2, x_2\rangle & \cdots & \langle x_n, x_2\rangle \\ \vdots & \vdots & & \vdots \\ \langle x_1, x_n\rangle & \langle x_2, x_n\rangle & \cdots & \langle x_n, x_n\rangle \end{pmatrix} \begin{pmatrix} \xi_1 \\ \xi_2 \\ \vdots \\ \xi_n \end{pmatrix}. \qquad (4.5.16)$$

Zur Bestimmung der ξ_k müßte dieses Gleichungssystem gelöst werden, die Matrix müßte also nichtsingulär sein. Das ist genau dann der Fall, wenn alle x_k linear unabhängig sind. *Man kann also eine derartige Matrix dazu benutzen, eine beliebige Menge von Vektoren auf lineare Unabhängigkeit zu untersuchen.*

1) Für unitäre Endomorphismen A (Nr. 4.7) ist $\{Au_i\}$ nach Gl. (4.7.3) und (4.7.4) zudem noch orthonormal.

Eine solche Matrix nennt man Gramsche Matrix. Ihr Rang entspricht der Dimension des von den zu untersuchenden Vektoren aufgespannten Raumes $[x_1, x_2, \ldots, x_n]$. Bei linearer Unabhängigkeit ist der Rang gleich n und die Determinante von Null verschieden. Bei orthogonalen Vektoren ergibt sich eine Diagonalmatrix aus den Elementen $\|x_k\|^2$, bei orthonormalen Vektoren also die Einheitsmatrix. ■

4.6 Hilberträume

Ein Innenproduktraum X ist mit seiner kanonischen Norm $\|x\| := \langle x, x\rangle^{1/2}$ ein normierter Raum. Ist er als solcher vollständig (ein Banachraum), so wird er Hilbertraum genannt. *Endlichdimensionale Innenprodukträume und die Räume l^2, $L^2(a, b)$ und $\widetilde{L}^2$ in den Beispielen 2 bis 4 der Nr. 4.5 sind Hilberträume.*

Sei U ein Unterraum des Hilbertraumes X. Der Orthogonalraum zu U ist die Menge

$$U^\perp := \{x \in X | x \perp U\} .$$

Er ist selbst ein Unterraum von X. Es gilt nun der wichtige

Projektionssatz *Ist U ein abgeschlossener Unterraum des Hilbertraumes X, so ist X die direkte Summe (s. Nr. 3.6) von U mit dem Orthogonalraum $U^\perp$:*

$$X = U \oplus U^\perp , \tag{4.6.1}$$

jeder Vektor x kann also eindeutig dargestellt werden in der Form

$$x = u + v \quad \text{mit} \quad u \in U, v \in U^\perp \qquad \text{(Orthogonalzerlegung von } x) .$$

Die Projektion P, die X längs $U^\perp$ auf U projiziert (s. Nr. 3.9), nennt man eine orthogonale Projektion. *P ist stetig, und im Falle $P \neq 0$ ist $\|P\| = 1$. Von allen Punkten in U liegt Px dem Punkt x am nächsten:*

$$\|x - Px\| \leq \|x - y\| \quad \text{für alle} \quad y \in U . \tag{4.6.2}$$

Deshalb nennt man Px die Bestapproximation an x in U, und von der Ungleichung (4.6.2) sagt man, sie drücke die Minimaleigenschaft der Orthogonalprojektion aus.

Wegen (4.6.1) nennt man den Orthogonalraum $U^\perp$ auch das orthogonale Komplement von U in X. Wenn U nicht abgeschlossen ist, gilt (4.6.1) nicht mehr, der Orthogonalraum $U^\perp$ ist dann also kein orthogonales Komplement von U.

Wir wollen nun sogenannte Orthogonalreihen betrachten und schicken zu diesem Zweck zunächst einige Bemerkungen über Reihen in normierten Räumen voraus.

Sei X ein normierter Raum. Wie in der reellen Analysis sagt man, die Reihe

$$\sum_{k=1}^{\infty} x_k \qquad (x_k \in X) \tag{4.6.3}$$

konvergiere und habe den Wert oder die Summe $x \in X$, wenn die Folge ihrer Teilsummen $s_n := x_1 + x_2 + \cdots + x_n$ $(n = 1, 2, \ldots)$, also die Folge der Vektoren

$$s_1 := x_1 , \qquad s_2 := x_1 + x_2 , \qquad s_3 := x_1 + x_2 + x_3, \ldots$$

gegen den Vektor $x \in X$ strebt. Man schreibt dann

$$\sum_{k=1}^{\infty} x_k = x .$$

Ist die Teilsummenfolge (s_n) jedoch divergent, so nennt man auch die Reihe divergent. Eine divergente Reihe hat keine Summe.

Die Reihe $\sum_{k=1}^{\infty} x_k$ heißt unbedingt konvergent, wenn sie bei jeder Umordnung ihrer Glieder gegen ein und denselben Wert konvergiert. Bei einer unbedingt konvergenten Reihe ist also die Anordnung der Glieder belanglos.

Beispiel 1 Sei $X = l^p (1 \leqslant p < \infty)$ und $\boldsymbol{e}_k := (0, \ldots, 0, 1, 0, \ldots)$ (1 an der k-ten Stelle). Ist $\boldsymbol{x} := (\xi_1, \xi_2, \ldots) \in l^p$, so konvergiert die Reihe $\sum_{k=1}^{\infty} \xi_k \boldsymbol{e}_k$ gegen $\boldsymbol{x}$, kurz

$$(\xi_1, \xi_2, \ldots) = \sum_{k=1}^{\infty} \xi_k \boldsymbol{e}_k .$$

Denn die n-te Teilsumme $\boldsymbol{s}_n$ der Reihe ist $\sum_{k=1}^{n} \xi_k \boldsymbol{e}_k = (\xi_1, \xi_2, \ldots, \xi_n, 0, 0, \ldots)$, und wegen

$$\|\boldsymbol{x} - \boldsymbol{s}_n\| = \|(0, \ldots, 0, \xi_{n+1}, \xi_{n+2}, \ldots)\| = \left(\sum_{k=n+1}^{\infty} |\xi_k|^p\right)^{1/p} \to 0 \quad \text{für} \quad n \to \infty$$

strebt $\boldsymbol{s}_n \to \boldsymbol{x}$. ∎

Sei nun $\{u_1, u_2, \ldots\}$ ein abzählbares Orthonormalsystem in dem Hilbertraum X. Eine Reihe der Form

$$\sum_{k=1}^{\infty} \alpha_k u_k \qquad (\alpha_k \text{ Skalare})$$

nennt man eine Orthogonalreihe in X. *Sie konvergiert genau dann (und zwar sogar unbedingt), wenn die numerische Reihe* $\sum_{k=1}^{\infty} |\alpha_k|^2$ *konvergiert.* Ist dies der Fall und

$$\sum_{k=1}^{\infty} \alpha_k u_k = x ,$$

so ist

$$\alpha_k = \langle x, u_k \rangle, \quad \text{also} \quad x = \sum_{k=1}^{\infty} \langle x, u_k \rangle u_k .$$

Die Zahlen $\langle x, u_k \rangle$ nennt man die Fourierkoeffizienten von x bezüglich des Orthonormalsystems $\{u_1, u_2, \ldots\}$.

Wir kehren nun diese Betrachtungen um. Es sei x ein beliebiges Element des Hilbertraumes X. Mit den Fourierkoeffizienten $\langle x, u_k \rangle$ bilden wir nun die Reihe

$$\sum_{k=1}^{\infty} \langle x, u_k \rangle u_k \,, \tag{4.6.4}$$

die man die Fourierreihe von x bezüglich des Orthonormalsystems $\{u_1, u_2, \ldots\}$ nennt. *Es gilt die* Besselsche Ungleichung

$$\sum_{k=1}^{\infty} |\langle x, u_k \rangle|^2 \leq \|x\|^2 \,, \tag{4.6.5}$$

die Fourierreihe (4.6.4) *von x ist also konvergent.* Ihre Summe kann aber durchaus von x verschieden sein[1].

Gilt ausnahmslos für jedes $x \in X$ die Darstellung

$$x = \sum_{k=1}^{\infty} \langle x, u_k \rangle u_k \,, \tag{4.6.6}$$

so nennt man $\{u_1, u_2, \ldots\}$ eine Orthonormalbasis (genauer: eine abzählbare Orthonormalbasis) von X. *Jede der drei folgenden Bedingungen ist notwendig und hinreichend dafür, daß das Orthonormalsystem $\{u_1, u_2, \ldots\}$ eine Orthonormalbasis des Hilbertraumes X ist:*

$$\sum_{k=1}^{\infty} |\langle x, u_k \rangle|^2 = \|x\|^2 \quad \textit{für alle} \quad x \in X \,, \tag{4.6.7}$$

$$\sum_{k=1}^{\infty} \langle x, u_k \rangle \, \langle y, u_k \rangle^* = \langle x, y \rangle \quad \textit{für alle} \quad x, y \in X \,, \tag{4.6.8}$$

$$x \perp u_k \quad \textit{für} \quad k = 1, 2, \ldots \quad \Rightarrow \quad x = 0 \,. \tag{4.6.9}$$

Die Bedingung (4.6.7) besagt, daß $\{u_1, u_2, \ldots\}$ genau dann eine Orthonormalbasis ist, wenn die Besselsche Ungleichung (4.6.5) für jedes $x \in X$ in Wirklichkeit eine Gleichung ist. Jede der Gleichungen (4.6.7) und (4.6.8) nennt man Parsevalsche Gleichung. Die Bedingung (4.6.9) besagt, daß das Orthonormalsystem $\{u_1, u_2, \ldots\}$ genau dann eine Orthonormalbasis ist, wenn es maximal oder vollständig ist, d.h., wenn man es nicht mehr durch Hinzunahme weiterer Vektoren zu einem größeren Orthonormalsystem erweitern kann.

Beispiel 2 Die folgenden Orthonormalsysteme sind Orthonormalbasen in den angegebenen Hilberträumen (s. die Beispiele 6 bis 9 in Nr. 4.5):

a) $\{e_1, \ldots, e_n\}$ in $l^2(n)$,

b) $\{e_1, e_2, \ldots\}$ in l^2 ,

c) $\{u_n : n \in \mathbf{Z}\}$ in dem komplexen Raum $L^2(-\pi, \pi)$,

d) $\{v_n : n \in \mathbf{Z}\}$ in dem komplexen Raum $L^2(T, T + T_0)$. ■

---

[1] In l^2 ist z.B. $\{e_2, e_3, \ldots\}$ ein Orthonormalsystem (s. Beispiel 1). Die Fourierkoeffizienten von e_1 bezüglich dieses Systems sind alle $= 0$, also ist $e_1 \neq \sum_{k=2}^{\infty} \langle e_1, e_k \rangle e_k$.

Insbesondere besitzt jedes $x \in L^2(T, T + T_0)$ die Fourierentwicklung

$$x = \sum_{k=-\infty}^{\infty} \langle x, v_k \rangle v_k ,$$

oder also

$$x(t) = \sum_{k=-\infty}^{\infty} \alpha_k e^{j2\pi kt/T_0} \quad \text{mit} \quad \alpha_k := \frac{1}{\sqrt{T_0}} \int_T^{T+T_0} x(t) e^{-j2\pi kt/T_0} dt . \tag{4.6.10}$$

Diese Entwicklung ist im Sinne der Normkonvergenz zu verstehen: sie besagt, daß

$$\left\| x - \sum_{k=-n}^{n} \alpha_k v_k \right\|^2 = \int_T^{T+T_0} \left| x(t) - \sum_{k=-n}^{n} \alpha_k e^{j2\pi kt/T_0} \right|^2 dt \to 0 \quad \text{für} \quad n \to \infty$$

strebt; man spricht auch von Konvergenz im quadratischen Mittel. Die Parsevalsche Gleichung (4.6.7) nimmt hier mit den Fourierkoeffizienten α_k von x (s. (4.6.10)) die folgende Gestalt an:

$$\sum_{k=-\infty}^{\infty} |\alpha_k|^2 = \int_T^{T+T_0} |x(t)|^2 dt = \|x\|^2 \quad \text{(Energie, vgl. Beispiel 4)} ;$$

die Parsevalsche Gleichung (4.6.8) hingegen schreibt sich mit den eben benutzten Fourierkoeffizienten α_k von x und den Fourierkoeffizienten

$$\beta_k := \frac{1}{\sqrt{T_0}} \int_T^{T+T_0} y(t) e^{-j2\pi kt/T_0} dt$$

von y nun so:

$$\sum_{k=-\infty}^{\infty} \alpha_k \beta_k^* = \int_T^{T+T_0} x(t) y^*(t) dt = \langle x, y \rangle \quad \text{(Kreuzenergie, vgl. Beispiel 4)} .$$

Sei $\{u_1, u_2, \ldots\}$ eine Orthonormalfolge in dem Hilbertraum X und $\sum \langle x, u_k \rangle u_k$ die Fourierreihe von $x \in X$ bezüglich $\{u_1, u_2, \ldots\}$. Diese Fourierreihe braucht nicht gegen x zu konvergieren, ihre Teilsummen haben aber die folgende *Approximationseigenschaft*:

$$\left\| x - \sum_{k=1}^{n} \langle x, u_k \rangle u_k \right\| \leq \left\| x - \sum_{k=1}^{n} \alpha_k u_k \right\| \quad \textit{für alle Skalare} \quad \alpha_1, \ldots, \alpha_n ,$$

mit anderen Worten: *Von allen Punkten des Unterraumes* $[u_1, \ldots, u_n]$ *liegt* $\sum_{k=1}^{n} \langle x, u_k \rangle u_k$ *dem Punkt* x *am nächsten*. Man nennt dies die Minimaleigenschaft der Fourierkoeffizienten. Der Vektor, der die „Bestapproximation“ $\sum_{k=1}^{n} \langle x, u_k \rangle u_k$ des Punktes x mit x verbindet, steht senkrecht auf $[u_1, \ldots, u_n]$, d.h., es ist

$$x - \sum_{k=1}^{n} \langle x, u_k \rangle u_k \perp [u_1, \ldots, u_n] .$$

Anschaulich gesprochen erhält man also die Bestapproximation $\sum_{k=1}^{n} \langle x, u_k \rangle u_k$ (den x am nächsten liegenden Punkt in $[u_1, \ldots, u_n]$) als Fußpunkt des Lotes von x auf $[u_1, \ldots, u_n]$. Die Verhältnisse sind also ganz ähnlich wie im euklidischen $\mathbf{R}^3$ (s. Fig. 4.6.1). *Jeder Hilbertraum $X \neq \{0\}$ besitzt eine (endliche, abzählbare oder überabzählbare) Orthonormalbasis.*[1] Besitzt X eine n-gliedrige ($n \in \mathbf{N}$) bzw. abzählbare Orthonormalbasis, so ist jede Orthonormalbasis von X n-gliedrig bzw. abzählbar. X wird in diesen Fällen ein separabler Hilbertraum genannt.

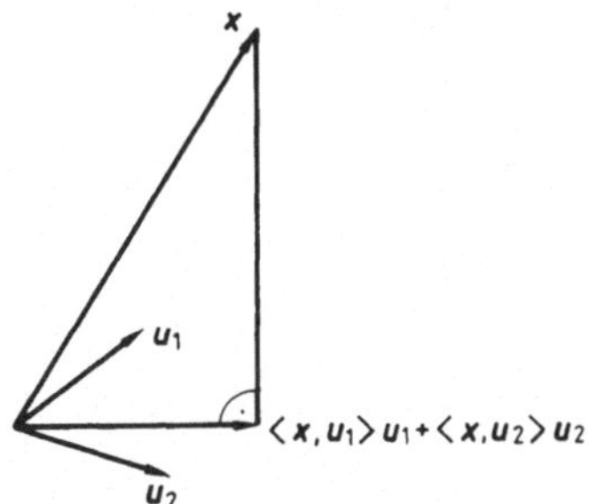

Fig. 4.6.1

Sei nun X ein separabler Hilbertraum und $\{u_1, u_2, \ldots\}$ eine n-gliedrige oder abzählbare Orthonormalbasis von X. Dann liefert die Abbildung

$$x \mapsto (\langle x, u_1 \rangle, \langle x, u_2 \rangle, \ldots)$$

einen Normisomorphismus von X auf $l^2(n)$ bzw. auf l^2, kurz: *Ein separabler Hilbertraum ist normisomorph zu $l^2(n)$ bzw. zu l^2, je nachdem, ob er n-dimensional oder unendlichdimensional ist.* Mit den Räumen $l^2(n)$ und l^2 hat man also im Grunde schon alle separablen Hilberträume in der Hand. Insbesondere ist der Hilbertsche Funktionenraum $L^2(a, b)$ normisomorph zu dem Hilbertschen Folgenraum l^2.

Ist f ein stetiges lineares Funktional auf dem beliebigen Hilbertraum X, so gibt es ein und nur ein $z \in X$ mit

$$f(x) = \langle x, z \rangle \quad \text{für alle} \quad x \in X\,; \tag{4.6.11}$$

die Norm von f stimmt mit der Norm des „erzeugenden Elementes" z überein. Umgekehrt wird für jedes $z \in X$ durch (4.6.11) ein stetiges lineares Funktional auf X definiert. Diese beiden Aussagen sind der Inhalt des Rieszschen Darstellungssatzes. Gestützt auf ihn kann man zeigen, daß X normisomorph zu dem Dualraum X' ist, kurz: *Jeder Hilbertraum ist zu sich selbst dual.* (Vgl. auch Beispiele 2 und 3 in Nr. 4.4.).

In der Tabelle 4.6.1 haben wir die wichtigsten der bisher aufgetretenen Banach- und Hilberträume noch einmal übersichtlich zusammengestellt, zusammen mit ihren kanonischen Metriken, Normen und inneren Produkten (sofern vorhanden).

---

[1] Auf überabzählbare Orthonormalbasen gehen wir hier nicht ein.

Tab. 4.6.1

Raum	Metrik	Norm	Innenprodukt	Bemerkung
$l^p(n)$, $1 \leqslant p < \infty$	$d(\boldsymbol{x}, \boldsymbol{y}) := \left(\sum_{k=1}^{n} \lvert x_k - y_k\rvert^p\right)^{1/p}$	$\lVert\boldsymbol{x}\rVert := \left(\sum_{k=1}^{n} \lvert x_k\rvert^p\right)^{1/p}$	–	Banachraum
$l^\infty(n)$	$d(\boldsymbol{x}, \boldsymbol{y}) := \max_{k=1}^{n} \lvert x_k - y_k\rvert$	$\lVert\boldsymbol{x}\rVert := \max_{k=1}^{n} \lvert x_k\rvert$	–	Banachraum
Euklidischer Raum $l^2(n)$	$d(\boldsymbol{x}, \boldsymbol{y}) := \left(\sum_{k=1}^{n} \lvert x_k - y_k\rvert^2\right)^{1/2}$	$\lVert\boldsymbol{x}\rVert := \left(\sum_{k=1}^{n} \lvert x_k\rvert^2\right)^{1/2}$	$\langle \boldsymbol{x}, \boldsymbol{y}\rangle := \sum_{k=1}^{n} x_k y_k^*$	Hilbertraum
l^p, $1 \leqslant p < \infty$	$d(\boldsymbol{x}, \boldsymbol{y}) := \left(\sum_{k=1}^{\infty} \lvert x_k - y_k\rvert^p\right)^{1/p}$	$\lVert\boldsymbol{x}\rVert := \left(\sum_{k=1}^{\infty} \lvert x_k\rvert^p\right)^{1/p}$	–	Banachraum
l^∞	$d(\boldsymbol{x}, \boldsymbol{y}) := \sup_{k=1}^{\infty} \lvert x_k - y_k\rvert$	$\lVert\boldsymbol{x}\rVert := \sup_{k=1}^{\infty} \lvert x_k\rvert$	–	Banachraum
Hilbertscher Folgenraum l^2	$d(\boldsymbol{x}, \boldsymbol{y}) := \left(\sum_{k=1}^{\infty} \lvert x_k - y_k\rvert^2\right)^{1/2}$	$\lVert\boldsymbol{x}\rVert := \left(\sum_{k=1}^{\infty} \lvert x_k\rvert^2\right)^{1/2}$	$\langle \boldsymbol{x}, \boldsymbol{y}\rangle := \sum_{k=1}^{\infty} x_k y_k^*$	Hilbertraum
$C[a, b]$	$d(x, y) := \max_{a \leqslant t \leqslant b} \lvert x(t) - y(t)\rvert$	$\lVert x\rVert := \max_{a \leqslant t \leqslant b} \lvert x(t)\rvert$	–	Banachraum
$L^p(a, b)$, $1 \leqslant p < \infty$	$d(x, y) := \left(\int_a^b \lvert x(t) - y(t)\rvert^p \mathrm{d}t\right)^{1/p}$	$\lVert x\rVert := \left(\int_a^b \lvert x(t)\rvert^p \mathrm{d}t\right)^{1/p}$	–	Banachraum
$L^\infty(a, b)$	$d(x, y) := \operatorname{sup\,ess}_{a<t<b} \lvert x(t) - y(t)\rvert$	$\lVert x\rVert := \operatorname{sup\,ess}_{a<t<b} \lvert x(t)\rvert$	–	Banachraum
Hilbertscher Funktionenraum $L^2(a, b)$	$d(x, y) := \left(\int_a^b \lvert x(t) - y(t)\rvert^2 \mathrm{d}t\right)^{1/2}$	$\lVert x\rVert := \left(\int_a^b \lvert x(t)\rvert^2 \mathrm{d}t\right)^{1/2}$	$\langle x, y\rangle := \int_a^b x(t) y^*(t) \mathrm{d}t$	Hilbertraum

In Fig. 4.6.2 findet der Leser ein Schema des Weges, der uns von unstrukturierten Mengen über algebraische und metrische Strukturen bis zum Begriff des Hilbertraumes geführt hat.

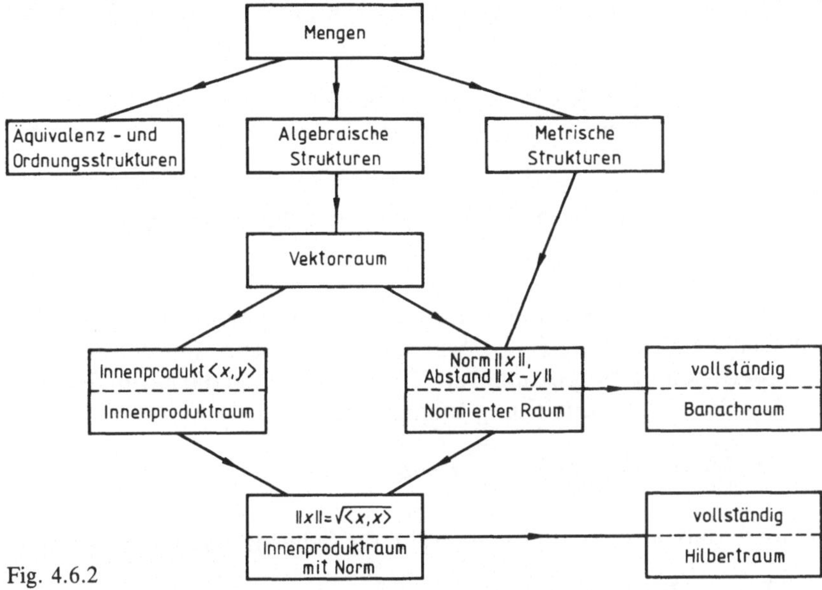

Fig. 4.6.2

In Naturwissenschaft und Technik spielen die Innenprodukträume, insbesondere also die Hilberträume, eine wichtige Rolle. Die Existenz des Innenproduktes und der daraus folgende Begriff der Orthogonalität führt in vielen Fällen zu einfachen und übersichtlichen Darstellungen und Berechnungen. Aus der Fülle der Anwendungsmöglichkeiten folgen nun einige Beispiele.

Beispiel 3 Ein stetiges lineares Funktional auf einem Hilbertraum hängt nicht nur, wie in Gl. (4.4.8), mit der Faltungsoperation zusammen, sondern läßt sich nach Gl. (4.6.11) stets auch als Innenprodukt $f(x) = \langle x, z \rangle$ schreiben. So ergeben sich für die Funktionale in Gl. (4.4.6) bis (4.4.8) folgende Darstellungen:

$$\begin{aligned} k_{xy}(\tau_0) &= x(\tau)*y^*(-\tau)\,\big|_{\tau=\tau_0} = \langle x, y_{\tau_0}\rangle \quad \text{mit} \quad y_{\tau_0} := y(t-\tau_0)\ , \\ f_k(x) &= x(\tau)*\varphi_k^*(-\tau)\,\big|_{\tau=0} = \langle x, \varphi_k\rangle\ , \\ y(t_0) &= x(t)*a(t)\,\big|_{t=t_0} = \langle x, a'\rangle \quad \text{mit} \quad a' := a^*(t_0-t)\ . \end{aligned}$$

Je nach Anwendungsfall ist die eine oder andere Darstellung vorteilhafter, z.B. die Faltung bei Anwendung der Fourier- oder Laplace-Transformation (für variable τ_0 bzw. t_0), das Innenprodukt hingegen bei Orthogonalitätsbetrachtungen.

Die Abtastung eines Signals nach Gl. (4.4.9) kann nicht durch ein Innenprodukt beschrieben werden, da der Impuls nicht Element eines Hilbertraumes ist.

Beispiel 4 Gegeben sei ein lineares System mit der Impulsantwort $a(t)$ (Fig. 4.6.3). Es wird von einem Signal $x(t)$ gespeist, dem ein Störsignal $w(t)$ mit der konstanten

Leistungsdichte N additiv überlagert ist. Gefragt ist nach dem Verhältnis $\nu := P_S/P_N$ der Nutz- zur Störleistung am Ausgang, sowie nach der Möglichkeit, ν möglichst groß zu machen. Die Betrachtung soll sich dabei auf einen festen Zeitpunkt $t = t_0$ beschränken, zu dem man sich das Ausgangssignal abgetastet denken kann.

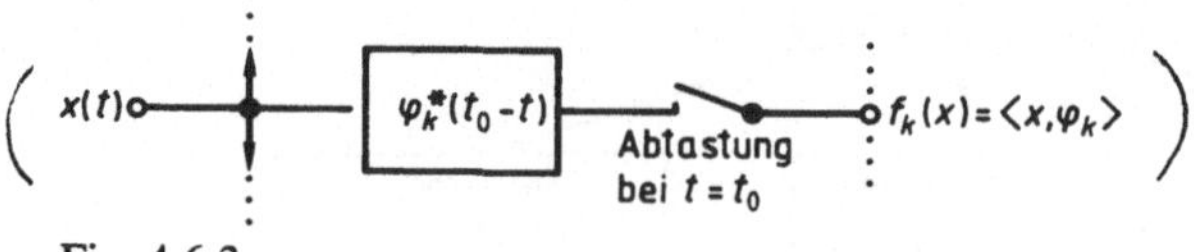

Fig. 4.6.3

Aus Beispiel 3 folgt für $y(t)$ zum Zeitpunkt $t = t_0$ die Gleichung

$$y(t_0) = \langle x, a' \rangle \quad \text{mit} \quad a' := a^*(t_0 - t) .$$

Die Augenblicksleistung P_S zum Zeitpunkt t_0 ist proportional zu $|y(t_0)|^2$, die von $n(t)$ verursachte Störleistung P_N ist, wie man zeigen kann, mit demselben Proportionalitätskoeffizienten proportional zu $N\|a\|^2$, wobei $\|a\|$ die Norm der Impulsantwort ist. Aus der obigen Gleichung folgt damit:

$$\nu = \frac{P_S}{P_N} = \frac{|\langle x, a' \rangle|^2}{N\|a\|^2} , \qquad t = t_0 .$$

Beachtet man, daß $\|a'\| = \|a\|$ ist, so ergibt die Schwarzsche Ungleichung (4.5.6):

$$|\langle x, a' \rangle|^2 \leqslant \|x\|^2 \, \|a\|^2 .$$

Der größtmögliche Wert von ν ergibt sich, wenn hier das Gleichheitszeichen gilt, nämlich

$$\nu_{\max} = \frac{\|x\|^2}{N} .$$

Dazu ist erforderlich, daß zwischen Impulsantwort und Signal mit einer Konstante c die Beziehung

$$a' = c \cdot x, \quad \text{d.h.} \quad a(t) = c \cdot x^*(t_0 - t)$$

besteht. *Zur Optimierung des Verhältnisses von Nutz- zu Störleistung muß also die Impulsantwort $a(t)$ an die Signalform $x(t)$ „angepaßt" (engl.: matched) werden*, weswegen man ein solches System auch Matched-Filter nennt. Ein Anwendungsgebiet ist z.B. die Radartechnik, bei der sich auch sehr schwache Empfangssignale noch möglichst gut aus den Störungen herausheben sollen. Wie man erkennt, sind auch die Systeme in Fig. 4.4.3 Matched-Filter für die Signale $\varphi_k(t)$. Wie in diesem Beispiel, *läßt sich die Schwarzsche Ungleichung auch in vielen anderen Fällen zur Optimierung bzw. Abschätzung nach oben verwenden.*

Beispiel 5 In einem Innenproduktraum ergibt sich die Norm eines Vektors aus Gl. (4.5.5). In der Nachrichtentechnik betrachtet man Signale zunächst in einem Intervall der Dauer T und nennt

$\|x\|^2$ die Energie und

$$\frac{1}{T}\,\|x\|^2 \quad \text{die mittlere Leistung}$$

im Intervall T. Für endliche T existieren in der Regel beide Größen. Für $T = \infty$ unterscheidet man jedoch zwischen Energie- und Leistungssignalen:

$$0 < \|x\|^2 < \infty \text{ für } T = \infty \quad \text{Energiesignale} \in L^2(-\infty, \infty)\,,$$

$$0 < \lim_{T\to\infty} \frac{1}{T}\,\|x\|^2 < \infty \qquad \text{Leistungssignale} \in \tilde{L}^2\,.$$

Im unbegrenzten Zeitintervall haben Energiesignale endliche Energie und verschwindende mittlere Leistung, Leistungssignale dagegen endliche mittlere Leistung und unbegrenzte Energie.

Für zwei verschiedene Signale x und y nennt man entsprechend $\langle x, y\rangle$ die Kreuzenergie und $\langle x, y\rangle/T$ die Kreuzleistung im Intervall T. Vgl. auch Beispiel 4 in Nr. 4.5 sowie die Ausführungen hinter Gl. (4.6.10).

Beispiel 6 Die Bildung der Fourierkoeffizienten $\langle x, u_k\rangle$ eines Signals x bezüglich eines beliebigen Orthonormalsystems $\{u_k\}$ in Gl. (4.6.4) kann man nach Gl. (4.6.11) mit $z := u_k$ $(k = 1, 2, \ldots)$ als lineares Funktional auffassen. Man „mißt" dabei die Koordinaten des Signals x bezüglich des Orthonormalsystems als die Anteile von x „in Richtung" der Vektoren u_k, wie z.B. aus Gl. (4.6.10) ersichtlich.

Beispiel 7 Korrelationsempfänger nach Fig. 4.4.2 bzw. 4.4.3 werden in der Nachrichtenübertragung zur Signalerkennung (Detektion) benutzt: Ein aktuelles Empfangssignal $x(t)$, das praktisch stets von Störsignalen (z.B. Rauschen) überlagert ist (vgl. Beispiel 4), soll mit möglichst geringer Fehlerwahrscheinlichkeit „erkannt", d.h. gegenüber anderen möglichen Empfangssignalen abgegrenzt werden. Dies kann auf zweierlei Arten geschehen:

a) Der Sender emittiert eines von n voneinander verschiedenen, sonst aber beliebigen Signalen $\varphi_k(t)$. Dann stellt der Empfänger eine Parallelschaltung von n Matched-Filtern nach Beispiel 4 dar, und es wird zugunsten desjenigen Signals entschieden, das am Ausgang ein Maximum erzeugt. Es können hiermit nur n verschiedene Signale übertragen werden, und der Empfänger braucht für jedes Signal einen Empfangszweig.

b) Das Verfahren nach a) ist nur dann sinnvoll, wenn das „Repertoire" des Senders nur wenige Signale umfaßt. Man kann mit gleichem Aufwand zwischen wesentlich mehr Signalen unterscheiden, wenn man die $\varphi_k(t)$ als Orthonormalsystem $\{\varphi_1, \varphi_2, \ldots, \varphi_n\}$ im Hilbertraum $L^2(-T/2, T/2)$ wählt. Dieses System spannt einen n-dimensionalen Unterraum U auf. Der Korrelationsempfänger bildet jeden Vektor $x \in L^2$ in ein n-Tupel aus $\mathbf{C}^n$ bzw. (bei reellen Signalen) aus $\mathbf{R}^n$ ab, d.h., er projiziert jeden Vektor aus L^2 in diesen n-dimensionalen Unterraum U, wobei diese Projektion optimal ist im Sinne der Gl. (4.6.2). Das Repertoire des Senders umfaßt damit im störungsfreien Fall alle Signale $x \in U$, da deren Fourierkoeffizienten $\langle x, \varphi_k\rangle$ $(k = 1, 2, \ldots, n)$ am Empfängerausgang zur Verfügung stehen.

Bei gestörter Übertragung lassen sich jedoch zwei Signale x_1 und x_2 nur dann mit einer gewünschten Fehlerwahrscheinlichkeit voneinander unterscheiden, wenn sie eine gewisse Mindestdistanz $\|x_1 - x_2\|$ besitzen. Man nimmt daher eine Partition (vgl. Nr. 1.4 und Beispiel 4 in Nr. 1.2) des Raumes U in m Äquivalenzklassen vor und wählt für jede Äquivalenzklasse einen Repräsentanten x_i. Die Partition muß so gewählt werden, daß je zwei Repräsentanten den geforderten Mindestabstand haben. Die m Repräsentanten x_i stellen dann das Repertoire des Senders dar. Die Äquivalenzklassen bilden die Entscheidungsräume beim Empfänger: Es wird aus den (gestörten) Fourierkoeffizienten ein Schätzwert $\hat{x}$ für das gesendete Signal x gebildet und zugunsten desjenigen Sendesignals x_i entschieden, in dessen Äquivalenzklasse dieser Schätzwert fällt.

Über einen solchen „Vektorkanal“ lassen sich also $m > n$ verschiedene Signale x_i übertragen. Gibt man anstelle des Orthonormalsystems $\{\varphi_k\}$ die Signale $\{x_i\}$ vor, so läßt sich $\{\varphi_k\}$ z.B. mit Hilfe des Gram-Schmidt-Verfahrens finden, das am Schluß der Nr. 4.5 beschrieben wurde. ■

In Physik und Technik hat man es oft mit *zufälligen* (*stochastischen*) *Vorgängen* zu tun, die sich im Gegensatz zu determinierten Vorgängen nur mit Methoden der Wahrscheinlichkeitsrechnung und Statistik beschreiben lassen. Auch hierbei ist es möglich, das Konzept des Vektorraumes zugrunde zu legen, womit dann auf determinierte und zufällige Vorgänge dieselben Begriffe wie Norm, Abstand, Innenprodukt und Orthogonalität anwendbar sind. Es folgen hierfür einige Beispiele.

Beispiele 8 In der Wahrscheinlichkeitsrechnung bildet man zur Beschreibung von Zufallsvariablen oft sog. Erwartungswerte. Die wichtigsten Erwartungswerte sind die sogenannten Momente zweiter und erster Ordnung von zwei Zufallsvariablen $x \in \mathbf{R}$ und $y \in \mathbf{R}$. Kennzeichnet man die Erwartungswertbildung durch einen Querstrich, so kann man folgendes Moment zweiter Ordnung definieren:

$$\overline{xy} := \int_{-\infty}^{\infty} \int_{-\infty}^{\infty} xy p_{xy}(x, y) \, \mathrm{d}x \mathrm{d}y \, . \tag{4.6.12a}$$

p_{xy} ist die Wahrscheinlichkeits-Verbunddichtefunktion der Verbundvariablen x und y mit den Eigenschaften:

$$\int_{-\infty}^{\infty} \int_{-\infty}^{\infty} p_{xy}(x, y) \, \mathrm{d}x \mathrm{d}y = 1 \quad \text{und} \quad \int_{-\infty}^{\infty} p_{xy}(x, y) \, \mathrm{d}y = p_x(x) \, ,$$

sowie $p_{xy}(x, y) = p_x(x) \cdot p_y(y)$, falls x und y statistisch unabhängig sind.

Aus der Verbunddichte gehen also durch „Herausintegrieren“ einer Variablen auch die Einzeldichten hervor.

Gl. (4.6.12) nennt man die Korrelation von x und y. Man kann zeigen, daß sie die Bedingungen (IP1) bis (IP4) (Nr. 4.5) erfüllt und daher als Innenprodukt auf $\mathbf{R}$ aufgefaßt werden kann:

$$\overline{xy} = \langle x, y \rangle \, . \tag{4.6.12b}$$

Hieraus folgt für $y = x$ aus Gl. (4.6.12) und Integration nach y das quadratische Funktional

$$\overline{x^2} = \int_{-\infty}^{\infty} x^2 p_x(x)\,\mathrm{d}x = \langle x, x\rangle = \|x\|^2 .$$

Man nennt diese Größe Quadratmittel (Mittelwert des Quadrates) und kann sie, da aus einem Innenprodukt entstanden, als Quadrat der Norm von x auffassen.

Schließlich folgt aus Gl. (4.6.12) mit $y = 1$ und Integration nach y ein Moment erster Ordnung, nämlich das lineare Funktional

$$\bar{x} = \int_{-\infty}^{\infty} x p_x(x)\,\mathrm{d}x . \tag{4.6.13}$$

Dies ist der Mittelwert der Zufallsvariablen x. Zieht man von beiden Zufallsvariablen ihre Mittelwerte ab, bildet man also die Variablen

$$x_0 := x - \bar{x} \quad \text{und} \quad y_0 := y - \bar{y} ,$$

so ergeben sich die sogenannten Zentralmomente

$$\overline{x_0 y_0} \quad \text{und} \quad \overline{x_0^2} ,$$

die man Kovarianz und Varianz nennt. Es bestehen die Zusammenhänge:

$$\overline{xy} = \overline{x_0 y_0} + \bar{x}\bar{y} \quad \text{und} \quad \overline{x^2} = \overline{x_0^2} + (\bar{x})^2 .$$

Für verschwindende Mittelwerte sind also Momente und Zentralmomente identisch.

In der Sprache der Vektorräume nennt man x *und* y *orthogonal, wenn ihr Innenprodukt verschwindet, d.h., wenn sie unkorreliert sind*[1]. Man kann einer Zufallsvariablen eine Norm und zwei Variablen einen Abstand

$$\mathrm{d}(x_1, x_2) := \|x_1 - x_2\| = \overline{(x_1 - x_2)^2}$$

zuordnen. Alle Definitionen können auch auf diskrete Zufallsvariable übertragen werden, d.h. solche, deren Wertebereich nur endlich viele Elemente hat, wenn man in obige Gleichungen diskrete Dichtefunktionen einsetzt. So ergibt sich etwa aus Gl. (4.6.13) mit

$$p_x(x) = \sum_{k=1}^{n} p_k \delta(x - x_k) , \qquad \sum_{k=1}^{n} p_k = 1$$

der Mittelwert von x durch Vertauschen von Integration und Summation sowie über die Ausblendeigenschaft des Dirac-Impulses zu

[1] Dies gilt hier im strengen Sinne: es muß nicht nur die Kovarianz, sondern auch mindestens ein Mittelwert verschwinden. Verschwindet lediglich die Kovarianz, so nennt man x und y gelegentlich auch linear unabhängig.

$$\bar{x} = \int_{-\infty}^{\infty} x \sum_{k=1}^{n} p_k \delta(x - x_k) \, dx = \sum_{k=1}^{n} x_k p_k ,$$

was nach Gl. (4.4.1) ebenfalls ein lineares Funktional darstellt. Bei Verbundvariablen verwendet man zwei- oder mehrdimensionale diskrete Dichtefunktionen.

Beispiel 9 Die Ergebnisse des Beispiels 8 lassen sich auf Zufallsprozesse übertragen, wobei hier nur sogenannte schwach stationäre Prozesse betrachtet werden. Aus dem Ensemble der Musterfunktionen läßt sich zu jedem festen Zeitpunkt t eine Zufallsvariable definieren. Für zwei Variable im Abstand τ definiert man die Korrelation nach Gl. (4.6.12) und den Mittelwert nach Gl. (4.6.13) eines Prozesses $x(t)$ zu

$$\begin{aligned} l_{xx}(\tau) &:= \overline{x(t)x(t-\tau)} = \langle x, x_\tau \rangle \quad \text{mit} \quad x_\tau := x(t-\tau) , \\ m_x &:= \overline{x(t)} . \end{aligned} \tag{4.6.14}$$

Man spricht jetzt von der Autokorrelationsfunktion (AKF) l_{xx} des Prozesses und seinem Mittelwert m_x, die bei schwach stationären Prozessen von t unabhängig sind, d.h., die AKF hängt nur vom Abstand τ ab, und der Mittelwert ist konstant. Für $\tau = 0$ gilt

$$l_{xx}(0) = \overline{x^2(t)} = \|x\|^2 ,$$

das Quadratmittel ist also ebenfalls konstant.
Hat man einen zweiten Prozeß $y(t)$ mit den gleichen Eigenschaften, so definiert man noch die Kreuzkorrelationsfunktion (KKF)

$$l_{xy}(\tau) := \overline{x(t)y(t-\tau)} = \langle x, y_\tau \rangle \quad \text{mit} \quad y_\tau := y(t-\tau) ,$$

die ebenfalls nur von τ abhängt. ■

Die Beschreibung von Zufallsprozessen mit Hilfe der Korrelationsfunktionen (und deren Fouriertransformierten, den sogenannten Leistungsdichten) nennt man auch „erweiterte harmonische Analyse“ (in Anlehnung an die harmonische Analyse, die mit – hier nicht angebbaren – Zeitfunktionen und deren Fouriertransformierten, den Spektren, arbeitet). Sie ist grundlegend für die Behandlung vieler Probleme der statistischen Nachrichtentheorie, wobei die Terminologie der Vektorräume oft sehr hilfreich ist, wie das folgende Beispiel (wenn auch nur in prinzipieller Form) zeigen soll.

Beispiel 10 Neben der in Beispiel 7 erwähnten Signalerkennung (Detektion) tritt in der Nachrichtenübertragung auch das Problem der Signalschätzung (Estimation) auf, das in Fig. 4.6.4 allgemein dargestellt ist. Aus einem gesendeten Vektor s soll am Empfangsort ein Vektor a gebildet werden, der entweder gleich s ist oder durch irgendeine gewünschte lineare Transformation B aus s hervorgeht. Dem Empfänger steht der Vektor s jedoch nicht zur Verfügung, sondern lediglich eine durch n gestörte Version r, die im einfachsten Fall additiver Störungen sich zu

$r = s + n$ ergibt. Er kann, durch eine lineare Transformation A, lediglich einen Schätzwert

$$\hat{a} := Ar$$

des gewünschten Vektors a liefern, so daß man einen Fehlervektor

$$e := \hat{a} - a$$

definieren kann. Gesucht ist nun diejenige Transformation A, die den „besten" Schätzwert $\hat{a}$ ergibt.

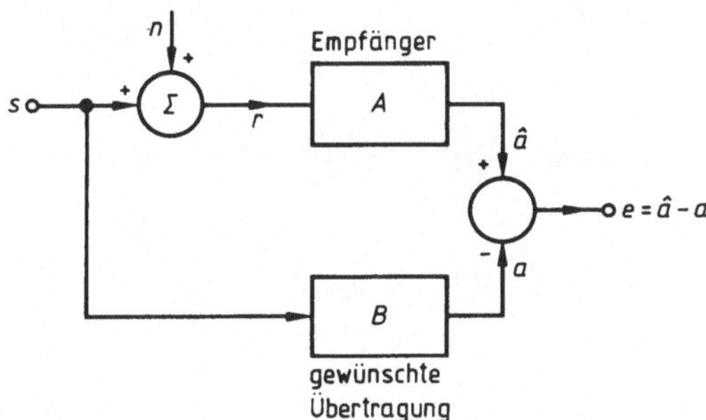

Fig. 4.6.4

Das Problem läßt sich für eine lineare Schätzeinrichtung A nach dem sogenannten *Gauß-Markoff-Theorem* dann geschlossen lösen, wenn man den besten Schätzwert als denjenigen definiert, der die Norm des Fehlervektors

$$\|e\|^2 = \overline{e^2} = \overline{(\hat{a} - a)^2}$$

minimiert, was offensichtlich dem kleinsten mittleren Fehlerquadrat entspricht. Das Theorem liefert für diesen Fall eine lineare Transformation A, die nur von den Korrelationen l_{ar} und l_{rr} der Vektoren a und r abhängt. Da man hierzu die Dichtefunktionen nicht kennen muß, spricht man auch von „verteilungsfreien" Schätzeinrichtungen. Diese Art der Optimierung gehorcht dem in der statistischen Nachrichtentheorie wichtigen Orthogonalitätsprinzip: *Die Norm des Fehlervektors ist dann am kleinsten, wenn*

$$\langle e, r \rangle = 0$$

ist, wenn also der Fehlervektor e orthogonal zum Empfangsvektor r, d.h., nicht mit ihm korreliert ist. Das Orthogonalitätsprinzip beruht auf den Eigenschaften orthogonaler Projektionen nach Gl. (4.6.2). ■

4.7 Adjungierte Operatoren

Im folgenden seien X, Y beliebige Hilberträume über $\mathbf{C}$.
Zu jedem $A \in \mathfrak{L}(X, Y)$ gibt es genau ein $A^+ \in \mathfrak{L}(Y, X)$ mit

$$\langle Ax, y\rangle = \langle x, A^+y\rangle \quad \text{für alle} \quad x \in X, y \in Y . \tag{4.7.1}$$

A^+ nennt man den zu A adjungierten Operator. Für das Adjungieren gelten die folgenden Regeln:

$$\begin{aligned} (A + B)^+ &= A^+ + B^+ , \\ (\alpha A)^+ &= \alpha^* A^+ , \\ (BA)^+ &= A^+ B^+ , \\ A^{++} &:= (A^+)^+ = A , \\ (A^{-1})^+ &= (A^+)^{-1} , \end{aligned}$$ falls A bijektiv ist (dann ist auch A^+ bijektiv).

Ferner ist

$$\|A^+\| = \|A\| , \qquad \|A^+A\| = \|AA^+\| = \|A\|^2$$

und

$$I^+ = I , \qquad 0^+ = 0 .$$

Zwischen den Bild- und Nullräumen von A, A^+ bestehen die folgenden Beziehungen:[1]

$$\begin{aligned} \widehat{W(A)} &= K(A^+)^\perp , &\qquad \widehat{W(A^+)} &= K(A)^\perp , \\ K(A) &= W(A^+)^\perp , &\qquad K(A^+) &= W(A)^\perp . \end{aligned}$$

Infolgedessen haben wir die Orthogonalzerlegungen

$$X = \widehat{W(A^+)} \oplus K(A) \quad \text{und} \quad Y = \widehat{W(A)} \oplus K(A^+) .$$

Ein stetiger Endomorphismus A von X heißt normal, wenn er mit A^+ vertauschbar ist, wenn also gilt:

$$A^+A = AA^+ .$$

A ist genau dann normal, wenn wir

$$\|Ax\| = \|A^+x\| \quad \text{für alle} \quad x \in X$$

haben. Für normales A ist daher

$$K(A^+) = K(A) ,$$

und infolgedessen besteht die Orthogonalzerlegung

$$X = \widehat{W(A)} \oplus K(A) .$$

---

[1] Wir erinnern daran, daß $\hat{M}$ die Abschließung von M bedeutet.

Besonders wichtig ist die Tatsache, *daß Eigenvektoren eines normalen Operators zu verschiedenen Eigenwerten zueinander orthogonal sind.* Der Spektralradius eines normalen Operators A ist $= \|A\|$. Auf der Kreislinie $|\lambda| = \|A\|$ liegt daher mindestens ein Punkt des Spektrums von A.

$A \in \mathfrak{L}(X)$ heißt selbstadjungiert oder hermitesch, wenn

$$A = A^+ \quad \text{oder also} \quad \langle Ax, y\rangle = \langle x, Ay\rangle \quad \text{für alle} \quad x, y \in X \tag{4.7.2}$$

ist.[1] Weiß man von einem (nicht ausdrücklich als stetig vorausgesetzten) Endomorphismus A des Hilbertraumes X nur, daß für ihn die zweite Gleichung in (4.7.2) gilt, so kann man bereits sicher sein, daß er stetig ist (*Satz von Hellinger-Toeplitz*) und daß er infolgedessen hermitesch sein muß. *Die „quadratische Form" $\langle Ax, x\rangle$ eines hermiteschen Operators ist stets reell, und diese Eigenschaft ist sogar charakteristisch für die „Hermitizität".*

Die Norm eines selbstadjungierten Operators A läßt sich folgendermaßen berechnen:

$$\|A\| = \sup_{\|x\|=1} |\langle Ax, x\rangle| .$$

Ein hermitescher Operator A ist normal. Sein Spektrum $\sigma(A)$ ist reell und liegt in dem kompakten Intervall

$$\left[\inf_{\|x\|=1} \langle Ax, x\rangle, \sup_{\|x\|=1} \langle Ax, x\rangle\right] .$$

Die Endpunkte dieses Intervalles gehören zu $\sigma(A)$. A braucht keine Eigenwerte zu besitzen.[2]

Reelle Vielfache und Summen hermitescher Operatoren sind wieder hermitesch. Das Produkt hermitescher Operatoren A, B ist genau dann hermitesch, wenn $AB = BA$ ist.

Eine Projektion P ist genau dann eine orthogonale Projektion, wenn sie hermitesch ist.

$A \in \mathfrak{L}(X)$ heißt schiefhermitesch, wenn

$$A = -A^+ \quad \text{oder also} \quad \langle Ax, y\rangle = -\langle x, Ay\rangle \quad \text{für alle} \quad x, y \in X$$

ist. Wenn A hermitesch ist, so ist jA schiefhermitesch.

Jede komplexe Zahl λ kann in der Form

$$\lambda = \alpha + \mathrm{j}\beta \quad \text{mit} \quad \alpha, \beta \in \mathbf{R} \quad (\text{also } \alpha = \alpha^*, \beta = \beta^*)$$

geschrieben werden; dabei ist

---

[1] Ein selbstadjungierter Operator auf einem reellen Hilbertraum wird auch ein symmetrischer Operator genannt.

[2] Der durch $(Ax)(t) := tx(t)$ definierte Endomorphismus von $L^2(a, b)$ ist hermitesch, besitzt aber keinen Eigenwert.

$$\alpha = \frac{1}{2}(\lambda + \lambda^*) , \qquad \beta = \frac{1}{2\mathrm{j}}(\lambda - \lambda^*) .$$

Entsprechend läßt sich jedes $L \in \mathfrak{L}(X)$ in der Form

$$L = A + \mathrm{j}B \quad \text{mit} \quad A = A^+, B = B^+$$

darstellen; dabei ist

$$A = \frac{1}{2}(L + L^+) , \qquad B = \frac{1}{2\mathrm{j}}(L - L^+) .$$

Die hermiteschen Operatoren spielen also in $\mathfrak{L}(X)$ eine ähnliche Rolle wie die reellen Zahlen in $\mathbf{C}$.

Setzt man $\mathrm{j}B =: C$, so ist

$$L = A + C \text{ mit } A = A^+ \text{ (hermitesch)}, \; C = -C^+ \text{ (schiefhermitesch)}.$$

Jedes $L \in \mathfrak{L}(X)$ läßt sich also in einen hermiteschen und einen schiefhermiteschen Anteil zerlegen.

$U \in \mathfrak{L}(X)$ heißt unitär, wenn

$$UU^+ = U^+U = I$$

ist.[1] Ein unitärer Operator U ist normal und bijektiv, seine Inverse ist U^+. *Er läßt das Innenprodukt unverändert*, d.h., es ist

$$\langle Ux, Uy \rangle = \langle x, y \rangle \quad \text{für alle} \quad x, y \in X . \tag{4.7.3}$$

Infolgedessen ist auch

$$\|Ux\| = \|x\| \quad \text{für alle} \quad x \in X , \tag{4.7.4}$$

U ist also normerhaltend und somit ein Normisomorphismus. Ist S eine Orthonormalbasis, so ist auch $\{Uv | v \in S\}$ eine solche.

Das Spektrum von U liegt auf der Einheitskreislinie $|\lambda| = 1$.

Beispiel 1 Eine Matrix

$$A := \begin{pmatrix} a_{11} & a_{12} & \cdots & a_{1n} \\ \vdots & & & \\ a_{n1} & a_{n2} & \cdots & a_{nn} \end{pmatrix} \qquad \text{mit komplexen } a_{ik}$$

erzeugt vermöge der Zuordnung

$$\begin{pmatrix} x_1 \\ \vdots \\ x_n \end{pmatrix} \mapsto A \begin{pmatrix} x_1 \\ \vdots \\ x_n \end{pmatrix}$$

[1] Ein unitärer Operator auf einem reellen Hilbertraum wird auch ein orthogonaler Operator genannt.

einen stetigen Endomorphismus A von $\mathbf{C}^n$. *Der adjungierte Endomorphismus* A^+ *wird von der adjungierten Matrix* $\mathbf{A}^+$ *erzeugt, die man erhält, indem man* $\mathbf{A}$ *transponiert (an der Hauptdiagonale spiegelt) und die Matrixelemente konjugiert;* es ist also

$$\mathbf{A}^+ = \begin{pmatrix} a_{11}^* & a_{21}^* & \cdots & a_{n1}^* \\ \vdots & & & \\ a_{1n}^* & a_{2n}^* & \cdots & a_{nn}^* \end{pmatrix} .$$

Der Endomorphismus A ist genau dann hermitesch, wenn die Matrix $\mathbf{A}$ hermitesch ist, d.h., wenn gilt:

$$a_{ik} = a_{ki}^* \quad \text{für} \quad i, k = 1, \ldots, n .$$

Die Hauptdiagonalelemente a_{ii} einer hermiteschen Matrix sind alle reell.

Ein Endomorphismus A des reellen Hilbertraumes $\mathbf{R}^n$ ist genau dann symmetrisch (s. Fußnote 1 auf S. 127), wenn die zugehörige (reelle) Matrix (a_{ik}) symmetrisch ist, d.h. mit ihrer Transponierten übereinstimmt, wenn also gilt:

$$a_{ik} = a_{ki} \quad \text{für} \quad i, k = 1, \ldots, n .$$

Beispiel 2 Sei

$$\mathbf{A} := \begin{pmatrix} a_{11} & a_{12} & \cdots \\ a_{21} & a_{22} & \cdots \\ \vdots & & \end{pmatrix}$$

eine unendliche Matrix mit komplexen Elementen a_{ik}, für die

$$\sum_{i,k=1}^{\infty} |a_{ik}|^2 \quad \text{konvergiert} .$$

Dann wird durch

$$\begin{pmatrix} x_1 \\ x_2 \\ \vdots \end{pmatrix} \mapsto \mathbf{A} \begin{pmatrix} x_1 \\ x_2 \\ \vdots \end{pmatrix} := \begin{pmatrix} \sum_{k=1}^{\infty} a_{1k} x_k \\ \sum_{k=1}^{\infty} a_{2k} x_k \\ \vdots \end{pmatrix}$$

ein stetiger Endomorphismus A von l^2 definiert. Der adjungierte Operator A^+ wird durch die adjungierte Matrix $\mathbf{A}^+$ erzeugt, die wie in Beispiel 1 durch Transposition und Konjugation der Matrix $\mathbf{A}$ entsteht:

$$\mathbf{A}^+ = \begin{pmatrix} a_{11}^* & a_{21}^* & \cdots \\ a_{12}^* & a_{22}^* & \cdots \\ \vdots & & \end{pmatrix}$$

Der Operator A ist genau dann hermitesch, wenn die Matrix A hermitesch ist, d.h., wenn gilt:

$$a_{ik} = a_{ki}^* \quad \text{für} \quad i, k = 1, 2, \dots .$$

Beispiel 3 Die komplexwertige Funktion $(s, t) \mapsto k(s, t)$ sei auf dem Quadrat $Q := [a, b] \times [a, b]$ der st-Ebene stetig oder auch nur ein Element von $L^2(Q)$.[1] Durch

$$(Kx)(s) := \int_a^b k(s, t)x(t)\,\mathrm{d}t$$

wird ein stetiger Endomorphismus K von $L^2(a, b)$, eine sogenannte Integraltransformation mit dem Kern $k(s, t)$, definiert (vgl. Beispiel 3 in Nr. 3.9). Der adjungierte Operator K^+ ist dann eine Integraltransformation mit dem Kern $k^*(t, s)$, d.h., es ist

$$(K^+x)(s) = \int_a^b k^*(t, s)x(t)\,\mathrm{d}t \quad \text{für alle} \quad x \in L^2(a, b) .$$

K ist genau dann hermitesch, wenn $k(s, t) = k^*(t, s)$ fast überall ist. Das alles ist völlig analog zu den Verhältnissen in den Beispielen 1 und 2: die Rolle der Matrixelemente a_{ik} wird von den Funktionswerten $k(s, t)$ übernommen, und die Summationen werden durch Integrationen ersetzt.

Beispiel 4 Die Abbildung $U: L^2(a, b) \to L^2(a, b)$, definiert durch

$$(Ux)(t) := \mathrm{e}^{\mathrm{j}\alpha t}x(t) \qquad (\alpha \text{ eine reelle Konstante}) ,$$

ist unitär. Der adjungierte Operator $U^+ = U^{-1}$ wird gegeben durch

$$(U^+x)(t) = \mathrm{e}^{-\mathrm{j}\alpha t}x(t) .$$

Beispiel 5 Die sogenannte Fouriertransformation $F: L^2(-\infty, +\infty) \to L^2(-\infty, +\infty)$ wird definiert durch

$$(Fx)(f) := \int_{-\infty}^{+\infty} x(t)\mathrm{e}^{-\mathrm{j}2\pi ft}\mathrm{d}t^{2)} . \qquad (4.7.5)$$

Man wählt hier für die unabhängige Variable der Bildfunktion den Buchstaben f, um an „Frequenz“ zu erinnern. In der Technik bezeichnet man die Fouriertransformierte von x gerne mit dem zugehörigen großen Buchstaben X, schreibt also (4.7.5) in der Form

---

[1] Die L-Integrierbarkeit von Funktionen, die von mehreren reellen Veränderlichen abhängen, wird ganz entsprechend erklärt wie die der Funktionen von einer reellen Veränderlichen. Dasselbe gilt für die Definition der Meßbarkeit und der L^p-Räume.

[2] Das Integral $\int_{-\infty}^{+\infty}$ ist hier zu verstehen als Grenzwert (im Sinne der L^2-Norm) der Integrale $\int_{-T}^{T}$ für $T \to +\infty$.

$$X(f) := \int_{-\infty}^{+\infty} x(t)e^{-j2\pi ft}dt \tag{4.7.6}$$

und drückt die Zuordnung $x \quad \mapsto \quad X$ auch häufig durch das Zeichen

$$x \circ\!\!-\!\!\bullet\, X \quad \text{oder} \quad x(t) \circ\!\!-\!\!\bullet\, X(f)$$

aus.

Die Fouriertransformation ist unitär. Aus X erhält man das Urbild x vermittels der Integraltransformation $F^{-1} = F^{+}$, also in der Gestalt

$$x(t) = \int_{-\infty}^{+\infty} X(f)e^{j2\pi ft}df\,. \tag{4.7.7}$$

Zwischen der Funktion x und ihrer Fouriertransformierten X besteht die wichtige Parsevalsche Gleichung

$$\int_{-\infty}^{+\infty} |x(t)|^2\,dt = \int_{-\infty}^{+\infty} |X(f)|^2 df\,, \tag{4.7.8}$$

die nur ausdrückt, daß die *Fouriertransformation als unitärer Operator normerhaltend ist.* Zwischen den Funktionen x_1, x_2 und ihren Fouriertransformierten X_1, X_2 besteht die Beziehung

$$\int_{-\infty}^{+\infty} x_1(t)x_2^*(t)\,dt = \int_{-\infty}^{+\infty} X_1(f)X_2^*(f)\,df\,, \tag{4.7.9}$$

die man ebenfalls Parsevalsche Gleichung nennt, und aus der sofort (4.7.8) folgt, wenn man $x_1 = x_2 = x$ setzt. (4.7.9) läßt sich auch in der Form

$$\langle x_1, x_2\rangle = \langle X_1, X_2\rangle$$

schreiben, besagt also nur, daß *die Fouriertransformation als unitärer Operator das Innenprodukt invariant läßt* (s. Gl. (4.7.3)).

Beispiel 6 In der Netzwerk- und Systemtheorie betrachtet man oft sogenannte n-Tore, d.h. Systeme mit n Klemmenpaaren oder Toren, deren Verhalten man u.a. durch die Gleichung

$$\boldsymbol{U}(s) = \boldsymbol{Z}(s)\cdot\boldsymbol{I}(s) \qquad (s := \sigma + j\omega)$$

darstellen kann. Dabei sind $\boldsymbol{U}(s) := (U_1(s), U_2(s), \ldots, U_n(s))$ und $\boldsymbol{I}(s) := (I_1(s), I_2(s), \ldots, I_n(s))$ die Vektoren der Spannungen und Ströme an den n Klemmenpaaren, die sich durch Laplace-Transformation der entsprechenden Zeitfunktionen ergeben (Fig. 4.7.1). Der Operator $\boldsymbol{Z}(s)$ wird dann durch eine (n, n)-Matrix $(Z_{ik}(s))$ repräsentiert, die man die Impedanzmatrix des n-Tores nennt und die das Klemmenverhalten vollständig beschreibt.

Fragt man etwa nach der Passivität des n-Tores[1)], so ergibt sich, daß $\boldsymbol{Z}(s)$ eine sogenannte positiv reelle Matrix sein muß:

[1)] Bei einem passiven n-Tor ist die insgesamt aufgenommene Energie zu jedem Zeitpunkt stets $\geqslant 0$.

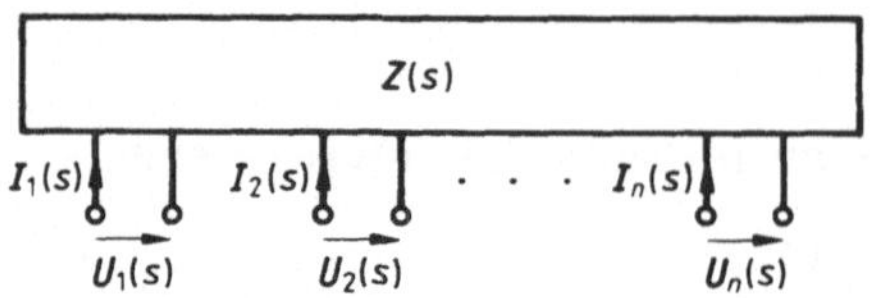

Fig. 4.7.1

$$\begin{aligned} &\mathbf{Z}(s) \text{ reell} \quad \text{für } \omega = 0\,, \\ &\mathbf{Z}_H(s) \geqslant 0 \quad \text{für } \sigma \geqslant 0\,. \end{aligned}$$

Dabei ist

$$\mathbf{Z}_H := \tfrac{1}{2}(\mathbf{Z} + \mathbf{Z}^+)$$

der *hermitesche Anteil der Impedanzmatrix* und $\mathbf{Z}_H \geqslant 0$ bedeutet, daß er positiv semidefinit sein muß, und zwar für $\sigma \geqslant 0$, d.h. in der abgeschlossenen rechten Halbebene der Variablen $s = \sigma + \mathrm{j}\omega$. Dies ist z.B. der Fall, wenn $\mathbf{Z}_H$ insgesamt n (stets reelle) nichtnegative Eigenwerte λ_i besitzt.

Wählt man $n = 1$, so entartet $\mathbf{Z}(s)$ zu einem Skalar, nämlich der Impedanz eines Eintores. Hierfür gilt dann außer „Z reell für $\omega = 0$":

$$Z_H = \tfrac{1}{2}(Z + Z^*) = \mathrm{Re} Z \geqslant 0 \quad \text{für} \quad \sigma \geqslant 0\,.$$

Dies sind die bekannten Bedingungen für ein passives Eintor, dessen Impedanz eine sogenannte positiv reelle Funktion sein muß. Man erkennt, daß hermitesche Operatoren in der Menge aller Operatoren die Rolle der reellen Zahlen in $\mathbf{C}$ spielen.

Beispiel 7 Die Fouriertransformation ist als unitärer Operator eines der wichtigsten mathematischen Hilfsmittel u.a. in der Nachrichtentechnik. Im Rahmen der sogenannten harmonischen Analyse kann man Betrachtungen und Berechnungen im Zeit- und im Frequenzbereich anstellen und dabei tiefere Einblicke gewinnen. *Wichtige Grundgesetze der Nachrichtenübertragung sind nichts anderes als technische Interpretationen mathematischer Eigenschaften der Fouriertransformation.* Wie im Anschluß an Beispiel 9 in Nr. 4.6 erwähnt, kann die Fouriertransformation auch bei Zufallsprozessen nützliche Dienste leisten (erweiterte harmonische Analyse).

Als Beispiel für ein derartiges Grundgesetz der Nachrichtenübertragung sei das sogenannte *Abtasttheorem für Zeitfunktionen* genannt. Es besagt folgendes:

Entnimmt man einem Signal $x(t) \in L^2(-\infty, \infty)$ zu äquidistanten Zeitpunkten kt_0 entsprechend Gl. (4.4.9) *Abtastwerte*

$$x(kt_0) = \int_{-\infty}^{\infty} x(t) \cdot \delta(t - kt_0)\,\mathrm{d}t \qquad (k \in \mathbf{Z})\,,$$

so ist eine bestimmte Klasse dieser Signale durch diese Werte vollständig bestimmt und daraus rekonstruierbar, d.h., für die Signale $x(t)$ dieser Klasse gilt

$$x(t) = \sum_{k=-\infty}^{\infty} x(kt_0)\mathrm{si}[\pi F_0(t - kt_0)] \quad mit \quad \mathrm{si}\tau := \frac{\sin\tau}{\tau}, \; F_0 := \frac{1}{t_0}.$$

Die Funktionen $\mathrm{si}[\pi F_0(t - kt_0)]$ $(k \in \mathbf{Z})$ bilden ein Orthogonalsystem in $L^2(-\infty, +\infty)$. Sie wirken als Interpolationsfunktionen zwischen den Abtastwerten und stellen den ursprünglichen Verlauf $x(t)$ wieder her.

Die Gültigkeit des Abtasttheorems beschränkt sich jedoch auf die sogenannten bandbegrenzten Signale, deren Spektrum $X(f)$ •—○ $x(t)$ auf den Bereich $-F_0/2 < f < F_0/2$ begrenzt ist, für die also

$$X(f) = 0 \quad \text{für} \quad |f| \geqslant F_0/2$$

ist. Da dies nicht für alle L^2-Funktionen gilt, stellen die si-Funktionen kein vollständiges Orthogonalsystem in $L^2(-\infty, \infty)$ dar.

Da jedoch in der Praxis alle Nachrichtensignale bandbegrenzt sind, spielt dieses Theorem, das ausschließlich aus den Eigenschaften der Fouriertransformation folgt, eine bedeutende Rolle: Es genügt die Übertragung der Abtastwerte, sofern diese, entsprechend der Bandbreite, in hinreichend kurzen Abständen $t_0 = 1/F_0$ entnommen werden. Es sind dann auch alle Eigenschaften des Signals wie Energie bzw. mittlere Leistung aus diesen Abtastwerten berechenbar.

Beispiel 8 Im Beispiel 7 der Nr. 4.6 wurde gezeigt, wie man Signale aus $L^2(-T/2, T/2)$ durch endlichdimensionale Vektoren näherungsweise darstellen kann. Für determinierte Signale kann dazu ein beliebiges Orthonormalsystem $\{\varphi_1, \varphi_2, \ldots, \varphi_n\}$ verwendet werden, da die Bestimmung der n Fourierkoeffizienten für jedes Signal prinzipiell keine Schwierigkeiten bereitet und die Approximation stets optimal im Sinne des Orthogonalitätsprinzips ist.

Es liegt nahe, auch für die Störungen eine solche Darstellung zu suchen. Man faßt die Störungen oft als *schwach stationären Zufallsprozeß* auf (vgl. Beispiel 9 in Nr. 4.6). Die Wahl eines Orthonormalsystems und die Bestimmung der Fourierkoeffizienten ist dabei nicht unmittelbar möglich.

Ein vielbenutztes Verfahren zur Darstellung von Zufallsprozessen durch endlichdimensionale Vektoren ist die Karhunen-Loève-Entwicklung, die im folgenden kurz umrissen wird.

Prinzipiell kann nach Wahl eines beliebigen Orthonormalsystems jede Musterfunktion $x(t)$ des Zufallsprozesses gemäß

$$\begin{aligned} x(t) &\approx \sum_{k=1}^{n} x_k \varphi_k(t) \\ \text{mit} \quad x_k &:= \langle x, \varphi_k \rangle = \int_{-T/2}^{T/2} x(t)\varphi_k^*(t)\,\mathrm{d}t \end{aligned} \tag{4.7.10}$$

angenähert werden, wobei der Fehler

$$e := x - \sum_{k=1}^{n} x_k \varphi_k$$

minimal ist, weil die x_k die Fourierkoeffizienten von x bezüglich des Orthonormalsystems $\{\varphi_k\}$ sind. Über alle Musterfunktionen gesehen, werden e und die x_k Zufallsvariable, deren statistische Eigenschaften von der Wahl des Orthonormalsystems $\{\varphi_k\}$ abhängen. Man sucht nun nach demjenigen Orthonormalsystem, für das die Fehlernorm $\|e\|^2$ ein Minimum wird. Die hier nicht wiedergegebene Berechnung führt auf die Integralgleichung

$$\int_{-T/2}^{T/2} l_{xx}(t, s)\varphi_k(s)\,\mathrm{d}s = \lambda_k \varphi_k(t) \,. \tag{4.7.11}$$

Hierin ist l_{xx} die Autokorrelationsfunktion (AKF) des Zufallsprozesses für zwei Zeitpunkte t und s (d.h. für $\tau = t - s$), die als Kern eines Integraloperators auftritt. λ_k sind die Eigenwerte und φ_k die dazugehörigen Eigenvektoren dieses Operators. Aufgrund der Eigenschaften einer AKF ergibt sich, daß Gl. (4.7.11) einen *hermiteschen und positiv definiten Operator* darstellt, dessen Eigenwerte demnach reell und positiv und dessen Eigenvektoren orthogonal sind. Wählt man die n größten Eigenwerte, so bilden die dazugehörigen Eigenvektoren das gesuchte Orthonormalsystem. (4.7.10) nennt man in diesem Fall die Karhunen-Loève-Entwicklung. Sie ist optimal im Sinne kleinster Fehlernorm, wobei

$$\|e\|^2 = \sum_{k=n+1}^{\infty} \lambda_k \,,$$

also das mittlere Fehlerquadrat gleich der Summe aus den „nichtbenutzten" Eigenwerten ist. Die Fourierkoeffizienten x_k sind orthogonale, d.h. unkorrelierte Zufallsvariable, deren Varianzen $\sigma_k^2 = \lambda_k$ gleich den zu φ_k gehörenden Eigenwerten sind.

Infolge dieser Eigenschaften wird die Karhunen-Loève-Entwicklung auch für viele andere Zwecke benutzt, insbesondere zur Merkmalextraktion und Datenreduktion in der Mustererkennung und bei anderen Verfahren der Signalverarbeitung. ■

5 Nullstellen von Polynomen

5.1 Nullstellen und Reduzibilität

Sei K ein Körper, L ein Erweiterungskörper (Oberkörper) von K[1)] und

$$f(x) := a_0 + a_1 x + a_2 x^2 + \cdots + a_n x^n \tag{5.1.1}$$

ein Polynom über K, d.h., ein Polynom aus dem Polynomring $K[x]$ (die Koeffizienten a_k sollen also alle aus K stammen). Ist für ein $\lambda \in L$

$$f(\lambda) := a_0 + a_1 \lambda + a_2 \lambda^2 + \cdots + a_n \lambda^n = 0 ,$$

so nennen wir λ eine Nullstelle oder Wurzel von $f(x)$ in L.

Es kann vorkommen, daß $f(x)$ keine Nullstelle in K selbst, wohl aber in L besitzt. Z.B. hat das Polynom $1 + x^2$ aus $\mathbf{R}[x]$ keine Nullstelle in $\mathbf{R}$, es besitzt jedoch die zwei Nullstellen j und $-$j in dem Erweiterungskörper $\mathbf{C}$ von $\mathbf{R}$.

Ist $\lambda \in L$ eine Nullstelle des Polynoms (5.1.1), so kann man von ihm den „Linearfaktor“ $x - \lambda$ abspalten, genauer: es ist

$$f(x) = (x - \lambda)(b_0 + b_1 x + \cdots + b_{n-1} x^{n-1}) \quad \text{mit} \quad b_k \in L . \tag{5.1.2}$$

Die beiden Faktoren auf der rechten Seite der Gl. (5.1.2) sind also aus dem Polynomring $L[x]$, und man sagt deshalb auch, (5.1.2) sei eine Zerlegung von $f(x)$ in $L[x]$. Hat man umgekehrt eine Zerlegung der Form (5.1.2) mit einem gewissen $\lambda \in L$, so ist $f(\lambda) = 0$, also λ eine Nullstelle von $f(x)$ in L. Die Zerlegung (5.1.2) ist also dann und nur dann möglich, wenn λ eine Nullstelle von $f(x)$ ist. Liegt die Nullstelle λ sogar in K, so gehören die Faktorpolynome $x - \lambda$ und $b_0 + b_1 x + \cdots + b_{n-1} x^{n-1}$ in (5.1.2) zu $K[x]$, und infolgedessen ist (5.1.2) eine Zerlegung von $f(x)$ in $K[x]$.

Hat $f(x)$ den Grad n (ist also $a_n \neq 0$), so besitzt $f(x)$ höchstens n Nullstellen in L. Sind tatsächlich n Nullstellen $\lambda_1, \ldots, \lambda_n \in L$ vorhanden, so kann man $f(x)$ in der Form

$$f(x) = a_n (x - \lambda_1)(x - \lambda_2) \cdots (x - \lambda_n)$$

schreiben; dabei ist zugelassen, daß die λ_ν nicht alle voneinander verschieden sind. In $\mathbf{C}[x]$ ist z.B.

$$1 - x^2 = -(x - 1)(x + 1),$$
$$-x + x^2 - x^3 + x^4 = x(x - 1)(x - \mathrm{j})(x + \mathrm{j}) ,$$
$$x - 2x^2 + x^3 = x(x - 1)^2.$$

1) Mit anderen Worten: K sei ein Unterkörper von L.

Man nennt ein Polynom $f(x) \in K[x]$ reduzibel in $L[x]$, wenn eine Produktdarstellung

$$f(x) = f_1(x)f_2(x) \quad \text{mit} \quad f_k(x) \in L[x] \quad \text{und} \quad \text{Grad}\, f_k(x) \geqslant 1 \quad (k = 1,2)$$

existiert, andernfalls heißt es irreduzibel in $L[x]$. Ist Grad $f(x) = 1$, so ist $f(x)$ in $K[x]$ und jedem $L[x]$ irreduzibel. Ist Grad $f(x) \geqslant 2$ und besitzt $f(x)$ in L eine Nullstelle λ, so ist $f(x)$ wegen (5.1.2) in $L(x)$ reduzibel. $f(x)$ kann durchaus in $K[x]$ reduzibel sein, ohne eine Nullstelle in K zu besitzen. Z.B. hat das Polynom $1 + 2x^2 + x^4$ aus $\mathbf{R}[x]$ keine reelle Nullstelle, ist aber wegen $1 + 2x^2 + x^4 = (1 + x^2)(1 + x^2)$ reduzibel in $\mathbf{R}[x]$.

Jedes Polynom $f(x) \in K[x]$ vom Grade $\geqslant 1$ kann in ein Produkt

$$f(x) = f_1(x)f_2(x) \cdots f_m(x) \quad (m \geqslant 1)$$

von Faktoren $f_k(x) \in K[x]$ zerlegt werden, die alle in $K[x]$ irreduzibel sind. $\lambda \in L$ ist genau dann eine Nullstelle von $f(x)$, wenn λ Nullstelle eines gewissen $f_k(x)$ ist. *Die Nullstellen von $f(x)$ sind also gerade die Nullstellen der irreduziblen Faktoren $f_k(x)$.* Aus diesem Grund betrachtet man in der Nullstellentheorie gewöhnlich nur Polynome, die in $K[x]$ irreduzibel, in $L[x]$ jedoch reduzibel sind. Dies gilt besonders auch für die Codierungstheorie.

5.2 Quotientenringe und Nullstellenbestimmung

Im folgenden ist K durchweg ein Körper.

Wir hatten in Nr. 3.4 gesehen, daß $K[x]$ ein euklidischer Ring und somit ein Hauptidealring ist. Jedes Ideal in $K[x]$ hat also die Form

$$(\varphi(x)) := \{q(x)\varphi(x) \mid q(x) \in K[x]\} \tag{5.2.1}$$

mit einem „Modularpolynom" $\varphi(x) \in K[x]$. Mit anderen Worten: *In jedem Ideal $I \neq \{0\}$ von $K[x]$ gibt es ein Polynom $\varphi(x)$ kleinsten Grades, das jedes Polynom aus I teilt.*[1)]

Sei nun $(\varphi(x))$ irgendein Ideal in $K[x]$. Dann können wir den Quotientenring $K[x]/(\varphi(x))$ bilden (Beispiel 12 in Nr. 3.8). Die Restklasse $[f(x)]$ von $f(x)$ ist die Menge

$$f(x) + (\varphi(x)) = \{f(x) + q(x)\varphi(x) \mid q(x) \in K[x]\}.$$

$f(x)$ und $g(x)$ gehören genau dann zur gleichen Rest- oder Äquivalenzklasse, wenn $f(x) - g(x) \in (\varphi(x))$, also

$$f(x) - g(x) = q(x)\varphi(x) \quad \text{mit einem} \quad q(x) \in K[x] \tag{5.2.2}$$

---

1) Das Nullideal $\{0\}$ wird von dem Nullpolynom erzeugt; diesem hatten wir aber keinen Grad zugeschrieben.

ist. Ist $\varphi(x)$ das Nullpolynom, so besteht infolgedessen $[f(x)]$ allein aus $f(x)$, und wir haben $K[x]/(\varphi(x)) = K[x]$. In dem interessanteren Fall, daß $\varphi(x)$ nicht das Nullpolynom ist – dies wollen wir hinfort ständig voraussetzen –, *besteht wegen* (5.2.2) *die Restklasse* $[f(x)]$ *aus all den Polynomen* $g(x)$, *die bei der „Division mit Rest" durch* $\varphi(x)$, *also bei der Darstellung*

$$g(x) = q(x)\varphi(x) + r(x) \quad \text{mit} \quad r(x) = 0 \quad \text{oder} \quad \text{Grad}\, r(x) < \text{Grad}\, \varphi(x) \tag{5.2.3}$$

denselben Rest $r(x)$ *lassen wie* $f(x)$ *selbst.*[1)] Dieser Rest $r(x)$ ist dann ein Repräsentant der Restklasse $[f(x)]$. Man erhält also die Repräsentanten aller Restklassen, indem man $r(x)$ das Nullpolynom und alle Polynome mit einem Grad < Grad $\varphi(x)$ durchlaufen läßt. Die zugehörigen Restklassen machen dann den Quotientenring $K[x]/(\varphi(x))$ aus.

Um zwei Restklassen zu addieren, hat man aus jeder einen Repräsentanten auszuwählen, hat diese beiden Polynome (in der üblichen Weise) zu addieren und von der Summe die Restklasse zu bilden. Im Falle $K := \mathbf{R}$, $\varphi(x) := 1 + x^4$ ist z.B.

$$[x + x^3] + [2x^3 + x^5] = [x + 3x^3 + x^5] = [3x^3] ;$$

die letzte Gleichung dieser Kette folgt aus der Tatsache, daß $x + 3x^3 + x^5$ bei der Division durch $\varphi(x) = 1 + x^4$ den Rest $3x^3$ läßt:

$$x + 3x^3 + x^5 = x(1 + x^4) + 3x^3 .$$

Die obige Restklassengleichung schreibt man auch in der Form

$$(x + x^3) + (2x^3 + x^5) = 3x^3 \bmod(1 + x^4)$$

und sagt, man habe die beiden links stehenden Polynome „modulo $1 + x^4$ addiert". Ganz entsprechend verfährt man bei der Multiplikation von Restklassen. Im obigen Falle ($K := \mathbf{R}$, $\varphi(x) = 1 + x^4$) ist z.B.

$$[1 + x] \cdot [1 + x^5] = [1 + x + x^5 + x^6] = [1 - x^2]$$

oder also

$$(1 + x) \cdot (1 + x^5) = (1 - x^2) \bmod(1 + x^4)$$

(vgl. auch die Beispiele 2 und 3 in Nr. 3.2).

Nun seien a, b zwei konstante Polynome aus $K[x]$, d.h., zwei Polynome, die sich auf ihre absoluten (von x freien) Glieder $a, b \in K$ reduzieren. $[a]$, $[b]$ seien ihre Restklassen in $K[x]/(\varphi(x))$. Die Gleichung $[a] = [b]$ bedeutet, daß $a = b \bmod \varphi(x)$, also $a - b = q(x)\varphi(x)$ ist, und dies ist genau dann der Fall, wenn $q(x)$ das Nullpolynom, also $a - b = 0$ ist. Wir haben also:

$$[a] = [b] \quad \text{genau dann, wenn} \quad a = b .$$

---

1) Diese Division mit Rest ist deshalb möglich, weil $K[x]$ ein euklidischer Ring ist. Sie wird in der üblichen, von $\mathbf{R}[x]$ her vertrauten Weise ausgeführt.

Ferner rechnet man mit den Restklassen $[a]$, $[b]$ genauso wie mit den Körperelementen a, b; denn definitionsgemäß ist ja

$$[a] + [b] = [a + b] \quad \text{und} \quad [a] \cdot [b] = [a \cdot b] .$$

Grob gesagt: Unter allen relevanten Gesichtspunkten unterscheidet sich die Restklasse $[a]$ von dem Körperelement a nur äußerlich durch die eckigen Klammern. Die letzteren dürfen wir also ohne Informationsverlust weglassen, anders gesagt: *wir dürfen* $[a]$ *mit* a *identifizieren.* Dies wollen wir auch tun. Statt einer Gleichung wie etwa

$$[1 + 2x + x^3] = [1] + [2x + x^3]$$

werden wir also in Zukunft die Gleichung

$$[1 + 2x + x^3] = 1 + [2x + x^3]$$

schreiben. Die Ersetzung der Restklassen $[a]$ durch die Körperelemente *a macht den Körper K zu einer Teilmenge, genauer: zu einem Unterring, des Quotientenringes* $K[x]/(\varphi(x))$.[1)] Man sagt auch, man habe K in $K[x]/(\varphi(x))$ eingebettet.

Für unsere Zwecke besonders wichtig ist der Satz: *Ist $\varphi(x)$ irreduzibel in $K[x]$, so ist der Quotientenring $K[x]/(\varphi(x))$ sogar ein Körper.* Betten wir nun, wie oben geschildert, K in $K[x]/(\varphi(x))$ ein, *so erweist sich $K[x]/(\varphi(x))$ als ein Erweiterungskörper von K.* Diese wichtige Methode, zu K einen Erweiterungskörper zu konstruieren, werden wir hinfort ständig benutzen.

Wir betrachten nun den Fall, daß K ein *Galoisfeld* mit p Elementen, also ein $GF(p)$ ist (p eine Primzahl). *Ein solcher Körper ist immer isomorph zu dem Restklassenkörper* $\mathbf{Z}_p$ (s. Beispiel 1 in Nr. 3.4), *wir dürfen daher ohne weiteres $K = \mathbf{Z}_p$ annehmen.* Ein Polynom $f(x)$ aus $K[x]$ hat also die Gestalt

$$f(x) = [a_0] + [a_1]x + [a_2]x^2 + \cdots + [a_n]x^n \qquad (a_k \in \mathbf{Z}) ,$$

wobei $[a_k]$ die Restklasse von a_k modulo p bedeutet. Statt dieser etwas umständlichen Darstellung schreiben wir lieber

$$f(x) = a_0 + a_1x + a_2x^2 + \cdots + a_nx^n , \tag{5.2.4}$$

wobei wir *verabreden, mit den a_k wie mit den Restklassen modulo p zu rechnen.* Im Falle $K = \mathbf{Z}_2$ ist also z.B.

$$x^3 + x + 1 = -x^3 - x - 1 ,$$

weil $1 = -1 \bmod 2$ ist. Da $\mathbf{Z}_p$ aus den p Restklassen $[0], [1], \ldots, [p - 1]$ besteht, genügt es, die Koeffizienten a_k in (5.2.4) aus der Menge $\{0, 1, \ldots, p - 1\}$ zu nehmen. Bei festem $n \in \mathbf{N}_0$ gibt es also insgesamt p^{n+1} Polynome der Gestalt (5.2.4).

---

1) Man darf nicht sagen, K sei ein Unterkörper des Quotientenringes $K[x]/(\varphi(x))$, weil es Unterkörper definitionsgemäß nur in Körpern gibt. $K[x]/(\varphi(x))$ braucht aber kein Körper zu sein.

Die Anzahl der Elemente eines beliebigen Galoisfeldes ist immer eine Primzahlpotenz p^m (s. Nr. 3.4; die Primzahl p ist die Charakteristik des Galoisfeldes, m ist eine natürliche Zahl). *Alle Galoisfelder mit p^m Elementen, also alle $GF(p^m)$, sind untereinander isomorph; es gibt also im Grunde nur ein $GF(p^m)$.*[1] Diesen Körper können wir folgendermaßen konstruieren. Es sei $\varphi(x)$ ein irreduzibles Polynom des Grades m aus $\mathbf{Z}_p[x]$. Dann ist

$$G := \mathbf{Z}_p[x]/(\varphi(x)) \tag{5.2.5}$$

ein Körper. Seine Elemente lassen sich repräsentieren durch die Polynome $r(x) \in \mathbf{Z}_p[x]$, wobei $r(x)$ das Nullpolynom und alle Polynome aus $\mathbf{Z}_p[x]$ mit einem Grad < Grad $\varphi(x) = m$ durchläuft. Die Anzahl dieser Polynome ist p^m. Also hat G insgesamt p^m Elemente und ist somit das gesuchte Galoisfeld. Unter $GF(p^m)$ dürfen wir also fortan den Körper G verstehen, kurz:

$$GF(p^m) = \mathbf{Z}_p[x]/(\varphi(x)) \,.^{2)} \tag{5.2.6}$$

$GF(p^m)$ ist, wie wir oben auseinandergesetzt haben, ein Erweiterungskörper von $\mathbf{Z}_p$.

Beispiel 1 Gegeben sei $\varphi(x) := 1 + x + x^3 \in \mathbf{Z}_2[x]$. $\varphi(x)$ hat den Grad 3. Wäre $\varphi(x)$ reduzibel in $\mathbf{Z}_2[x]$, so müßte man also einen Linearfaktor $x - \lambda$ mit $\lambda \in \mathbf{Z}_2$, d.h. mit $\lambda = 0$ oder $\lambda = 1$, abspalten können. Dann müßte aber 0 oder 1 Nullstelle von $\varphi(x)$ sein, was wegen $\varphi(0) = 1$ und $\varphi(1) = 1 + 1 + 1 = 1$ nicht der Fall ist (beachte, daß in $\mathbf{Z}_2$ $1 + 1 = 0$ ist). $\varphi(x)$ ist also ein in $\mathbf{Z}_2[x]$ irreduzibles Polynom vom Grade 3, und daher haben wir

$$GF(2^3) = GF(8) = \mathbf{Z}_2[x]/(\varphi(x)) \,. \qquad \blacksquare$$

Wir kehren nun wieder zu dem allgemeinen Fall zurück. Es sei

$$\varphi(x) := a_0 + a_1 x + a_2 x^2 + \cdots + a_m x^m$$

ein in $\mathbf{Z}_p[x]$ irreduzibles Polynom des Grades $m > 1$. Dann hat $\varphi(x)$ gewiß keine Nullstelle in $\mathbf{Z}_p$. $\varphi(x)$ besitzt jedoch eine Nullstelle in dem Erweiterungskörper $GF(p^m)$ von $\mathbf{Z}_p$ (s. (5.2.6)). Ist nämlich

$$\alpha := [x] \in GF(p^m) = \mathbf{Z}_p[x]/(\varphi(x))$$

die Restklasse des Polynoms $x \in \mathbf{Z}_p[x]$, so folgt aus

$$\varphi(x) = a_0 + a_1 x + a_2 x^2 + \cdots + a_m x^m = 0 \bmod \varphi(x)$$

durch Übergang zu Restklassen sofort

$$a_0 + a_1 \alpha + a_2 \alpha^2 + \cdots + a_m \alpha^m = 0, \quad \text{also} \quad \varphi(\alpha) = 0 \,.$$

[1] Für den Fall $m = 1$ haben wir diese Tatsache schon oben angeführt: das bis auf Isomorphie einzige $GF(p)$ ist $\mathbf{Z}_p$.

[2] Auf die Wahl des Polynomes $\varphi(x)$ kommt es nicht an, solange $\varphi(x)$ nur irreduzibel und vom Grade m ist, genauer: Ist $\psi(x)$ ein zweites Polynom dieser Art, so sind die Körper $\mathbf{Z}_p[x]/(\varphi(x))$ und $\mathbf{Z}_p[x]/(\psi(x))$ zueinander isomorph.

Es ist nun eine besonders wichtige Tatsache, *daß $\varphi(x)$ sogar alle seine m Nullstellen in $GF(p^m)$ hat, so daß mit ihnen – wir bezeichnen sie mit $\lambda_1, \ldots, \lambda_m$ – die Linearfaktorzerlegung*

$$\varphi(x) = a_m(x - \lambda_1)(x - \lambda_2) \cdots (x - \lambda_m) \qquad (\lambda_\mu \in GF(p^m)) \tag{5.2.7}$$

möglich ist. Die Nullstellen von $\varphi(x)$ kann man also finden, indem man nacheinander die p^m *Elemente von* $GF(p^m)$ in $\varphi(x)$ einsetzt und prüft, für welche von ihnen $\varphi(x)$ verschwindet.

Ist β irgendeine Nullstelle von $\varphi(x)$ (z.B. die obige Nullstelle $\alpha := [x]$), so erhält man alle Elemente a von $GF(p^m)$ in der Form

$$a = b_0 + b_1\beta + b_2\beta^2 + \cdots + b_{m-1}\beta^{m-1}\,, \tag{5.2.8}$$

wobei die Koeffizienten b_k die Elemente von $\mathbf{Z}_p$ (oder, gemäß unserer Vereinbarung, die Zahlen $0, 1, \ldots, p-1$) durchlaufen. Diese Darstellung von a ist eindeutig. Infolgedessen kann man (bei festem β) a auch durch den Koeffizientenvektor $(b_0, b_1, \ldots, b_{m-1})$ angeben, den man in diesem Zusammenhang kurz in der Form

$$b_0 b_1 \ldots b_{m-1}$$

schreibt.

Die multiplikative Gruppe $F\backslash\{0\}$ eines jeden Galoisfeldes F ist zyklisch, d.h., es gibt ein $a \in F\backslash\{0\}$, so daß die Potenzen a^n alle Elemente $\neq 0$ von F durchlaufen. Ein solches a heißt primitives Element von F. Ist eine Nullstelle des (irreduziblen) Polynoms $\varphi(x)$ primitives Element von $\mathbf{Z}_p[x]/(\varphi(x))$, so nennt man $\varphi(x)$ ein primitives Polynom.

Beispiel 2 Sei β eine Nullstelle des in $\mathbf{Z}_2[x]$ irreduziblen Polynoms $\varphi(x) := 1 + x + x^3$ (s. Beispiel 1). Dann erhält man die 8 Elemente von $GF(2^3) = GF(8)$ in der Form

$$a = b_0 + b_1\beta + b_2\beta^2 \quad \text{mit} \quad b_k \in \{0, 1\} \tag{5.2.9}$$

oder also in der Form

$$a = b_0 b_1 b_2\,.$$

Offenbar ist

$$0 = 000, \qquad 1 = 100, \qquad \beta = 010, \qquad \beta^2 = 001\,.$$

Wegen

$$\varphi(\beta) = 1 + \beta + \beta^3 = 0 \text{ ist}$$
$$\beta^3 = -1 - \beta = 1 + \beta = 110\,.$$

Daraus folgt

$$\beta^4 = \beta\beta^3 = \beta + \beta^2 = 011,$$
$$\beta^5 = \beta\beta^4 = \beta^2 + \beta^3 = 1 + \beta + \beta^2 = 111,$$
$$\beta^6 = \beta\beta^5 = \beta + \beta^2 + \beta^3 = \beta + \beta^2 + 1 + \beta = 1 + \beta^2 = 101\,.$$

($\beta^7 = 1$, $\beta^8 = \beta$ usw. sind bereits Wiederholungen).

Wir stellen diese Ergebnisse noch einmal übersichtlich zusammen:

$$\begin{array}{lllll}
0 & = 0 & & & = 000 \\
\beta^0 & = 1 & & & = 100 \\
\beta^1 & = & \beta & & = 010 \\
\beta^2 & = & & \beta^2 & = 001 \\
\beta^3 & = 1 + & \beta & & = 110 \\
\beta^4 & = & \beta + & \beta^2 & = 011 \\
\beta^5 & = 1 + & \beta + & \beta^2 & = 111 \\
\beta^6 & = 1 + & & \beta^2 & = 101
\end{array}$$

Man sieht, daß hier alle Elemente der Form (5.2.9) und somit alle Elemente von $GF(8)$ auftreten. Es ist also

$$GF(8) = \{0, 1, \beta, \beta^2, \ldots, \beta^6\} . \tag{5.2.10}$$

Damit haben wir eine besonders übersichtliche Beschreibung von $GF(8)$ gefunden. β ist ein primitives Element, $1 + x + x^3$ ein primitives Polynom.
Die Multiplikation in $GF(8)$ führt man am besten mit Hilfe der Darstellung (5.2.10) durch, indem man die Exponenten modulo 7 reduziert. So ist z.B.

$$\beta^4\beta^6 = \beta^{10} = \beta^3 \quad \text{oder} \quad \beta^2\beta^5 = \beta^7 = 1 .$$

Für die Addition dagegen nimmt man zweckmäßigerweise die Koeffiziententripel, die modulo 2 zu addieren sind. Z.B. ist

$$\begin{aligned}
\beta^4 + \beta^6 &= 011 + 101 = 110 = \beta^3 , \\
\beta^2 + \beta^5 &= 001 + 111 = 110 = \beta^3 .
\end{aligned}$$

Beispiel 3 Das Polynom $\varphi(x) := 1 + x + x^4 \in \mathbf{Z}_2[x]$ ist irreduzibel in $\mathbf{Z}_2[x]$. Es erzeugt also das Galoisfeld

$$GF(2^4) = GF(16) = \mathbf{Z}_2[x]/(\varphi(x)) .$$

Sei β eine Nullstelle von $\varphi(x)$ in $GF(16)$, also

$$1 + \beta + \beta^4 = 0 \quad \text{und somit} \quad \beta^4 = -1 - \beta = 1 + \beta .$$

Man erhält nun durch ähnliche Rechnungen wie in Beispiel 2 die folgende Tabelle, aus der sich ergibt, daß

$$GF(16) = \{0, 1, \beta, \beta^2, \ldots, \beta^{14}\}$$

ist:

$$\begin{array}{llllll@{\qquad}llllll}
0 & = 0 & & & & = 0000 & \beta^7 & = 1 + & \beta + & & \beta^3 & = 1101 \\
\beta^0 & = 1 & & & & = 1000 & \beta^8 & = 1 + & & \beta^2 & & = 1010 \\
\beta^1 & = & \beta & & & = 0100 & \beta^9 & = & \beta + & & \beta^3 & = 0101 \\
\beta^2 & = & & \beta^2 & & = 0010 & \beta^{10} & = 1 + & \beta + & \beta^2 & & = 1110 \\
\beta^3 & = & & & \beta^3 & = 0001 & \beta^{11} & = & \beta + & \beta^2 + & \beta^3 & = 0111 \\
\beta^4 & = 1 + & \beta & & & = 1100 & \beta^{12} & = 1 + & \beta + & \beta^2 + & \beta^3 & = 1111 \\
\beta^5 & = & \beta + & \beta^2 & & = 0110 & \beta^{13} & = 1 + & & \beta^2 + & \beta^3 & = 1011 \\
\beta^6 & = & & \beta^2 + & \beta^3 & = 0011 & \beta^{14} & = 1 + & & & \beta^3 & = 1001
\end{array}$$

■

5.3 Minimalpolynome

Sei β ein Element des Erweiterungskörpers $GF(p^m)$ von $\mathbf{Z}_p$. Dann kann man zeigen, daß es genau ein normiertes Polynom $i(x) \in \mathbf{Z}_p[x]$ kleinsten Grades gibt, für das $i(\beta) = 0$ ist.[1)] $i(x)$ heißt das Minimalpolynom von β. Es ist irreduzibel in $\mathbf{Z}_p[x]$. Jedes Polynom $f(x) \in \mathbf{Z}_p[x]$ mit $f(\beta) = 0$ ist durch $i(x)$ teilbar. Infolgedessen ist ein irreduzibles normiertes Polynom mit der Nullstelle β gleichzeitig auch das Minimalpolynom von β. Und da, wie man zeigen kann, jedes $\beta \in GF(p^m)$ Nullstelle des Polynoms $x^{p^m} - x$ ist, *muß jedes Minimalpolynom ein Teiler von* $x^{p^m} - x$ *sein.* Ist β eine Nullstelle des in $\mathbf{Z}_p[x]$ irreduziblen Polynoms $f(x)$ vom Grade m, so sind die m Elemente

$$\beta, \quad \beta^p, \quad \beta^{p^2}, \ldots, \beta^{p^{m-1}}$$

gerade sämtliche Nullstellen von $f(x)$; eine weitere Fortsetzung der Potenzierung liefert nichts Neues, weil $\beta^{p^m} = \beta$ ist. *Das (irreduzible) Minimalpolynom* $i(x)$ von β *wird man also so konstruieren: Man schreibt die Potenzen*

$$\beta, \quad \beta^p, \quad \beta^{p^2}, \ldots \tag{5.3.1}$$

so lange hin, bis man zum ersten Mal wieder β *erhält; dies sei bei dem Exponenten* p^m *der Fall. Dann ist*

$$i(x) = (x - \beta)(x - \beta^p) \cdots (x - \beta^{p^{m-1}}) . \tag{5.3.2}$$

Beispiel 1 Sei β eine Nullstelle des Polynoms

$$\varphi(x) := 1 + x + x^3 \in \mathbf{Z}_2[x] . \tag{5.3.3}$$

$\varphi(x)$ ist normiert und irreduzibel in $\mathbf{Z}_2[x]$ (s. Beispiel 1 in Nr. 5.2), infolgedessen ist $\varphi(x)$ bereits das Minimalpolynom $i(x)$ von β. Wir wollen dies noch einmal mittels der oben beschriebenen Konstruktion von $i(x)$ bestätigen. Dazu bilden wir gemäß (5.3.1) die Folge

$$\beta, \quad \beta^2, \quad \beta^4, \quad \beta^8, \ldots .$$

In ihr ist erstmals $\beta^8 = \beta$ (s. Beispiel 2 in Nr. 5.2). Also ist nach (5.3.2)

$$\begin{aligned} i(x) &= (x - \beta)(x - \beta^2)(x - \beta^4) \\ &= x^3 - (\beta^4 + \beta^2 + \beta)x^2 + (\beta^6 + \beta^5 + \beta^3)x - \beta^7 . \end{aligned}$$

Mit Hilfe der Potenztabelle in dem genannten Beispiel sieht man nun, daß

$$\beta^4 + \beta^2 + \beta = 0, \quad \beta^6 + \beta^5 + \beta^3 = 1 \quad \text{und} \quad \beta^7 = 1 = -1$$

ist. Somit haben wir tatsächlich

$$i(x) = x^3 + x + 1 = \varphi(x) .$$

---

1) Ein Polynom heißt normiert, wenn der Koeffizient der höchsten Potenz von x gleich 1 ist.

Beispiel 2 Wie im Beispiel 1 sei β eine Nullstelle des Polynoms (5.3.3), und es sei $\gamma := \beta^3$. Um das Minimalpolynom $i(x)$ von γ zu bestimmen, bilden wir gemäß (5.3.1) die Potenzen

$$\gamma = \beta^3, \quad \gamma^2 = \beta^6, \quad \gamma^4 = \beta^{12} = \beta^5, \quad \gamma^8 = \beta^{24} = \beta^3 = \gamma .$$

Da die erste Wiederholung bei γ^8 eintritt, ist nach (5.3.2)

$$\begin{aligned} i(x) &= (x - \gamma)(x - \gamma^2)(x - \gamma^4) = (x - \beta^3)(x - \beta^6)(x - \beta^5) \\ &= x^3 - (\beta^6 + \beta^5 + \beta^3)x^2 + (\beta^{11} + \beta^9 + \beta^8)x - \beta^{14} \\ &= x^3 - (\beta^6 + \beta^5 + \beta^3)x^2 + (\beta^4 + \beta^2 + \beta)x - \beta^0 \\ &= x^3 - x^2 - 1 = x^3 + x^2 + 1 . \end{aligned}$$

Beispiel 3 Das Minimalpolynom von $1 \in \mathbf{Z}_2$ ist trivialerweise

$$i(x) = x - 1 = x + 1 .$$

Beispiel 4 Alle Elemente aus $GF(8)$ sind gemäß der Bemerkung am Anfang dieser Nummer Nullstellen des Polynoms

$$x^8 - x \in \mathbf{Z}_2[x]$$

(man bestätige dies mittels der Darstellung (5.2.10) von $GF(8)$). Alle von Null verschiedenen Elemente aus $GF(8)$ sind somit Wurzeln von

$$x^7 - 1 = x^7 + 1 .$$

Die in den Beispielen 1 bis 3 gefundenen Minimalpolynome

$$x^3 + x + 1, \quad x^3 + x^2 + 1, \quad x + 1 \tag{5.3.4}$$

sind also Teiler von $x^7 + 1$. Da aber

$$x^7 + 1 = (x^3 + x + 1)(x^3 + x^2 + 1)(x + 1)$$

ist, wie man durch Ausmultiplizieren leicht bestätigen kann, sind die Polynome (5.3.4) bereits alle Minimalpolynome zu Elementen $\neq 0$ von $GF(8)$. ■

6 Codierung

6.1 Begriffe und Prinzipien

Ein Code ist eine Zuordnungsvorschrift zwischen zwei Zeichenmengen, wie z.B. zwischen den Buchstaben des Alphabets und den Morsezeichen. Den vom Codierer bzw. Decodierer (Mensch oder Maschine) ausgeführten Vorgang des Zuordnens nennt man Codierung bzw. Decodierung.

Zweck einer Codierung ist die Umformung einer gegebenen in eine nach bestimmten Kriterien geeignetere oder gar optimale Zeichenmenge. Diese Kriterien können vielfältiger Art sein. Sie folgen aus den jeweiligen technischen Problemen bei der Übertragung, Verarbeitung, Speicherung, Geheimhaltung u.a. von Nachrichten bzw. Daten.

Aus der Fülle dieser Probleme wollen wir hier eine kurze Einführung in ein sehr begrenztes Teilgebiet der Codierungstheorie geben. Die Auswahl wurde so getroffen, daß sich ein enger Zusammenhang mit den bisher behandelten mathematischen Gebieten und damit ein Beispiel für deren Anwendung ergibt. Folgende Schritte führen zu dieser Auswahl:

Zunächst beschränken wir uns auf die Aufgabe der Übertragung von Nachrichten (Daten) über gestörte räumliche oder zeitliche Kanäle (Übertragungsstrecken oder Speicher). Fig. 6.1.1 möge als Modell für ein solches Nachrichtensystem dienen. Man erkennt darin zwei Arten von Codierung, nämlich Quellen- und Kanalacodierung.

Aufgabe der Quellencodierung ist es, ein primäres Signal x (das auch analog sein kann) in ein digitales Signal m umzuformen, das möglichst nur das erforderli-

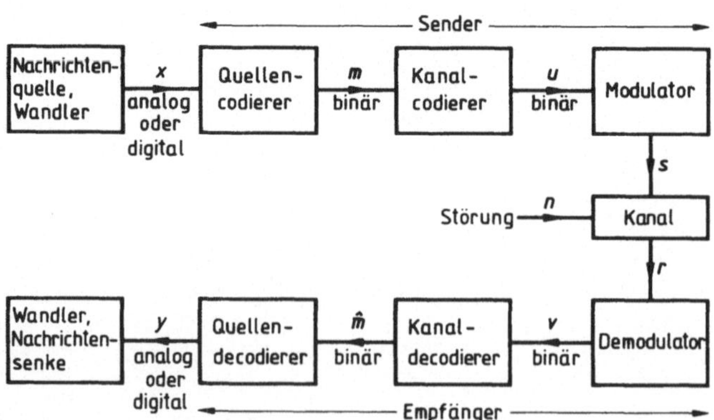

Fig. 6.1.1

che Minimum an Information enthält. Man sagt auch, m soll möglichst wenig Redundanz besitzen, damit keine „unnötigen“ Anteile der Nachricht übertragen werden. Codes, die dieses Ziel erreichen, nennt man Optimalcodes.

Das Problem der Quellencodierung wird hier nicht weiter betrachtet. Wir setzen vielmehr ein vorgegebenes Signal m voraus und *beschränken uns auf den binären Fall, d.h. m ist eine (beliebig lange) Folge von Binärzeichen (Bits).* Dieses Signal soll, ggf. mit Hilfe eines Modulationsverfahrens, über einen gestörten Kanal übertragen werden.

Aufgabe der Kanalcodierung ist es, die bei der Übertragung entstandenen Verfälschungen des Signals zu vermindern, so daß die empfangene Informationsfolge $\hat{m}$ hinreichend fehlerarm ist. Hierzu wird die Informationsfolge m in eine Sendefolge u so umcodiert, daß in der gestörten Empfangsfolge v eine Fehlerminderung möglich ist, d.h. entweder eine Fehlererkennung oder zusätzlich eine Fehlerkorrektur[1)].

Für diese Aufgabe verwendet man fehlermindernde Codes. Der Informationsfolge m werden nach bestimmten Regeln Binärstellen als sog. Prüfstellen hinzugefügt. Die Sendefolge u wird damit gegenüber der Informationsfolge m redundant, *jedoch gerade diese „nützliche“ Redundanz ermöglicht die Fehlerminderung,* wie wir gleich sehen werden.

Bei den fehlermindernden Codes unterscheidet man Baum-Codes und Block-Codes. Bei den Baum-Codes (die sich vorzugsweise durch einen Codebaum beschreiben lassen) werden der Informationsfolge m fortlaufend Prüfstellen „hinzugemischt“, die jeweils auf eine ganze Anzahl von Informationsstellen wirken. Die Sendefolge u bleibt dabei ein zusammenhängendes Ganzes und kann auch nur als solches decodiert werden. Bei den Block-Codes dagegen wird bereits die Informationsfolge m in Blocks zu je k Stellen aufgeteilt. Der Kanalcodierer fügt jedem Block $n - k$ Prüfstellen hinzu, so daß die Sendefolge u aus Blocks zu je n Stellen besteht, *die getrennt und unabhängig voneinander übertragen und decodiert werden.*

Im folgenden betrachten wir nur diese sog. (n, k)-Block-Codes. Einen n-stelligen Block nennt man auch Binärwort bzw. einfach Wort. Nach den Gesetzen der Kombinatorik gibt es 2^n unterscheidbare Wörter. Da die Information jedoch in Blocks zu $k < n$ Stellen aufgeteilt ist, gibt es unter den 2^n Wörtern nur $2^k < 2^n$ Codewörter. Die restlichen $2^n - 2^k$ Wörter sind keine Codewörter. Wenn man dies betonen will, spricht man auch von sinnlosen Wörtern.

Bevor wir auf die mathematische Struktur der Block-Codes eingehen, soll das Prinzip der Fehlerminderung elementar erläutert werden. In Beispiel 9 der Nr. 2.1 wurde die Distanz d zweier Wörter definiert als die Anzahl der Stellen, in denen sie sich unterscheiden und das Gewicht eines Wortes als die Distanz zum Nullwort, d.h. als die Anzahl der im Wort enthaltenen Einsen.

---

1) Fehlerminderung wird hier also als Oberbegriff für Fehlererkennung und Fehlerkorrektur gebraucht.

Man definiert nun den für die Fehlerminderung außerordentlich wichtigen Begriff der Code-Distanz d_{min} als die kleinste vorkommende Distanz d zwischen zwei Codewörtern. Würde man alle 2^n Wörter als Codewörter verwenden, so würde bereits die Verfälschung eines einzigen Bits an beliebiger Stelle auf ein anderes Codewort führen, d.h. die Code-Distanz wäre $d_{min} = 1$. Ein solcher Code heißt „vollständig" und ist weder zur Fehlererkennung, geschweige denn zur Fehlerkorrektur brauchbar. Jede beliebige Verfälschung würde auf ein anderes Codewort führen und könnte nicht erkannt werden.

Fehlererkennende und fehlerkorrigierende[1] *Codes beruhen gerade darauf, daß Verfälschungen auf ein sinnloses Wort führen.* Nur dann sind sie erkennbar und ggf. korrigierbar. Dazu ist stets $d_{min} > 1$ erforderlich, und der Code ist um so „besser", je größer d_{min} ist.

Die Zusammenhänge lassen sich anschaulich anhand der Fig. 6.1.2 erklären, die einen Code mit der Distanz $d_{min} = 5$ schematisch in der Ebene darstellt. Selbstverständlich muß man sich das Bild auf den n-dimensionalen Raum erweitert denken. Jede von einem Codewort (z.B. Nr. 1) ausgehende Linie bedeutet die Verfälschung eines Bits an einer bestimmten Stelle. So müssen im Codewort 1 mindestens fünf Binärstellen geändert werden, um zum Codewort 2 zu gelangen. Die Codedistanz $d_{min} = 5$ garantiert dafür, daß dies auch für jedes andere benachbarte Codewort, d.h. für den gesamten Code gilt. Auf dem „Wege" vom Codewort 1 zu jedem anderen Codewort werden daher mindestens vier sinnlose Wörter erzeugt. Man kann also bis zu $l = 4$ Fehler in beliebiger Kombination erkennen. Alternativ kann man bis zu $t = 2$ Fehler korrigieren. Hierzu nimmt man an, daß bei Empfang eines sinnlosen Wortes das nächstgelegene Codewort gesendet wurde. Man ordnet also alle empfangenen Wörter, die innerhalb der gestrichelten Korrigierkreise[2] (d.h. der n-dimensionalen Korrigierkugeln) liegen, dem im Mittelpunkt des Kreises liegenden Codewort zu.

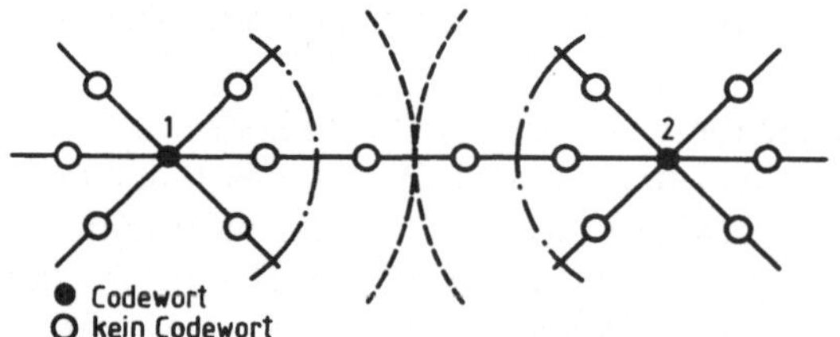

Fig. 6.1.2

Man erkennt nun leicht die allgemeinen Zusammenhänge. Zwischen der Höchstzahl l der erkennbaren Fehler und der Codedistanz d_{min} bestehen die Beziehungen

$$d_{min} = l + 1 \quad \text{bzw.} \quad l = d_{min} - 1 \,, \tag{6.1.1}$$

während für die Höchstzahl t der korrigierbaren Fehler gilt:

[1] Man spricht auch kurz von prüfbaren und korrigierbaren Codes.

[2] Die strichpunktierten Kreise bleiben zunächst außer Betracht.

$$\begin{aligned} d_{min} &= 2t + 1 \quad \text{bzw.} \quad t = \frac{d_{min} - 1}{2} \qquad (d_{min}\ \text{ungerade})\ , \\ d_{min} &= 2t + 2 \quad \text{bzw.} \quad t = \frac{d_{min} - 2}{2} \qquad (d_{min}\ \text{gerade})\ . \end{aligned} \tag{6.1.2}$$

Gl. (6.1.1) und (6.1.2) gelten alternativ: Mit dem Code nach Fig. 6.1.2 kann man also entweder bis zu $l = 4$ Fehler erkennen (ohne Fehler zu korrigieren) oder bis zu $t = 2$ Fehler korrigieren. Dabei werden natürlich auch $l = 2$ Fehler erkannt, da ein korrigierter Fehler zunächst erkannt werden muß. Es ist also stets $l \geqslant t$.

Die Korrigierkreise dürfen sich nicht überlappen, da sonst keine eindeutige Korrektur möglich ist. Die gestrichelten Kreise in Fig. 6.1.2 berühren sich gerade, so daß zwischen den Kreisen keine Wörter liegen. Ein solcher Code heißt d i c h t g e p a c k t.

Dies ist jedoch nicht zwingend. Man könnte auch die strichpunktierten Kreise verwenden. Dann ist der Code nicht mehr dichtgepackt, da es auch zwischen den Kreisen Wörter gibt. Man kann dann offensichtlich bis zu $l = 3$ Fehler erkennen und $t = 1$ Fehler korrigieren. Aus diesen Überlegungen ergibt sich allgemein: *Soll ein Code bis zu t Fehler korrigieren und bis zu $l \geqslant t$ Fehler erkennen (einschließlich der korrigierten), so muß seine Distanz*

$$d_{min} = t + l + 1 \tag{6.1.3}$$

betragen.

Damit ist das Problem der fehlermindernden Codierung prinzipiell gelöst: Der Kanal-Decodierer in Fig. 6.1.1 vergleicht jedes empfangene Wort $\boldsymbol{v}$ mit einer Liste aller Codewörter. Bei Übereinstimmung gibt er den dazugehörigen Informationsblock $\hat{\boldsymbol{m}}$ aus. Findet er kein Codewort, so ist $\boldsymbol{v}$ ein sinnloses Wort und ein Fehler ist erkannt. Da man aber nicht weiß, welcher Fehler vorliegt, *hat die Fehlererkennung für sich allein nur Sinn, wenn man über einen Rückkanal eine Wiederholung der Übertragung anfordern kann.* Ordnet der Decodierer jedoch $\boldsymbol{v}$ dem nächstgelegenen Codewort $\boldsymbol{u}$ zu, so ist der Fehler mit einer gewissen Wahrscheinlichkeit korrigiert. Da wenige Fehler in einem Codewort i. allg. wahrscheinlicher sind als viele, verwendet man ggf. auch kombinierte Verfahren nach Gl. (6.1.3).

Bei dem geschilderten einfachen Verfahren muß der Code lediglich eine Mindestdistanz, jedoch keine besondere Struktur haben. Der Decodierer benötigt eine Liste aller Codewörter, weswegen man auch von einem L i s t e n c o d e spricht. In einfachen Fällen kann durchaus in dieser Weise verfahren werden.

Die Informationstheorie lehrt jedoch, daß bei Verwendung redundanter Codes zur Fehlerminderung die Restfehlerwahrscheinlichkeit der empfangenen Informationsfolge $\hat{\boldsymbol{m}}$ (Fig. 6.1.1) unter jede Schranke fällt, wenn die Codewortlänge n über alle Grenzen wächst. *Block-Codes müssen also lang sein, um effektiv zu sein.* Blocklängen von $k = 100$ und mehr Informationsstellen wären wünschenswert. Das führt auf über 10^{30} Codewörter und auf noch weit mehr mögliche Empfangsfolgen, die im Decodierer mit den Codewörtern zu vergleichen wären. Dies ist offensichtlich mit einfachen Mitteln, etwa durch Anlegen von Codelisten, nicht möglich.

Der Übergang zu algebraischen Codes ist unerläßlich, deren mathematische Struktur die Konstruktion des Codes ermöglicht und auf realisierbare Algorithmen bei Codierung und Decodierung führt.

Das Grundproblem der Codierungstheorie ist damit: Wie findet man „gute" Codes, also solche, die sich mit wenig Rechenzeit erzeugen lassen, eine hohe sog. Coderate $R := k/n \leqslant 1$ (d.h. geringe Redundanz) haben, mit wenig Rechenzeit decodierbar sind und dabei eine kleine Restfehlerwahrscheinlichkeit der empfangenen Informationsfolge $\hat{\boldsymbol{m}}$ liefern.

Diese außerordentlich komplexe Frage kann nicht allgemein beantwortet und hier auch nicht erörtert werden. Wir beschränken uns im folgenden auf die Darstellung der mathematischen Struktur binärer Block-Codes, auf die prinzipiellen Vorgänge bei Codierung und Decodierung sowie auf einige Beispiele praktischer Codes.

6.2 Lineare Block-Codes

In Beispiel 9 der Nr. 2.1 wurde gezeigt, daß die n-stelligen Binärwörter (n-Tupel) mit dem Abstandsmaß nach Gl. (2.1.9) einen metrischen Raum bilden. Daraus wurden die bereits im vorhergehenden Abschnitt benutzten Begriffe Distanz d und Gewicht w hergeleitet. In den Beispielen 2 und 13 der Nr. 3.6 ergab sich, *daß diese Binärwörter sogar einen n-dimensionalen Vektorraum $GF(2)^n$ über dem Skalarfeld $GF(2)$ bilden.*

Eine Norm kann nicht definiert werden, da dies nach Abschnitt 4.1 nur für Vektorräume über den Skalarfeldern **R** und **C** möglich ist. Das ist kein Nachteil, da für die Belange der Codierungstheorie die Metrik völlig ausreicht.

Anders verhält es sich mit dem Innenprodukt. Es läßt sich zwar auch nicht definieren, da Vektoren aus $GF(2)^n$ die Bedingungen (4.5.2) nicht erfüllen. Allerdings kann auf den Begriff der Orthogonalität nicht verzichtet werden. Man bildet daher für zwei Vektoren ein formales Innenprodukt nach der ersten Gleichung in (4.5.1), nimmt das Ergebnis modulo 2 und nennt die beiden Vektoren orthogonal, wenn sich

$$\left(\sum_{i=1}^{n} x_i y_i\right) \bmod 2 = 0 \tag{6.2.1}$$

ergibt. In diesem Sinne spricht man wohl auch in der Codierungstheorie von einem Innen- oder Skalarprodukt. So sind z.B. mit $\boldsymbol{x} = 10110$, $\boldsymbol{y} = 11010$ und $\boldsymbol{z} = 01011$ die Vektoren $\boldsymbol{x}$ und $\boldsymbol{y}$ orthogonal, $\boldsymbol{x}$ und $\boldsymbol{z}$ dagegen nicht.

Nach diesen Vorbemerkungen läßt sich nun der lineare (n, k)-Block-Code definieren, was wir heuristisch anhand seiner Entstehung bzw. „Konstruktion" nach Fig. 6.2.1 tun wollen. Die Figur stellt den Kanalcodierer aus Fig. 6.1.1 dar. Die k-stelligen Informationsblocks sind Vektoren $\boldsymbol{m} \in GF(2)^k$. Der Kanalcodierer führt eine injektive Abbildung $GF(2)^k \rightarrow GF(2)^n$ aus, d.h. er bildet

$$\boldsymbol{u} = \boldsymbol{m} \cdot \boldsymbol{G}\,, \tag{6.2.2}$$

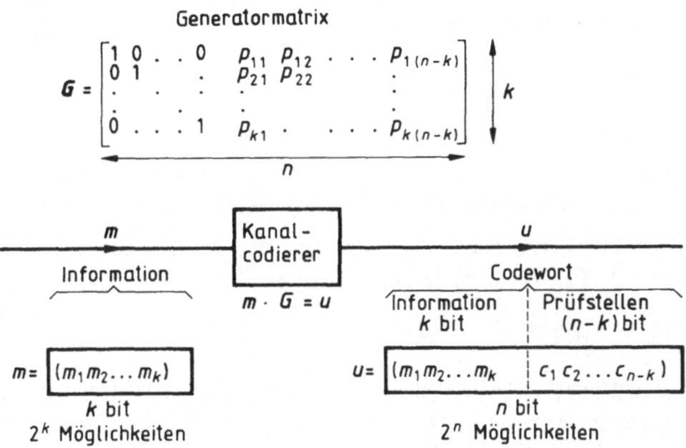

Fig. 6.2.1

wodurch die n-stelligen Codewörter $\boldsymbol{u} \in GF(2)^n$ entstehen. $\boldsymbol{G}$ ist dabei die sog. Generatormatrix

$$\boldsymbol{G} := [\boldsymbol{I}_k \boldsymbol{P}]_{k \times n} , \tag{6.2.3}$$

die in Fig. 6.2.1 angegeben ist. Sie hat k Zeilen und n Spalten, besteht im linken Teil aus der $k \times k$-Einheitsmatrix $\boldsymbol{I}_k$ und im rechten Teil aus einer $k \times (n-k)$-Matrix $\boldsymbol{P}$, die die Prüfstellen erzeugt. Das Codewort $\boldsymbol{u}$ enthält daher in den ersten k Stellen die Informationsfolge $\boldsymbol{m}$ und in den restlichen $n - k$ Stellen die Prüfstellen $c_j := \sum p_{ij} m_i$. Eine solche Struktur heißt systematischer Code.[1)]

Die Zeilen der Generatormatrix sind offensichtlich linear unabhängig und spannen damit einen k-dimensionalen Unterraum V_1 im linearen Raum $V := GF(2)^n$ auf. Aus diesem Grund spricht man von linearen Codes. Da die Codewörter $\boldsymbol{u}$ dabei eine additive abelsche Gruppe bilden, nennt man lineare Codes auch Gruppen-Codes. (Vgl. hierzu auch Beispiel 4 in Nr. 3.2 mit den Rechenregeln modulo 2).

Aus der Gruppeneigenschaft folgt mit (2.1.9) zunächst, daß die Distanz d zweier Codewörter gleich dem Gewicht w des Summenwortes (Differenzwortes) ist:

$$\mathrm{d}(\boldsymbol{x}, \boldsymbol{y}) = \mathrm{w}(\boldsymbol{x} + \boldsymbol{y}) . \tag{6.2.4}$$

Da das auch für die Wörter kleinster Distanz gilt, ergibt sich für die wichtige Code-Distanz

$$\mathrm{d}_{\min} = \mathrm{w}_{\min} := \min_{x \neq 0} \mathrm{w}(\boldsymbol{x}) . \tag{6.2.5}$$

Sie ist also gleich dem kleinsten vorkommenden Gewicht in den vom Nullwort verschiedenen Codewörtern und damit relativ leicht zu finden.

1) Nicht jeder Code ist notwendigerweise systematisch, jedoch stets einem solchen äquivalent. Wir setzen daher im folgenden systematische Codes voraus.

Beispiel 1 Gegeben ist die Generatormatrix

$$G = \begin{bmatrix} 1 & 0 & \vdots & 1 & 1 & 0 \\ 0 & 1 & \vdots & 0 & 1 & 1 \end{bmatrix}.$$

Man erkennt die Struktur nach Gl. (6.2.3) mit der 2×2-Einheitsmatrix und einer 2×3-Matrix $\boldsymbol{P}$. Es handelt sich also um einen (5,2)-Code.

Die Nachrichtenblöcke $\boldsymbol{m}$ sind demnach zweistellig, und es gibt die $2^2 = 4$ Möglichkeiten 00; 01; 10; 11. Nach Gl. (6.2.2) folgen daraus die vier Codewörter

00000 ; 01011 ; 10110 ; 11101 .

Die Gruppeneigenschaften sind erfüllt, wie man leicht nachprüfen kann. Weiterhin findet man die Codedistanz nach Gl. (6.2.5) zu $d_{min} = 3$; man kann daher mit diesem Code nach Gl. (6.1.1) bzw. (6.1.2) entweder $l = 2$ Fehler erkennen oder $t = 1$ Fehler korrigieren. Hierauf wird später noch eingegangen. ■

Der Vorteil der „Algebraisierung", d.h. der Konstruktion eines Codes mit Hilfe der Generatormatrix, ist offensichtlich: Der Codierer muß nicht 2^k Codewörter speichern, um sie den ebensovielen Informationsblocks zuordnen zu können, sondern lediglich k Basiswörter. Wie im Abschnitt 6.1 dargelegt, ist diese Tatsache bei großen Blöcken sehr wichtig.

6.3 Fehlererkennung

Zu jeder Generatormatrix $\boldsymbol{G}$ nach Gl. (6.2.3) läßt sich eine sog. Prüfmatrix $\boldsymbol{H}$ definieren:

$$\boldsymbol{H} := [\boldsymbol{P}^T \boldsymbol{I}_{(n-k)}]_{(n-k) \times n} . \tag{6.3.1}$$

$\boldsymbol{P}^T$ bedeutet dabei die transponierte Matrix $\boldsymbol{P}$. Die Prüfmatrix $\boldsymbol{H}$ hat $n - k$ Zeilen und n Spalten. *Aufgrund ihres Aufbaus sind alle ihre Zeilenvektoren orthogonal zu allen Zeilenvektoren der Generatormatrix* $\boldsymbol{G}$, woraus die für die Fehlererkennung grundlegende Beziehung folgt:

$$\boldsymbol{G} \cdot \boldsymbol{H}^T = \boldsymbol{0} . \tag{6.3.2}$$

Die Zeilen der Matrix $\boldsymbol{H}$ sind ebenfalls linear unabhängig und spannen daher einen $(n-k)$-dimensionalen Unterraum V_2 in V auf. Wegen (6.3.2) sind die Unterräume V_1 und V_2 orthogonal zueinander, d.h. jeder Vektor aus V_1 ist orthogonal zu jedem Vektor aus V_2. Man nennt daher V_2 den Nullraum zu V_1 oder umgekehrt V_1 den Nullraum zu V_2.

Man beachte jedoch, daß wegen der hier gültigen Definition der Orthogonalität nach (6.2.1), wonach jeder Vektor mit einer geraden Anzahl von Einsen orthogonal zu sich selbst ist, die Unterräume V_1 und V_2 nicht nur das Nullelement gemeinsam haben und auch nicht den Gesamtraum V aufspannen: $V_1 \cap V_2 \supset \{0\}$ und $V_1 + V_2 \subset V$ (vgl. Nr. 3.6).

Aus (6.3.2) ergibt sich nun die Wirkungsweise des Kanaldecodierers in Fig. 6.1.1, zunächst bei der Fehlererkennung. Das empfangene Wort

$$\boldsymbol{v} = \boldsymbol{u} + \boldsymbol{f} = \boldsymbol{m}\boldsymbol{G} + \boldsymbol{f} \tag{6.3.3}$$

ist ein möglicherweise durch die Störung $\boldsymbol{n}$ im Kanal verfälschtes Codewort $\boldsymbol{u}$ nach Gl. (6.2.2). Die Verfälschung kann durch Addition eines Fehlerwortes $\boldsymbol{f} \in V$ dargestellt werden, das man auch Fehlermuster nennt. Für ungestörte Übertragung ist $\boldsymbol{f}$ gleich dem Nullwort. Der Decodierer multipliziert $\boldsymbol{v}$ mit der transponierten Prüfmatrix $\boldsymbol{H}$,

$$\boldsymbol{v}\boldsymbol{H}^T = \boldsymbol{m}\boldsymbol{G}\boldsymbol{H}^T + \boldsymbol{f}\boldsymbol{H}^T = \boldsymbol{0} + \boldsymbol{f}\boldsymbol{H}^T = \boldsymbol{s}\ , \tag{6.3.4}$$

wobei sich ein Wort $\boldsymbol{s}$ der Länge $n - k$ ergibt. Man nennt $\boldsymbol{s}$ das Syndrom des empfangenen Wortes $\boldsymbol{v}$.

Aus Gl. (6.3.4) erkennt man die folgenden wichtigen Tatsachen: Der „Nutzanteil" $\boldsymbol{u} = \boldsymbol{m}\boldsymbol{G}$ liefert wegen Gl. (6.3.2) keinen Beitrag zum Syndrom $\boldsymbol{s}$; eine ungestörte Übertragung würde stets $\boldsymbol{s} = \boldsymbol{0}$ ergeben. *Tritt ein Syndrom auf, so liegt mit Sicherheit ein Fehler vor. Das Syndrom ist dabei nur vom Fehlermuster $\boldsymbol{f}$ abhängig, d.h. unabhängig vom gesendeten Codewort $\boldsymbol{u}$.*

Beispiel 1 Zu der Generatormatrix aus Beispiel 1 in Nr. 6.2

$$\boldsymbol{G} = \left[\begin{array}{cc|ccc} 1 & 0 & 1 & 1 & 0 \\ 0 & 1 & 0 & 1 & 1 \end{array}\right]$$

gehört nach Gl. (6.3.1) die Prüfmatrix:

$$\boldsymbol{H} = \left[\begin{array}{cc|ccc} 1 & 0 & 1 & 0 & 0 \\ 1 & 1 & 0 & 1 & 0 \\ 0 & 1 & 0 & 0 & 1 \end{array}\right]; \qquad \boldsymbol{H}^T = \left[\begin{array}{ccc} 1 & 1 & 0 \\ 0 & 1 & 1 \\ \hline 1 & 0 & 0 \\ 0 & 1 & 0 \\ 0 & 0 & 1 \end{array}\right].$$

Gl. (6.3.2) läßt sich an diesem Beispiel leicht nachprüfen (man beachte, daß man modulo 2 rechnen muß):

$$\boldsymbol{G} \cdot \boldsymbol{H}^T = \begin{bmatrix} 0 & 0 & 0 \\ 0 & 0 & 0 \end{bmatrix}.$$

Ebenso leicht überzeugt man sich, daß die in Beispiel 1 der Nr. 6.2 gefundenen Codewörter die Gl. (6.3.4) erfüllen. So ist z.B.

$$(01011) \cdot \boldsymbol{H}^T = (000),$$

d.h. das Syndrom verschwindet. Ein zu einem Codewort addiertes Fehlermuster, z.B. $\boldsymbol{f} = (00001)$, erzeugt dagegen unabhängig vom Codewort das Syndrom

$$\boldsymbol{s} = \boldsymbol{f} \cdot \boldsymbol{H}^T = (001)\ .$$

Zwischen Fehlermuster und Syndrom besteht also ein vom gesendeten Codewort unabhängiger Zusammenhang. Mit anderen Worten: Man kann bei allen Fehlerbetrachtungen annehmen, daß das Nullwort gesendet und ein Fehlermuster empfangen wurde. ∎

Die Entdeckung von Fehlern kann man sich anschaulich anhand von räumlichen Vektoren im dreidimensionalen Raum klarmachen. Es mögen z.B. alle Codewörter Vektoren in der x, y-Ebene sein. Dann sind sie sicherlich orthogonal zu jedem Vektor in z-Richtung, d.h. ihr Skalarprodukt (Syndrom) mit solchen Vektoren verschwindet. Die Verfälschung eines Codewortes jedoch kann darin bestehen, daß es eine z-Komponente erhält, was zu einem von Null verschiedenen Skalarprodukt (Syndrom) führt und diesen Fehler erkennen läßt.

Aus dem Gesagten geht noch hervor: Sowohl Generatormatrix $\boldsymbol{G}$ als auch die Prüfmatrix $\boldsymbol{H}$ spannen Unterräume auf, die zueinander orthogonal sind. Man kann daher die Rollen der Generator- und Prüfmatrix vertauschen und damit einen anderen Code konstruieren, den man als den zum ursprüglichen Code dualen Code bezeichnet.

Damit ist zunächst das Problem der Fehlererkennung gelöst, allerdings mit einer grundsätzlichen Einschränkung: Wie oben gesagt, ist bei ungestörter Übertragung ($\boldsymbol{v}_i = \boldsymbol{u}_i$) stets $\boldsymbol{s} = \boldsymbol{0}$. Die Umkehrung dieses Satzes gilt jedoch nicht: $\boldsymbol{s} = \boldsymbol{0}$ bedeutet nicht notwendigerweise $\boldsymbol{v}_i = \boldsymbol{u}_i$. *Ist nämlich* $\boldsymbol{f} \in V_1$, d.h. das Fehlermuster selbst ein Codewort, so ist trotzdem $\boldsymbol{s} = \boldsymbol{0}$. *Solche Fehler sind grundsätzlich nicht erkennbar. Das Fehlermuster muß also notwendig ein sinnloses Wort sein, um erkannt zu werden.*

6.4 Fehlerkorrektur

Eine prinzipielle Möglichkeit der Fehlerkorrektur läßt sich mit einer Decodier-Tafel angeben, die bei Gruppencodes einen besonderen Aufbau hat und Standard-Feld (engl.: *standard array*) genannt wird:

$$\begin{array}{lllll}
\boldsymbol{u}_1 = \boldsymbol{f}_1 = \boldsymbol{0} & \boldsymbol{u}_2 & \boldsymbol{u}_3 & \cdots & \boldsymbol{u}_{2^k} \\
\boldsymbol{f}_2 & \boldsymbol{u}_2 + \boldsymbol{f}_2 & \boldsymbol{u}_3 + \boldsymbol{f}_2 & \cdots & \boldsymbol{u}_{2^k} + \boldsymbol{f}_2 \\
\boldsymbol{f}_3 & \boldsymbol{u}_2 + \boldsymbol{f}_3 & \boldsymbol{u}_3 + \boldsymbol{f}_3 & \cdots & \boldsymbol{u}_{2^k} + \boldsymbol{f}_3 \\
\vdots & & & & \\
\boldsymbol{f}_{2^{(n-k)}} & \boldsymbol{u}_2 + \boldsymbol{f}_{2^{(n-k)}} & \boldsymbol{u}_3 + \boldsymbol{f}_{2^{(n-k)}} & \cdots & \boldsymbol{u}_{2^k} + \boldsymbol{f}_{2^{(n-k)}}
\end{array}$$

In der ersten Zeile stehen, beginnend mit dem Nullwort, alle 2^k Codewörter $\boldsymbol{u}_i$. In der ersten Spalte stehen, ebenfalls mit dem Nullwort beginnend, die „korrigierbaren" Fehlermuster, die so auszuwählen sind, daß ein neu hinzugefügtes Fehlermuster in den Zeilen darüber noch nicht als n-Tupel auftritt. In den Zeilen rechts neben jedem Fehlermuster steht jeweils die Summe aus diesem Fehlermuster und dem darüberstehenden Codewort.

Da die Codewörter ein Unterraum des Vektorraumes V sind, stellen sie auch eine Untergruppe V_1 und gleichzeitig einen Normalteiler dar (vgl. Nr. 3.2). Dann sind aber die Zeilen des Feldes nichts anderes als die von den Fehlermustern f_i erzeugten additiven Nebenklassen[1] nach der Untergruppe V_1, und es gelten die in Nr. 3.8 beschriebenen Verhältnisse: Die Nebenklassen definieren eine Äquivalenzrelation auf der Menge aller Wörter, d.h. jedes Wort tritt nur einmal auf und ist genau in einer Nebenklasse. Die Summe zweier Wörter aus einer Nebenklasse ergibt ein Codewort.

Aus der Konstruktion der Nebenklassen folgt noch die weitere, aus dem Feld direkt zu erkennende Tatsache, *daß alle Wörter einer Nebenklasse nach* Gl. (6.3.4) *dasselbe Syndrom ergeben,* da das Syndrom nur vom Fehlermuster f, nicht aber vom gesendeten Codewort $\boldsymbol{u}$ abhängt.

Beispiel 1 Für den Code aus den vorhergehenden Beispielen ist unten eines von mehreren möglichen Standard-Feldern dargestellt. Zusätzlich sind noch die zu den Fehlermustern gehörenden Syndrome $f_i \cdot \boldsymbol{H}^T = s_i$ nach Gl. (6.3.4) angegeben:

Syndrome	Fehlermuster				
0 0 0	0 0 0 0 0	0 1 0 1 1	1 0 1 1 0	1 1 1 0 1	Codewörter
0 0 1	0 0 0 0 1	0 1 0 1 0	1 0 1 1 1	1 1 1 0 0	
0 1 0	0 0 0 1 0	0 1 0 0 1	1 0 1 0 0	1 1 1 1 1	
1 0 0	0 0 1 0 0	0 1 1 1 1	1 0 0 1 0	1 1 0 0 1	
0 1 1	0 1 0 0 0	0 0 0 1 1	1 1 1 1 0	1 0 1 0 1	
1 1 0	1 0 0 0 0	1 1 0 1 1	0 0 1 1 0	0 1 1 0 1	
1 1 1	0 1 1 0 0	0 0 1 1 1	1 1 0 1 0	1 0 0 0 1	
1 0 1	0 0 1 0 1	0 1 1 1 0	1 0 0 1 1	1 1 0 0 0	

Anhand dieses Beispiels lassen sich die genannten Eigenschaften leicht verifizieren. ■

In Nr. 6.3 wurde gezeigt, daß die Ermittlung des Syndroms eine Möglichkeit der Fehlererkennung, aber zunächst nicht der Fehlerkorrektur ist. Das Standard-Feld führt dagegen auf eine prinzipielle Möglichkeit der Fehlerkorrektur und gibt zudem noch weitere Einblicke in die Struktur linearer Codes.

Das Standard-Feld ordnet jedes mögliche empfangene Wort $\boldsymbol{v} = \boldsymbol{u} + f$ nicht nur einer Nebenklasse, sondern auch dem Codewort zu, unter dem es aufgelistet ist. Läßt man den Decodierer jedes empfangene Wort eben diesem Wort zuordnen, so erfolgt eine korrekte Entscheidung genau dann, wenn die Störung im Kanal einem der Fehlermuster in der ersten Spalte entspricht. Andernfalls erfolgt eine unkorrekte Entscheidung.

So kann etwa in Beispiel 1 der empfangene Vektor $\boldsymbol{v} = 00110$ aus dem Codewort $\boldsymbol{u}_3 = 10110$ mit dem Fehlermuster $f_6 = 10000$ oder aus dem Codewort $\boldsymbol{u}_1 = 00000$ mit dem Fehlermuster $f = 00110$ entstanden sein. Der Decodierer ordnet $\boldsymbol{v}$ in beiden Fällen dem darüberstehenden $\boldsymbol{u}_3$ zu. Diese Entscheidung ist im ersten Falle richtig, im zweiten Falle falsch, da f_6 ein Fehlermuster der ersten Spalte ist, f dagegen nicht. Man nennt daher die Fehlermuster in der ersten Spalte des Stan-

[1] Die Fehlermuster sind also die sog. Repräsentanten der Nebenklassen.

dard-Feldes die korrigierbaren Fehlermuster, die man bei der Konstruktion des Codes so zu wählen hat, daß sie die am häufigsten auftretenden Fehler darstellen. So kann der Code aus Beispiel 1 jeden einfachen Fehler in beliebiger Position korrigieren, sowie noch zwei (aber nicht alle) doppelte Fehler. Einfache Fehler sind, bei Störungen durch Rauschen, sicherlich wahrscheinlicher als mehrfache.

Zur Decodierung könnte man also das gesamte Standard-Feld mit 2^n Wörtern speichern und jedes empfangene Wort dem darüberstehenden Code-Wort zuordnen. Bei langen Codes wäre das ein nicht zu realisierender Aufwand.

Dieser Aufwand läßt sich reduzieren, indem man von der injektiven Zuordnung zwischen den Nebenklassen und den Syndromen Gebrauch macht: Zur Decodierung eines empfangenen Wortes $\boldsymbol{v}$ ermittelt man das Syndrom $\boldsymbol{s}$ nach Gl. (6.3.4) und sucht das dazugehörige korrigierbare Fehlermuster $\boldsymbol{f}$ auf. Das dem empfangenen Wort $\boldsymbol{v}$ zugehörige Codewort $\boldsymbol{u}$ findet man dann durch Auflösen der Gl. (6.3.3) nach $\boldsymbol{u}$ (modulo 2) zu

$$\boldsymbol{u} = \boldsymbol{v} + \boldsymbol{f}\,, \tag{6.4.1}$$

d.h. durch Addition des Fehlermusters zum empfangenen Wort. *Hierbei kann es natürlich ebenso zu falschen Entscheidungen kommen, wie oben beschrieben, da zwischen den Syndromen und den Fehlermustern keine eindeutige Zuordnung existiert:* Die unkorrigierbaren Fehlermuster erzeugen dieselben Syndrome wie die korrigierbaren. Der Decodierer kann also lediglich eine surjektive Abbildung $GF(2)^n \rightarrow GF(2)^k$ ausführen.

Der Aufwand bei der Decodierung reduziert sich nunmehr auf die Speicherung von 2^{n-k} Syndromen mit den zugehörigen Fehlermustern. Auch dieser Aufwand kann ggf. zu groß sein. Zu seiner Verringerung und zu Möglichkeiten, gewisse Eigenschaften vorgeben zu können, müssen Codes mit spezielleren Strukturen verwendet werden. Als Beispiel hierzu betrachten wir in der nächsten Nummer die zyklischen Codes.

6.5 Zyklische Codes

Die zyklischen Codes sind eine Teilmenge der bisher betrachteten linearen Codes und besitzen daher auch deren Eigenschaften. Da sie jedoch zweckmäßigerweise anders dargestellt werden und zusätzliche Eigenschaften hinzukommen, sind zu ihrer Definition und Beschreibung einige Vorbemerkungen nötig.

Nach Beispiel 2 in Nr. 3.4 kann ein Binärwort $\boldsymbol{a}$ der Länge n (binäres n-Tupel) als Element des Polynomringes $GF(2)[x]$ dargestellt werden (Gl. 3.4.1). Nach Beispiel 12 in Nr. 3.8 sind Polynomringe $K[x]$ über einem Körper K euklidische Ringe[1)], so daß man Restklassenringe (Quotientenringe) bilden kann, was in

1) Euklidische Ringe sind in Nr. 3.3 erklärt und sind stets auch Hauptidealringe nach Gl. (3.3.2).

Nr. 5.2 ausführlich beschrieben wurde. Beispiel 13 in Nr. 3.6 zeigt schließlich, daß die Polynome einen Vektorraum über $GF(2)$ bilden und Beispiel 5 in Nr. 3.7, daß dieser Vektorraum sogar eine kommutative Algebra ist.

Da man zyklische Codes vorzugsweise in Polynomdarstellung behandelt, wird von den genannten Eigenschaften im folgenden Gebrauch gemacht. *Abweichend von* Gl. (3.4.1) *wird jedoch ein Vektor* $\boldsymbol{v} \in V := GF(2)^n$ *als Polynom folgendermaßen dargestellt:*

$$\begin{aligned} \boldsymbol{v} &= v_{n-1}v_{n-2} \cdots v_1 v_0 \triangleq v(X) \quad \text{mit} \\ v(X) &:= v_{n-1}X^{n-1} + v_{n-2}X^{n-2} + \cdots + v_1 X + v_0 \,. \end{aligned} \tag{6.5.1}$$

Die n-Tupel werden nach fallenden Indizes geordnet, so daß ein höherer Index (eine weiter links stehende Stelle) auch einen größeren Stellenwert im Sinne einer Dualzahl bedeutet. Dies ist in allen Zahlensystemen so üblich (z.B. bei den Dezimalzahlen). Entsprechend werden auch die Polynome geschrieben: Höherer Exponent bedeutet auch höheren Stellenwert. Die Reihenfolge der Polynomglieder ist i. allg. gleichgültig, da der Exponent von X den Stellenwert eindeutig kennzeichnet. Die Polynome werden jedoch in der Regel ebenfalls nach fallenden Potenzen geordnet. Schließlich wird die Unbestimmte X als Großbuchstabe geschrieben, um diese „Ordnung" zu kennzeichnen und um diese Polynome noch deutlicher von den Polynomfunktionen zu unterscheiden (vgl. Fußnote zu Beispiel 11 in Nr. 3.3).

Polynomglieder, deren Koeffizient 0 ist, werden nicht ausgeschrieben, müssen jedoch im Binärwort als Nullen ausgewiesen werden. Dies gilt insbesondere für die Glieder höchsten und niedrigsten Grades, da der „Nenngrad" eines Polynoms auch aus dem Binärwort ersichtlich sein muß. Der Nenngrad eines als Polynom geschriebenen n-Tupels ist $n - 1$. So gilt z.B. für den Nenngrad 6:

$$\begin{aligned} &X^6 + X^4 + 1 \triangleq 1010001 \\ &X^5 + X^2 + X \triangleq 0100110 \,. \end{aligned}$$

Nach diesen Vorbemerkungen läßt sich nun ein zyklischer (n, k)-Block-Code definieren. *Die Menge aller* 2^n *n-Tupel, d.h. aller Polynome vom Nenngrad* $n - 1$ *nach* Gl. (6.5.1), *erhält man aus allen Polynomen* $\in K[X]$ *mit* $K = GF(2)$, *indem man den Restklassenring (Quotientenring)* $K[X]/(\varphi(X))$ *mit dem Modularpolynom*

$$\varphi(X) := X^n + 1 \tag{6.5.2}$$

bildet und aus jeder Restklasse das Polynom niedrigsten Grades (d.h. das Restpolynom) auswählt. Die Polynome haben dann alle den Nenngrad $n - 1$ und bilden den Raum V aller 2^n Wörter der Länge n. Diese stellen trivialerweise eine zyklische Struktur dar, da jede zyklische Vertauschung eines n-Tupels wieder ein n-Tupel ergibt. In der Polynomdarstellung nach Gl. (6.5.1) erreicht man eine zyklische Vertauschung offensichtlich durch Multiplikation mit X. Dadurch erhöht sich der

Exponent jedes Gliedes um 1 und aus X^{n-1} wird X^n. Hierfür gilt aber mit Gl. (6.5.2)

$$X^n + 1 = 0 \quad \text{bzw.} \quad X^n = 1 \bmod (X^n + 1) \; , \tag{6.5.3}$$

wodurch v_{n-1} an den ursprünglichen Platz von v_0 rückt.

Zwei Polynome heißen orthogonal, wenn ihr Produkt modulo $\varphi(X)$ verschwindet. Diese Definition weicht von der Definition Gl. (6.2.1) ab. Für $\varphi(X)$ nach Gl. (6.5.2) gilt jedoch ein einfacher Zusammenhang: Wählt man für einen der beiden Vektoren in Gl. (6.5.1) die umgekehrte Reihenfolge, die auch noch zyklisch vertauscht werden darf, so ergibt sich auch die Orthogonalität nach Gl. (6.2.1).

Im n-dimensionalen Raum V aller 2^n Polynome vom Nenngrad $n - 1$ *stellen nun die* 2^k *Codepolynome einen k-dimensionalen zyklischen Unterraum* V_1 *dar*. Dies ist genau dann der Fall, wenn V_1 ein *Hauptideal* in V ist, das durch ein sog. Generatorpolynom $g(X)$ mit folgenden Eigenschaften erzeugt wird: $g(X)$ teilt das Modularpolynom Gl. (6.5.2), d.h. es gilt:

$$X^n + 1 = g(X) \cdot h(X) = 0 \bmod (X^n + 1) \; . \tag{6.5.4}$$

$g(X)$ hat den Grad $n - k$, entsprechend hat dann $h(X)$ den Grad k. Umgekehrt gilt: Jedes Polynom $p(X)$ vom Grad $n - k$, das $X^n + 1$ teilt, erzeugt ein Hauptideal $V_1 \subset V$ der Dimension k, d.h. einen zyklischen (n, k)-Code.

Das Generatorpolynom $g(X)$ spielt bei den zyklischen Codes die Rolle der Generatormatrix nach Gl. (6.2.3), und es gilt in Analogie zu Gl. (6.2.2) mit dem „Informationspolynom“ $m(X) := m_{k-1}X^{k-1} + m_{k-2}X^{k-2} + \cdots + m_1X + m_0$ für die Codepolynome $u(X)$:

$$u(X) = m(X) \cdot g(X) = 0 \bmod g(X) \; . \tag{6.5.5}$$

Alle Codepolynome sind also Vielfache des Generatorpolynoms.

Das sog. Prüfpolynom $h(X)$ vom Grad k entspricht der Prüfmatrix $\boldsymbol{H}$ nach Gl. (6.3.1), und Gl. (6.5.4) ist die Analogie zu Gl. (6.3.2). Das Polynom $h(X)$ erzeugt auch ein Hauptideal in V, und zwar ebenfalls den Nullraum zu V_1. Wie in Nr. 6.3 kann man auch hier die Rollen von $g(X)$ und $h(X)$ vertauschen. Es entsteht dann aus $h(X)$ der duale $(n, n - k)$-Code.

Beispiel 1 Das Polynom $X^7 + 1$ läßt sich u.a. auf folgende Weise zerlegen:

$$X^7 + 1 = (X^3 + X + 1)(X^4 + X^2 + X + 1) = 0 \bmod (X^7 + 1) \; . \tag{6.5.6}$$

Nach Gl. (6.5.4) kann

$$g(X) := X^3 + X + 1$$

als Generatorpolynom aufgefaßt werden. Dann ist

$$h(X) := X^4 + X^2 + X + 1$$

das Polynom, das den Nullraum zum Coderaum erzeugt. Es entsteht ein (7,4)-Code. Die Informationsfolge ist also vierstellig, der Grad des zugehörigen Polynoms ist 3. Es entstehen nach Gl. (6.5.5) $2^4 = 16$ Codepolynome. So ergibt z.B. die Information $\boldsymbol{m} := 1001$ bzw. $m(X) := X^3 + 1$ das Codepolynom

$$u(X) := m(X) \cdot g(X) = (X^3 + 1) \cdot (X^3 + X + 1)$$
$$= X^6 + X^4 + X + 1 \,.$$

Dies entspricht dem Codewort $\boldsymbol{u} = 1010011$. Auf diese Weise läßt sich die folgende Tabelle bilden:

Information	Codewort
0 0 0 0	0 0 0 0 0 0 0
0 0 0 1	0 0 0 1 0 1 1
0 0 1 0	0 0 1 0 1 1 0
0 0 1 1	0 0 1 1 1 0 1
0 1 0 0	0 1 0 1 1 0 0
0 1 0 1	0 1 0 0 1 1 1
0 1 1 0	0 1 1 1 0 1 0
0 1 1 1	0 1 1 0 0 0 1
1 0 0 0	1 0 1 1 0 0 0
1 0 0 1	1 0 1 0 0 1 1
1 0 1 0	1 0 0 1 1 1 0
1 0 1 1	1 0 0 0 1 0 1
1 1 0 0	1 1 1 0 1 0 0
1 1 0 1	1 1 1 1 1 1 1
1 1 1 0	1 1 0 0 0 1 0
1 1 1 1	1 1 0 1 0 0 1

Die Distanz dieses Codes nach Gl. (6.2.5) beträgt 3; nach Gl. (6.1.1) kann man zwei Fehler erkennen oder nach Gl. (6.1.2) einen Fehler korrigieren. Die allgemeinen Gruppeneigenschaften sowie die zyklischen Eigenschaften lassen sich nachprüfen. Man erkennt, daß das an zweiter Stelle stehende Codewort zum Polynom niedrigsten Grades, nämlich zum Generatorpolynom gehört. *Man beachte, daß dieser Code nicht systematisch ist* (vgl. Nr. 6.2), sich jedoch bei Bedarf in systematische Form bringen läßt.

Aus Gl. (6.5.6) erkennt man leicht, daß das Produkt eines Codepolynoms als Vielfaches von $g(X)$ mit einem Polynom, das als Vielfaches von $h(X)$ erzeugt wurde, modulo $X^7 + 1$ stets verschwindet. Wählt man etwa das fünfte Codewort in der Tabelle, nämlich 0101100, und wählt man das zum Polynom $h(X)$ gehörende Wort, jedoch in umgekehrter Reihenfolge, nämlich 1110100, so verschwindet deren „Innenprodukt“. Das gilt dann auch für alle Vielfachen von $h(X)$. Die Probe kann mit jedem Codewort aus der Tabelle gemacht werden. ■

Ein Vorteil der zyklischen Codes liegt darin, daß zu ihrer Konstruktion nur noch die Speicherung des Generatorpolynoms $g(X)$ erforderlich ist. Selbstverständlich kann man zyklische Codes bei Bedarf auch durch eine Generatormatrix nach Nr. 6.2 beschreiben, die sich leicht aus k linear unabhängigen Codewörtern bilden läßt.

6.6 Decodierung zyklischer Codes

Da die zyklischen Codes eine Teilmenge der linearen Codes sind, gelten selbstverständlich alle in Nr. 6.3 und 6.4 gemachten Angaben über Fehlererkennung und Fehlerkorrektur. Wie dort aber bereits gesagt wurde, strebt man durch spezielle Codeeigenschaften Vereinfachungen bei der Decodierung an. Dies gilt für die zyklischen Codes und besonders für bestimmte Klassen zyklischer Codes.

Nach Gl. (6.5.5) muß jedes Codepolynom $u(X)$ modulo des Generatorpolynoms $g(X)$ verschwinden, d.h. bei Division durch $g(X)$ erhält man die Information $m(X)$ als Quotient und es bleibt kein Rest. Wird ein Codepolynom dagegen durch ein Fehlermuster (Fehlerpolynom) $f(X)$ verfälscht, so empfängt man ein Polynom

$$v(X) = u(X) + f(X) \; . \tag{6.6.1}$$

Die Division durch das Generatorpolynom liefert jetzt:

$$v(X) = u(X) \; + f(X) = [0 + s(X)] \operatorname{mod} g(X) \; . \tag{6.6.2}$$

Es entsteht ein von Null verschiedenes Syndrom $s(X)$, das vom gesendeten Codepolynom $u(X)$ unabhängig ist und nur vom Fehlermuster $f(X)$ abhängt. Dabei sind $v(X)$, $u(X)$ und $f(X)$ Polynome vom Nenngrad $n - 1$ (n-Tupel), während $s(X)$ den Nenngrad $n - k - 1$ hat, d.h. ein $(n - k)$-Tupel ist. Dies ergibt sich aus dem Grad des Generatorpolynoms $g(X)$, der bei einem (n, k)-Code definitionsgemäß $n - k$ beträgt.

Daraus folgt: Bei einem zyklischen Code bedarf es nicht nur zu seiner Konstruktion, sondern auch zu seiner Decodierung lediglich der Kenntnis des Generatorpolynoms $g(X)$. Jedes empfangene Wort, das kein Codewort ist, liefert nach Division durch $g(X)$ ein von Null verschiedenes Syndrom $s(X)$. Damit ist die Fehlererkennung möglich.

Ermittelt man zu jedem Syndrom $s(X)$ das Fehlermuster $f(X)$, so ist durch Auflösung der Gl. (6.6.1) nach $u(X)$ auch das Problem der Fehlerkorrektur gelöst, indem man zum empfangenen Wort das Fehlermuster addiert und so das gesendete Wort erhält:

$$u(X) = v(X) + f(X) \; . \tag{6.6.3}$$

Natürlich gelten auch hier die in Nr. 6.4 geschilderten Verhältnisse, daß alle 2^k Wörter einer Nebenklasse dasselbe Syndrom liefern, so daß nur die 2^{n-k} voneinander verschiedenen Repräsentanten dieser Nebenklassen als Fehlermuster korrigierbar sind.

Beispiel 1 Der (7,4)-Code in Beispiel 1 der Nr. 6.5 wurde durch das Generatorpolynom

$$g(X) := X^3 + X + 1$$

erzeugt. Nach der Tabelle in diesem Beispiel ist

$$u(X) := X^6 + X^4 + X + 1 \triangleq 1010011$$

das zu der Information 1010 gehörende Codewort. Es werde durch ein Fehlermuster

$$f(X) := X^4 \triangleq 0010000$$

verfälscht, so daß das empfangene Wort nach Gl. (6.6.1) lautet:

$$v(X) = u(X) + f(X) = X^6 + X + 1 \triangleq 1000011 .$$

Das Syndrom $s(X)$ ergibt sich nach Gl. (6.6.2) durch Division des empfangenen Wortes $v(X)$ durch das Generatorpolynom $g(X)$:

$$(X^6 + X + 1):(X^3 + X + 1) = X^3 + X + 1 \quad \text{Rest} \quad X^2 + X .$$

Somit lautet das Syndrom (Grad $n - k - 1 = 2$)

$$s(X) = X^2 + X \triangleq 110 .$$

Nach Gl. (6.6.2) muß das Fehlermuster $f(X)$ modulo $g(X)$ denselben Rest ergeben:

$$X^4:(X^3 + X + 1) = X \quad \text{Rest} \quad X^2 + X .$$

Damit folgt die Fehlerkorrektur nach Gl. (6.6.3) zu:

$$u(X) = v(X) + f(X) = X^6 + X^4 + X + 1 \triangleq 1010011 ,$$

was offensichtlich mit dem gesendeten Polynom übereinstimmt. ■

6.7 BCH- und Hamming-Codes

Abschließend soll eine wichtige Klasse zyklischer Codes beschrieben werden, bei denen man die Anzahl t der korrigierbaren Fehler je Wort vorgeben kann. Dies sind die BCH-Codes[1], die hier nur in ihrer einfachsten Form besprochen werden. Ein Spezialfall dieser Codes führt auf die weitverbreiteten Hamming-Codes. *Das Problem besteht im Auffinden eines Generatorpolynoms $g(X)$, das einen Code mit den gewünschten fehlermindernden Eigenschaften erzeugt.* Hierzu muß das Generatorpolynom aus seinen Nullstellen (Wurzeln) bzw. deren Minimalpolynomen nach Nr. 5.2 und 5.3 aufgebaut werden.

---

[1] benannt nach den Entdeckern Bose, Chaudhuri, Hocquenghem.

Die Wurzeln eines Polynoms über $GF(2)$ sind Elemente des Erweiterungskörpers $GF(2^m)$ nach Gl. (5.2.6) mit $p = 2$. Die Körper $GF(2^3)$ und $GF(2^4)$ sind in den Beispielen 2 und 3 der Nr. 5.2 dargestellt.

Zur Konstruktion eines BCH-Codes, der t Fehler korrigieren soll, gibt man $2t$ beliebige Wurzeln vor:

$$\beta_1, \beta_2, \ldots, \beta_{2t} \in GF(2^m) . \tag{6.7.1}$$

Ein Polynom $v(X)$ nach Gl. (6.5.1) sei nun genau dann ein Codepolynom $u(X)$, wenn es alle diese Wurzeln hat.

Gesucht wird nun das Generatorpolynom dieses Codes. Nach Gl. (6.5.5) ist es das Codepolynom niedrigsten Grades, muß also alle vorgegebenen Wurzeln haben. Nach Nr. 5.3, erster Absatz, gehört zu jeder Wurzel $\beta_k \in GF(2^m)$ ein Minimalpolynom $i_k(X)$, und ein Polynom mit vorgegebenen Wurzeln muß durch alle dazugehörigen Minimalpolynome teilbar sein. Auf das gesuchte Generatorpolynom angewendet bedeutet dies, daß es das kleinste gemeinschaftliche Vielfache (KGV) aller Minimalpolynome der Wurzeln aus Gl. (6.7.1) sein muß:

$$g(X) = \mathrm{KGV}[i_1(X), i_2(X), \ldots, i_{2t}(X)] . \tag{6.7.2}$$

Die Minimalpolynome findet man dabei nach Gl. (5.3.1) und (5.3.2) mit den dazugehörigen Beispielen. Dabei können mehrere oder alle Minimalpolynome identisch sein. Im letzteren Fall ist dann $g(X)$ selbst ein Minimalpolynom. Der Grad von $g(X)$ kann daher nicht allgemein angegeben werden.

Jedoch muß noch ein Zusammenhang zwischen dem Galois-Feld $GF(2^m)$ und der Codelänge n angegeben werden. Nach Nr. 5.3, 1. Absatz, ist jedes $\beta \in GF(2^m)$ Wurzel des Polynoms $X^{2^m} + X$, d.h. jedes von Null verschiedene β ist Wurzel des Polynoms $X^{2^m-1} + 1$. Dieses Polynom ist aber identisch mit dem Modularpolynom $\varphi(X) = X^n + 1$ nach Gl. (6.5.2), wenn man den Grad n zu

$$n = 2^m - 1 ; \qquad m \in \mathbf{N} \tag{6.7.3}$$

wählt. *Da m eine natürliche Zahl sein muß, gibt es diese Codes nur für Codelängen n, die* Gl. (6.7.3) *erfüllen.*

Die Eigenschaften der t-Fehler-korrigierenden BCH-Codes lassen sich folgendermaßen zusammenfassen:

Fehlerzahl t wählbar;
Codelänge $n > 2t$ mit $n = 2^m - 1$; $\quad m \in \mathbf{N}$.
Dann ist $k \geqslant n - mt$ und $d_{min} \geqslant 2t + 1$.

Beispiel 1 Für $t = 3$ soll ein BCH-Code konstruiert werden, dessen Codewörter genau die Wurzeln $\beta^1, \beta^2, \beta^3, \beta^4, \beta^5, \beta^6$ haben, wobei β ein primitives Element aus $GF(2^4)$ ist. (Vgl. Beispiel 3 in Nr. 5.2). Nach Gl. (6.7.3) ergibt sich mit $m = 4$ die Codelänge zu $n = 15$. Gesucht ist das Generatorpolynom $g(X)$.

Von den gegebenen Wurzeln haben die Wurzeln β^1, β^2, β^4 und β^3, β^6 nach Gl. (5.3.1) jeweils dasselbe Minimalpolynom. Es genügt also, die Minimalpolynome von β^1, β^3 und β^5 aufzusuchen:

$$i_1(X) = (X + \beta^1)(X + \beta^2)(X + \beta^4)(X + \beta^8)$$
$$i_3(X) = (X + \beta^3)(X + \beta^6)(X + \beta^{12})(X + \beta^9)$$
$$i_5(X) = (X + \beta^5)(X + \beta^{10}) \,.$$

Hier erkennt man besonders deutlich, daß durch die Bildung der Minimalpolynome nicht nur die vorgegebenen, sondern insgesamt alle nach Gl. (5.3.1) vorhandenen Wurzeln des Generatorpolynoms berücksichtigt werden.

Das Generatorpolynom folgt dann aus Gl. (6.7.2):

$$g(X) = \mathrm{KGV}[i_1(X), i_3(X), i_5(X)] = i_1(X) \cdot i_3(X) \cdot i_5(X) \,.$$

Ausgerechnet ergibt sich

$$i_1(X) = X^4 + X + 1$$
$$i_3(X) = X^4 + X^3 + X^2 + X + 1$$
$$i_5(X) = X^2 + X + 1$$

und

$$g(X) = X^{10} + X^8 + X^5 + X^4 + X^2 + X + 1 \,.$$

Es entsteht ein (15,5)-Code mit den geforderten Eigenschaften. ■

Für Codes, die mit Hilfe der Wurzeln ihres Generatorpolynoms definiert werden, gibt es weitere und ggf. effektivere Decodierverfahren, als in Nr. 6.6 besprochen. Hierauf können wir in diesem Rahmen nicht eingehen.

Abschließend noch ein Hinweis auf die wichtigen sog. Hamming-Codes. Konstruiert man einen BCH-Code für $t = 1$, so entsteht ein Code mit den Eigenschaften

$$t = 1;\ n = 2^m - 1;\ k = n - m;\ \mathrm{d}_{\min} = 3 \,.$$

Man nennt diese Codes (zyklische) Hamming-Codes. *Sie korrigieren alle n Einzelfehler und nur diese.* Solche Codes heißen auch perfekte Codes. Da Einzelfehler in einem Codewort i. allg. wahrscheinlicher sind als Mehrfachfehler, haben die Hamming-Codes große praktische Bedeutung. (Es gibt sie auch als sehr leicht decodierbare nichtzyklische Codes). Man kann sie zudem sehr lang machen, wobei die Coderate $R = k/n$ immer günstiger wird.

Literaturverzeichnis

Ayres, F.: Modern Algebra. Schaum's Outline Series. New York: McGraw Hill 1965

Bowen, R. M.; Wang, C. C.: Introduction to Vectors and Tensors, Bd. 1. New York: Plenum Press 1976

Dörfler, W.: Mathematik für Informatiker. Bd. I: Finite Methoden und Algebra. München, Wien: Hanser 1977

Heuser, H.: Lehrbuch der Analysis, Teil 2. 3. Aufl. Stuttgart: Teubner-Verlag 1986

Heuser, H.: Funktionalanalysis. 2. Aufl. Stuttgart: Teubner-Verlag 1986

Lidl, R.: Algebra für Naturwissenschaftler und Ingenieure. Sammlung Göschen 2120. Berlin: de Gruyter 1975

Lipschutz, S.: Set Theory and Related Topics. Schaum's Outline Series. New York: Schaum 1964

Lipschutz, S.: General Topology. Schaum's Outline Series. New York: McGraw Hill 1965

Strang, G.: Linear Algebra and its Applications. New York: Academic Press 1980

Technische Anwendungen

Föllinger, O.: Regelungstechnik. Einführung in die Methoden und ihre Anwendung. Berlin: Elitera 1978

Franks, L. E.: Signal Theory. Englewood Cliffs: Prentice Hall 1969

Kroschel, K.: Statistische Nachrichtentheorie, 1. Teil. Berlin, Heidelberg, New York: Springer 1973 (Hochschultext)

Oppenheim, A. V.; Schafer, R. W.: Digital Signal Processing. Englewood Cliffs: Prentice Hall 1975

Porter, W. A.: Modern Foundations of Systems Engineering. New York: Macmillan 1966

Schuon, E.; Wolf, H.: Nachrichten-Meßtechnik. Berlin, Heidelberg, New York: Springer 1981. (Reihe Nachrichtentechnik, Nr. 9)

Schwarz, H.: Einführung in die moderne Systemtheorie, Braunschweig: Vieweg 1969.

Schwarz, R. J.; Friedland, B.: Linear Systems. New York: McGraw Hill 1965

Steinbuch, K.; Rupprecht, W.: Nachrichtentechnik. 3. Aufl. Bd. II und III. Berlin, Heidelberg, New York: Springer 1982

Wolf, H.: Lineare Systeme und Netzwerke. 2. Aufl. Berlin, Heidelberg, New York, Tokyo: Springer 1985 (Hochschultext)

Wolf, H.: Nachrichtenübertragung. Berichtigter Nachdruck. Berlin, Heidelberg, New York: Springer 1982

Wozencraft, J. M.; Jacobs, J. M.: Principles of Communication Engineering. New York: Wiley 1967

Codierung

Clark, G. C.; Cain, J. B.: Error-Correction Coding for Digital Communications. New York, London: Plenum Press 1981

Heise, W.; Quattrochi, P.: Informations- und Codierungstheorie. Berlin, Heidelberg, New York, Tokyo: Springer 1983

Lin, S.: An Introduction to Error-Correcting Codes. Englewood Cliffs: Prentice-Hall 1970

Peterson, W. W.; Weldon, E. J.: Error-Correcting Codes. 2. Aufl. Cambridge Mass. und London: MIT-Press 1972

Symbolverzeichnis

Sachverzeichnis